U0271524

钢 结 构

主　编　刘　洋
副主编　贾树华　李之硕
　　　　孙立新　杨建宁
主　审　石　坚

北京理工大学出版社
BEIJING INSTITUTE OF TECHNOLOGY PRESS

内 容 提 要

本书根据高等院校土木工程类相关专业教学改革的要求，结合编者长期的教学经验及工程实践进行编写。全书共分为8个模块，主要内容包括认知钢结构、钢结构材料、基本设计原则和体系、钢结构连接、钢结构加工制作、钢结构安装、钢结构防护、钢结构识图与绘图等，各模块内容丰富系统、深入浅出、图文并茂、实用性强。

本书可作为高等院校土木工程类相关专业的教材，也可作为相关培训机构的教学用书，以及钢结构加工制作技术人员、钢结构施工技术人员等其他专业人员自主学习的专业指导书。

图书在版编目(CIP)数据

钢结构 / 刘洋主编.—北京：北京理工大学出版社，2018.1
ISBN 978-7-5682-5037-5

Ⅰ.①钢…　Ⅱ.①刘…　Ⅲ.①钢结构－高等学校－教材　Ⅳ.①TU391

中国版本图书馆CIP数据核字（2017）第309548号

出版发行 / 北京理工大学出版社有限责任公司

社　　　址 / 北京市海淀区中关村南大街5号

邮　　　编 / 100081

电　　　话 / （010）68914775（总编室）
　　　　　　　（010）82562903（教材售后服务热线）
　　　　　　　（010）68948351（其他图书服务热线）

网　　　址 / http://www.bitpress.com.cn

经　　　销 / 全国各地新华书店

印　　　刷 / 北京紫瑞利印刷有限公司

开　　　本 / 787毫米×1092毫米　1/16

印　　　张 / 17.5　　　　　　　　　　　　　　　　责任编辑 / 李玉昌

字　　　数 / 480千字　　　　　　　　　　　　　　　文案编辑 / 李玉昌

版　　　次 / 2018年1月第1版　2018年1月第1次印刷　责任校对 / 杜　枝

定　　　价 / 72.00元　　　　　　　　　　　　　　　责任印制 / 边心超

图书出现印装质量问题，请拨打售后服务热线，本社负责调换

编审委员会

顾　问：胡兴福　全国住房和城乡建设职业教育教学指导委员会秘书长

全国高职工程管理类专业指导委员会主任委员

享受政府特殊津贴专家，教授、高级工程师

主　任：杨云峰　陕西交通职业技术学院党委书记，教授、正高级工程师

副主任：薛安顺　刘新潮

委　员：

于军琪　吴　涛　官燕玲　刘军生　来弘鹏

高俊发　石　坚　黄　华　熊二刚　于　均

赵晓阳　刘瑞牛　郭红兵

编写组：

丁　源　罗碧玉　王淑红　吴潮玮　寸江峰

孟　琳　丰培洁　翁光远　刘　洋　王占锋

叶　征　郭　琴　丑　洋　陈军川

前　言

本书以提高学生的工程实践能力和职业素质为宗旨，依据高等教育教学的培养目标，围绕高等院校学生的特点，立足"学以致用、深入浅出、突出能力"的原则编写。钢结构作为绿色节能建筑的典范，在建筑结构中应用的比重日益增大，排架结构、多高层框架结构、大跨结构等大都采用轻型钢结构、钢与混凝土组合结构、钢网架、钢桁架等结构。本教材的读者对象是土木工程类相关专业高等院校学生、钢结构加工制作技术人员及钢结构施工技术人员。因此，本书在选取内容时，都是在对钢结构初步认识的基础上，系统介绍了钢结构的应用前景与发展、钢结构材料、基本原理、钢结构连接、钢结构加工制作、钢结构安装、钢结构防护及钢结构的识图与绘图等内容。

本书具有内容新颖、实用性强、通俗易懂的特色。由于钢结构发展很快，新结构、新材料、新工艺不断更新，故本书充分结合了新版钢结构标准规范的内容，介绍了钢结构工程必要的理论基础和设计概念，深入浅出、简明扼要、图文并茂、内容丰富，融入基本的设计、加工、安装等知识。

本书由刘洋担任主编，由贾树华、李之硕、孙立新、杨建宁担任副主编。具体编写分工为：模块1、模块2、模块4、模块8、附录由刘洋编写；模块3由贾树华编写，模块5由孙立新编写；模块6由李之硕编写；模块7由杨建宁编写。全书由刘洋和贾树华统稿，由石坚主审。

在本书的编写过程中，编者参考了许多网络资源、国内外文献、著作、教材及课程网站资料，汲取了相关理论、设计和施工等方面的规范、规程、标准和施工手册的内容，在此谨一并表示最诚挚的谢意。

由于编写时间仓促及编者水平有限，书中难免存在不足之处，恳请各位专家、同仁和广大读者批评指正。

编　者

目 录

模块 1 认知钢结构

学习目标

通过本模块的学习，了解钢结构的发展历史，钢结构的优缺点，钢结构的发展前景；掌握钢结构在土木工程中的主要应用。

能力目标

能对钢结构的发展有初步的认知，能够清楚钢结构的优缺点。

1.1 钢结构的发展历史

1.1.1 钢结构在我国的发展历史

钢结构的历史和炼铁、炼钢技术的发展是密不可分的。人类利用钢结构的历史较为悠久，早在公元前 2000 年左右，在人类古代文明的发祥地之一的美索不达米亚平原(位于现代伊拉克境内的幼发拉底河和底格里斯河之间)就出现了早期的炼铁技术。

我国也是较早发明炼铁技术的国家之一，在河南辉县等地出土的大批战国时代(公元前 221 年)的铁制生产工具说明，早在战国时期，我国的炼铁技术就已经很盛行了。公元 65 年(汉明帝时代)，我国已成功地用锻铁为环并相扣成链，建成了世界上最早的铁链悬桥——兰津桥。此后，为了交通便利，跨越深谷，我国曾陆续建造了数十座铁链桥。其中，跨度最大的为 1705 年(清康熙四十四年)建成的四川泸定大渡河桥，桥宽为 2.8 m，跨长为 100 m，由 9 根桥面铁链和 4 根桥栏铁链构成，两端系在直径为 20 cm、长为 4 m 的生铁铸成的锚桩上。该桥比美洲 1801 年建造的跨长为 23 m 的铁索桥早近百年，比号称世界最早的英格兰 30 m 跨铸铁拱桥早 74 年。

除铁链悬桥外，我国古代还建有许多金属建筑物，如公元 694 年(周武氏十一年)在洛阳建成的"天枢"，高为 35 m，直径为 4 m，顶有直径为 11.3 m 的"腾云承露盘"，底部有直径约为 16.7 m 用来保持天枢稳定的"铁山"，非常符合力学原理。又如公元 1061 年(宋代)在湖北荆州玉泉寺建成的 13 层铁塔，目前依然存在。所有这些实例都表明，我国对钢结构的应用，曾经居于世界领先地位。

我国古代在金属结构方面虽有卓越的成就，但由于受到内部的束缚和外部的侵略，相当长的一段时间内发展较为缓慢。我国在 1907 年才建成汉阳钢铁厂，年产量只有 0.85 万吨。但仍建设了一些著名的建筑，如 1927 年建成的沈阳皇姑屯机车厂房、1928—1931 年建成的广州中山纪念堂钢结构屋顶。

中华人民共和国成立后，随着经济建设的发展，钢结构曾起到重要的作用，如第一个五年计划期间，建设了一大批钢结构厂房、桥梁。但由于受到钢产量的制约，在其后很长的一段时间内，钢结构被限制使用在其他结构不能代替的重大工程项目中，这在一定程度上，影响了钢结构的发展。但自 1978 年我国实行改革开放政策以来，经济建设获得了飞速的发展，钢产量逐年增加。自 1996 年钢产量超过 1 亿吨以来，我国一直位居世界钢产量的首位，2003 年更达到创纪录的 2.2 亿吨，逐步改变了钢材供不应求的局面。我国的钢结构技术政策，也从"限制使用"改为积极合理地推广应用。在 2006 年钢产量达到 1 738 万吨，2015 年达到最高值 11.2 亿吨。随着钢结构设计理论、制造、安装等方面技术的迅猛发展，各地建成了大量的高层钢结构建筑、轻钢结构、高耸结构、市政设施等。

2008 年奥运会和 2010 年世博会在我国举办，更为钢结构在我国的发展提供了前所未有的历史契机。例如，118 层的上海中心大厦(图 1-1)，长轴为 332.3 m，短轴为 296.4 m，最高点高度为 68.5 m，最低点高度为 42.8 m；最多可容纳 10 万人的国家体育馆鸟巢(图 1-2)；建筑面积为 90 多万 m² 的北京首都国际机场 3 号航站楼；主跨跨径达到 1 088 m 的苏通长江大桥。随着市场经济的不断完善，钢结构制作和安装企业像雨后春笋般在全国各地涌现，国外著名钢结构厂商也纷纷打入中国市场。在多年工程实践和科学研究的基础之上，我国《钢结构设计规范》(GB 50017—2003)和《冷弯薄壁型钢结构技术规范》(GB 50018—2002)也已发布实施。所有这些实例，都为钢结构在我国的快速发展创造了条件。

图 1-1　上海中心大厦

图 1-2　国家体育馆鸟巢

1.1.2　钢结构在国外的发展历史

1779 年，英国在英格兰中部西米德兰兹郡建成了世界上第一座铸铁拱桥——雪纹桥，其跨度为 30.7 m，如图 1-3 所示。以此为起点，国外的钢结构开始了快速发展。1890 年，英国在爱丁堡城北福斯河(River Forth)上建成了福斯铁路桥(Forth Bridge)，主跨达 519 m，是英国人引以为豪的工程杰作。20 世纪 30 年代，美国进入钢铁产业的迅猛发展时期，钢铁产量和质量的提高带动了钢结构突飞猛进的发展，在纽约、芝加哥等城市建设了大量高层钢结构工程。

图 1-3　雪纹桥

1.2　钢结构的特点

钢结构是指用钢板、型钢等轧制而成的钢材或通过冷加工形成的薄壁型钢，通过焊接、螺栓连接、铆接或栓接等方式制作为主的工程结构，通常由型钢和钢板等制成的梁、桁架、柱、板等构件组成，钢结构也是主要的建筑结构类型之一。钢材具有强度高、自重轻、整体刚性好、变形能力强的特点；材料匀质性和各向同性好，属于理想弹性体。钢材的塑性、韧性好，可有较大变形，能很好地承受动力荷载，建筑工期短，其制作安装的工业化程度高。

1. 钢结构的优点

与其他结构形式诸如钢筋混凝土结构、砖石等砌体结构相比，钢结构具有如下优点：

(1)强度高、质量轻。与混凝土、木材等其他结构材料相比，钢材的密度虽然较大，但其强度较其他结构材料高得多，从而使钢结构具有较大的承载能力。由于钢材的强度与密度的比值远大于混凝土和木材。因此，在相同的荷载和条件下，钢结构构件的截面面积小，自重较轻。例如，当跨度和荷载均相同时，钢屋架的质量仅为钢筋混凝土屋架的 1/4～1/3，冷弯薄壁型钢屋架甚至接近 1/10。轻质的结构使得钢结构可以跨越大空间，因此，钢结构更适合大跨度结构及荷载大的结构。

(2)塑性、韧性好。钢材属于理想的弹塑性材料，具有很好的变形能力。因塑性(plasticity)较好，一般情况下，钢结构不会因偶然或局部超载而发生突然断裂，而是以事先有较大变形为先兆。钢材的韧性(toughness)好，则使钢结构能很好地承受动力荷载。这些性能均对钢结构的安全提供了可靠保证。

(3)抗震性能好。钢结构由于自重轻，受到的地震作用较小。钢材具有较高的强度和较好的塑性与韧性，合理设计的钢结构具有很好的延性、很强的抗倒塌能力。国内外历次地震中，钢结构损坏程度相对较轻。

(4)材质均匀，与力学计算的假定比较符合。钢材在冶炼和轧制过程中质量可严格控制，材质波动的范围小，材质均匀性好，内部组织比较接近于匀质和各向同性，而且在一定的应力幅度内几乎是完全弹性的。因此，钢结构实际受力情况与力学计算结果吻合得好，可以根据力学原理建立钢结构的计算方法，工作可靠性高。

(5)适于机械化加工，工业化程度高，施工周期短。钢结构所用的材料单纯而且是成品材料，加工比较简便，并能使用机械操作。因此，大量的钢结构一般在专业化的金属结构工厂做成构件，然后运至工地安装。型钢的大量采用再加上专业化的生产，使其具有精度高、制作周期短的特点。工地安装广泛采用螺栓连接，良好的装配性可大幅度缩短工期，进而为降低造价、提高效益创造有利条件。

（6）密闭性较好。由于钢材本身组织致密，钢材和焊缝连接的水密性和气密性较好，甚至铆接或螺栓连接都可以做到。因此，适宜建造密闭的板壳结构，如高压容器、油库和管道，甚至载人太空结构物等。

（7）绿色环保，符合可持续发展的要求。钢结构产业对资源和能源的利用相对合理，对环境破坏相对较少，是一项绿色环保型建筑产业，钢材是具有很高再循环利用价值的材料，边角料都可以回炉再生循环利用。对同样规模的建筑物，钢结构建造过程中有害气体的排放量只相当于混凝土结构的 65%。钢结构建筑物由于很少使用砂、石、水泥等散料，从而在根本上避免了扬尘、废弃物堆积和噪声等污染问题。

2. 钢结构的缺点

虽然钢结构有很多优点，但也存在着可能会影响其选择应用的一些缺点，主要有以下几点：

（1）耐腐蚀性差。普通钢材容易锈蚀，对钢结构必须注意防护，特别是薄壁构件。处于较强腐蚀性介质内的建筑物不宜采用钢结构。在设计中应避免使结构受潮、淋雨，构造上应尽量避免存在难以检查、维修的死角。一般还需要定期维护，导致维护费用较高。不过在没有侵蚀性介质的一般厂房结构中，构件经过彻底除锈并涂上合格的油漆，锈蚀问题并不严重。近年来出现的耐候钢具有较好的抗锈蚀性能，已经逐步推广应用。

（2）钢材耐热但不耐火。当钢材长期经受 100 ℃辐射热时，强度没有多大变化，具有一定的耐热性能，但当温度达到 150 ℃以上时，就需要用隔热层加以保护。当温度超过 250 ℃后，材质变化较大，强度总趋势逐步降低，还有变脆和徐变现象。当温度达到 600 ℃时，钢材进入塑性状态已不能承载。因此，《钢结构设计规范》（GB 50017—2003）规定钢材表面温度超过 150 ℃后需要加以隔热防护，有防火要求者，更需要按相应规定采取隔热保护措施。

（3）失稳和变形过大造成的破坏。由于钢材强度高，一般钢结构构件截面面积小、壁厚薄，因此，钢结构在压力和弯矩等作用下易受稳定承载力和刚度要求的限制，使强度难以充分发挥，必须在设计、施工中给予足够重视，确保安全。

（4）钢结构可能发生脆性断裂。钢结构在低温和某些条件下可能发生脆性断裂，通常，低温下的材质较脆，使得钢材在低于常规强度下突然脆断。另外，还有交变应力的动荷载条件下的疲劳破坏和厚板的层状撕裂，都应引起设计者的特别注意。

（5）钢结构对缺陷较为敏感。任何事物都不是十全十美的，钢结构也不例外。不仅在钢材出厂时就有内在缺陷，而且构件在制作和安装过程中还会出现新的缺陷。钢结构对缺陷较为敏感，设计时需要考虑其效应。

1.3　钢结构的应用范围

钢结构是土木工程的主要结构形式之一，随着我国国民经济的迅速发展，其发展极为迅速，钢结构在土木工程各个领域都得到广泛的应用，如高层和超高层建筑等。普通钢结构在土木工程中的主要应用如下。

1. 大跨结构

大跨结构（large span structure）可以充分发挥钢结构强度高、自重轻的优点。结构跨度越大，自重在荷载中所占的比例就越大，减轻结构的自重会带来明显的经济效益，对减轻横梁自重有明显的经济效果。因此，钢结构在大跨度空间结构和大跨度桥梁结构中均能得到广泛的应用。大跨结构所采用的结构体系主要有网架结构、网壳结构、悬索结构、充气结构、张拉整体结构、膜结构、杂交结构及预应力钢结构等。大跨结构主要用于飞机库、汽车库、火车站、大会堂、体育馆(图1-4)、展览馆、影剧院等。

图1-4 体育馆

2. 工业厂房

工业厂房(industrial factory building)可分为轻型、中型和重型工业厂房。其主要根据是否设置吊车以及吊车吨位的大小和运行频繁程度而定。由于工业厂房跨度和柱距大、高度高，设有工作繁忙和起重量大的起重运输设备及有较大振动的生产设备，并需要兼顾厂房改建、扩建要求，故常采用由钢柱、钢屋架和钢吊车梁等组成的全钢结构，如图1-5所示。例如，炼钢车间、锻压车间等。近年来，轻型门式刚架结构在工业厂房中的应用十分普遍。

图1-5 工业厂房的钢架

3. 高层结构

高层结构(high-rise structure)，房屋越高，所受侧向水平作用的影响也越大，如风荷载及地震作用。采用钢结构可减小柱截面，减小结构质量，增大建筑物的使用面积，提高房屋抗震性能。尤其是超高层结构，能充分发挥钢结构强度高，塑性、韧性好，抗震性能优越等优点。其结构形式主要为多层框架、框架-支撑结构，框筒、巨型框架等。

近年来，随着我国钢产量的逐年增加，钢结构在写字楼、商业建筑中得到越来越广阔的应用，多层、高层、超高层建筑中的应用更加广泛，如北京国贸三期、上海环球金融中心、上海中心大厦等一大批超高层建筑应运而生。上海浦东的金茂大厦、上海环球金融中心和上海中心大厦组成的标志性建筑群，如图1-6所示。

4. 钢结构住宅

在国家顶层设计和产业政策的有力推动下，钢结构作为装配式建筑的重要体系，将有更广阔的应用前景。钢结构住宅是指以钢作为建筑承重梁柱的住宅建筑。钢结构房屋具有质量轻、强度高、大开间、安全可靠性、抗震性好、抗风性能好等优势。另外，工厂化的装配式生产，更绿色更环保。如图1-7所示为某钢结构住宅在建项目。

图1-6　上海浦东超高层

图1-7　某钢结构住宅在建项目

5. 高耸结构

高耸结构（towering structure）主要包括塔架和桅杆结构，如电视塔、输电线塔、钻井塔、环境大气监测塔、广播发射桅杆等。例如，广州电视塔（图1-8）、上海东方明珠电视塔。

6. 容器、储罐、管道

用钢板焊成的容器具有密封和耐高压的特点，广泛用于冶金、石油、化工企业中。其包括容器、储罐、管道，如大型油库、油罐、气罐、煤气库、输油管等。如图1-9所示为某储罐工程。

7. 可拆卸或移动的结构

可拆卸或移动的结构如建筑工地的活动房、临时的商业或旅游业建筑、塔式起重机、龙门吊等。此类结构多为轻钢结构并采用螺栓或扣件连接。

8. 其他构筑物

其他构筑物如高炉、运输通廊、栈桥、管道支架等。

图 1-8　广州电视塔

图 1-9　立式油罐

1.4　钢结构的发展

建筑结构的设计规范把技术先进作为对结构要求的一个重要方面。先进的技术并非一成不变，而是随时间推移而不断发展。钢结构的发展主要体现在开发高性能钢材，深入了解和掌握结构的真实极限状态，开发新的结构形式和提高钢结构制造工业的技术水平四个方面。

（1）开发高性能钢材。

1）高强度钢材。钢材的发展是钢结构发展的关键因素，应用高强度钢材，对大跨重型结构非常有利，可以有效减轻结构自重。现行国家标准《钢结构设计规范》（GB 50017—2003）将 Q420

钢列为推荐钢种，Q460钢已在国家体育场等工程成功应用。从发展趋势来看，强度更高的结构用钢将会不断出现。

2）冷成型钢。冷成型钢是指用薄钢板经冷轧形成各种截面形式的型钢。由于其壁薄，材料离形心轴较普通型钢远，因此能有效地利用材料，节约钢材。近年来，冷成型钢的生产在我国已形成了一定规模，壁厚不断增加，截面形式也越来越多样化。冷成型钢用于轻钢结构住宅并形成产业化，将会使我国的住宅建筑出现新面貌。

3）耐火钢和耐候钢。随着钢结构广泛应用于各种领域，对钢材各种性能的要求也不断提高，包括耐腐蚀和耐火性能等。目前，我国对于这两种钢材的开发有了很大的进步。宝钢等公司生产的耐火钢，在600 ℃时屈服强度下降幅度不大于其常温标准值的1/3，同国外的耐火钢相当。

（2）开发新的结构形式。

1）高强度钢索。用高强度钢丝束作为悬索桥的主要承重构件，已经有七八十年的历史。钢索用于房屋结构可以说是方兴未艾，新的大跨度结构形式如索膜结构和张拉整体结构等不断出现。钢索是只能承受拉力的柔性构件，需要和刚性构件如桁架、环、拱等配合使用，并施加一定的预应力。预应力技术也是钢结构形式改革的一个因素，可以少用钢材和减轻结构质量。

2）钢与混凝土组合结构。钢与混凝土组合结构是将两种不同性能的材料组合起来，共同受力并发挥各自的长处，从而达到提高承载力和节约材料的目的。组合楼盖已经在高层建筑中得到大量应用，压型钢板可以充当模板和受拉钢筋，不仅减小楼板厚度，还方便施工，缩短工期；钢梁和所承的钢筋混凝土楼板（或组合楼板）协同工作，用楼板当作钢梁的受压翼缘，可以节约钢材15％～40％，降低造价约10％。钢与混凝土组合梁可以节约钢材，减小梁高，节省空间；钢管混凝土柱具有很好的塑性和韧性，抗震性能好，而且其耐火性能优于钢柱，具有很好的发展前景。

3）杂交结构。索和拱配合使用，常被称为杂交结构，这是结构形式的杂交。钢和混凝土组合结构，可以认为是不同材料的杂交。相信今后还会有其他方式的杂交出现。制造业正在趋向于机电一体化，钢结构也不例外。发达国家的工业软件将钢材切割、焊接技术和焊接标准集成在一起，既保证构件质量又节省劳动力。我国参与国际竞争，必须在提高技术水平和降低成本方面下功夫。提高技术水平除技术标准（包括设计规范）要与国际接轨外，制造和安装质量也必须跟上。

4）大跨空间结构。大跨空间结构在我国得到了较大发展，我国已兴建了大量各种类型的钢网架结构，属于空间结构体系，节约了大量钢材。以后除改进设计方法外，还应积极研究开发更加省钢的新型空间结构，如将网架、悬索、拱等几种不同的结构结合在一起的杂交结构，这是一种在建筑形式上新颖别致、受力非常合理的结构形式，是钢结构形式创新的重要方向。

5）预应力钢结构。采用高强度钢材，对钢结构施加适当的预应力，可增加结构的承载能力，减少钢材用量和减轻结构质量。预应力钢结构是发展的重要方向。

（3）深入了解和掌握结构的真实极限状态。人们对结构承载能力的表现认识得越清楚，设计中对钢材的利用就越合理。对结构承载能力极限状态的研究，经历着从构件和连接向整体结构发展的过程。常用构件的极限状态大多已经了解清楚，不过仍然不断有新问题出现，例如，新截面形状冷弯型钢的特性。连接的极限状态的研究滞后于构件，整体结构的极限状态则更有大量工作要做。计算手段的不断改进，为此提供了有利条件。极限状态的研究成果，需要迅速吸收到设计规范中。目前的发展情况，多层框架的弹塑性极限承载力和单层房屋蒙皮效应利用等研究效果，已经有条件纳入规范或规程中。

（4）提高钢结构制造业的工业化水平。钢结构制造业正在趋向于设计—制作—安装一体化，国外发达国家已通过相关的软件和设备初步实现了上述目标，我国钢结构产业在这方面差距明显，必须加大力度，迎头赶上。

➤ 本章小结

　　钢结构是土木工程的主要结构形式之一，随着我国国民经济的迅速发展，其发展极为迅速，钢结构在土木工程各个领域都得到广泛的应用，如大跨结构，工业厂房，高层结构，高耸结构，容器、储罐、管道，可拆卸或移动的结构等。

➤ 思考与练习

1. 目前钢结构主要应用在哪些方面？
2. 钢结构有哪些优缺点？
3. 钢结构的未来发展趋势是怎样的？

模块 2　钢结构材料

　　通过本模块的学习，了解建筑钢结构对材料的要求，建筑钢结构常用钢材的种类、规格；掌握钢材抗拉强度、伸长率、冷弯性能、冲击韧性、可焊性能，影响钢材力学性能的诸多因素，钢材的检验与验收方法。

　　能够根据施工的需要、设计的要求合理选择钢材，以保证正常施工；能对钢材进行质量检验与验收。

2.1　钢结构对材料的要求

　　建筑钢结构在工作中所处环境不同（如温度的高低），承受不同形式的荷载（如动荷载或静荷载），结构构件的受力形式不同，都有可能使钢结构发生突然的脆性破坏。所以，应掌握钢材性能及其影响因素，了解结构发生脆性破坏的原因，合理选择钢材，正确设计、加工和使用钢材，在保证结构安全的前提下，降低结构造价。

　　建筑钢结构用钢必须符合下列要求：

　　(1)较高的抗拉强度 f_u 和屈服点 f_y。f_u 是衡量钢材经过较大变形后的抗拉能力，直接反映钢材内部组织的优劣，同时 f_u 高可以增加结构的安全保障。f_y 是衡量结构承载能力的指标，f_y 高则可减轻结构的自重，节约钢材和降低造价。

　　(2)较高的塑性和韧性。钢结构的塑性和韧性好使其在静荷载和动荷载作用下具有足够的应变能力，既可减轻结构脆性破坏的倾向，又能通过较大的塑性变形调整局部应力，同时又具有较好的抵抗重复荷载作用的能力。

　　(3)良好的工艺性能(包括冷加工、热加工和焊接性能)。良好的工艺性能不但易于将结构钢材加工成各种形式的结构，而且不致因加工而对结构的强度、塑性、韧性等造成较大的不利影响。

　　此外，根据结构的具体工作条件，有时还要求钢材具有适应低温、高温和腐蚀性环境的能力。

2.2　钢材的主要性能

2.2.1　强度性能

　　钢材标准试件在常温静荷载情况下，单向均匀受拉试验时应力-应变(σ-ε)曲线如图 2-1 所示。由此曲线可获得许多有关钢材性能的信息。

图 2-1 中 σ-ε 曲线的 OP 段为直线，表示钢材具有完全弹性性质，这时应力可由弹性模量 E 定义，即 $\sigma = E\varepsilon$，而 $E = \tan\alpha$，P 点应力 f_p 称为比例极限。

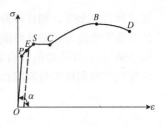

图 2-1　碳素结构钢的
应力-应变曲线

曲线的 PE 段仍具有弹性，但非线性，即为非线性弹性阶段，这时的模量叫作切线模量，$E_t = d_\sigma / d_\varepsilon$。此段上限 E 点的应力 f_e 称为弹性极限。弹性极限和比例极限相距很近，实际上很难区分，故通常只提及比例极限。

随着荷载的增加，曲线出现 ES 段，这时表现为非弹性性质，即卸载曲线为与 OP 平行的曲线（图 2-1 中的虚线），留下永久性的残余变形。此段上限 S 点的应力 f_y 称为屈服点。

对于低碳钢，出现明显的屈服台阶 SC 段，即在应力保持不变的情况下，应变继续增加。

在开始进入塑性流动范围时，曲线波动较大，以后逐渐趋于平稳，其最高点和最低点分别称为上屈服点和下屈服点。上屈服点和试验条件（加载速度、试件形状、试件对中的准确性）有关；下屈服点则对此不太敏感，设计中则以下屈服点为依据。

对于没有缺陷和残余应力影响的试件，比例极限和屈服点比较接近，且屈服点前的应变很小（低碳钢约为 0.15%）。为了简化计算，通常假定屈服点以前钢材为完全弹性的，屈服点以后则为完全塑性的，这样就可以把钢材视为理想的弹-塑性体，其应力-应变曲线表现为双直线，如图 2-2 所示。当应力达到屈服点后，结构将产生很大的在使用上不容许的残余变形（此时，对低碳钢 $\varepsilon_e = 2.5\%$），表明钢材的承载能力达到了最大限度。因此，在设计时取屈服点为钢材可以达到的最大应力的代表值。

超过屈服台阶，材料出现应变硬化，曲线上升，直至曲线最高处的 B 点，这点的应力 f_u 称为抗拉强度或极限强度。当应力达到 B 点时，试件发生颈缩现象，至 D 点而断裂。当以屈服点的应力 f_y 作为强度极限值时，抗拉强度 f_u 则成为材料的强度储备。

高强度钢没有明显的屈服点和屈服台阶。这类钢的屈服条件是根据试验分析结果而人为规定的，故称为条件屈服点（或屈服强度）。条件屈服点是以卸载后试件中残余应变 ε_r 为 0.2% 时所对应的应力定义的（有时用 $f_{0.2}$ 表示），如图 2-3 所示。由于这类钢材不具有明显的塑性平台，故设计中不宜利用它的塑性。

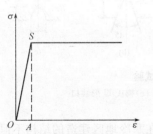

图 2-2　理想的弹-塑性体的应力-应变曲线

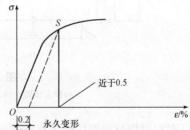

图 2-3　高强度钢的应力-应变曲线

2.2.2　塑性性能

试件被拉断时的绝对变形值与试件原标距之比的百分数，称为伸长率。当试件标距长度与试件的直径 d（圆形试件）之比为 10 时，以 δ_{10} 表示；当该比值为 5 时，以 δ_5 表示。伸长率代表材料在单向拉伸时的塑性应变的能力。

2.2.3　冷弯性能

冷弯性能由冷弯试验来确定（图 2-4）。试验时按照规定的弯心直径在试验机上用冲头加压，使试件弯成180°，如试件外表面不出现裂纹和分层，即为合格。冷弯试验不仅能直接检验钢材的弯曲变形能力或塑性性能，还能暴露钢材内部的冶金缺陷(如硫、磷偏析和硫化物与氧化物的掺杂情况)，这些缺陷都将降低钢材的冷弯性能。因此，冷弯性能是鉴定钢材在弯曲状态下塑性应变能力和钢材质量的综合指标。

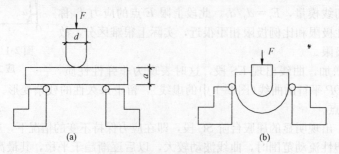

图 2-4　钢材冷弯试验示意
(a)冲头加压前；(b)冲头加压后

2.2.4　冲击韧性

钢材的冲击韧性是衡量钢材在冲击荷载作用下，抵抗脆性断裂能力的一项力学指标。钢材的冲击韧性通常采用在材料试验机上对标准试件进行冲击荷载试验来测定。常用的标准试件的形式有夏比V形[图2-5(b)]和梅氏U形[图2-5(c)]两种缺口。U形缺口试件的冲击韧性用冲击荷载下试件断裂所吸收或消耗的冲击功除以横截面面积的量值来表示。V形缺口试件的冲击韧性用试件断裂时所吸收的功 C_{kv} 或 A_{kv} 来表示，其单位为J。由于V形缺口试件对冲击尤为敏感，更能反映结构类裂纹性缺陷的影响，故《碳素结构钢》(GB/T 700—2006)规定，钢材的冲击韧性用V形缺口试件冲击功 C_{kv} 或 A_{kv} 来表示。

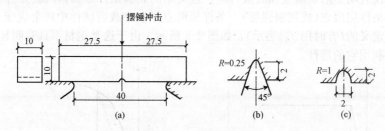

图 2-5　冲击韧性试验
(a)冲击试验；(b)夏比V形缺口；(c)梅氏U形缺口

由于低温对钢材的脆性破坏有显著影响，因此，在寒冷地区建造的结构不但要求钢材具有常温(20 ℃)冲击韧性指标，还要求具有 0 ℃、负温(−20 ℃或−40 ℃)冲击韧性指标，以保证结构具有足够的抗脆性破坏能力。

2.2.5　可焊性能

钢材的焊接性能是指在一定的焊接工艺条件下，获得性能良好的焊接接头。焊接过程中，要求焊缝及焊缝附近金属不产生热裂纹或冷却收缩裂纹；在使用过程中，焊缝处的冲击韧性和热影响区内塑性良好。《钢结构设计规范》(GB 50017—2003)中除了 Q235-A 级钢不能作为焊接构件外，其他的几种牌号的钢材均具有良好的焊接性能。在高强度低合金钢中，低合金元素大多对可焊性有不利影响，可使用碳当量来衡量低合金钢的可焊性，其计算公式如下：

$$C_E = C + \frac{Mn}{6} + \frac{Cr + Mo + V}{5} + \frac{Ni + Cu}{5} \tag{2-1}$$

式中 C，Mn，Cr，Mo，V，Ni，Cu——碳、锰、铬、钼、钒、镍和铜的百分含量。

当 C_E 不超过 0.38% 时，钢材的可焊性很好，可以不采取措施直接施焊；当 C_E 在 0.38%～0.45% 范围内时，钢材呈现淬硬倾向，施焊时要控制焊接工艺，采用预热措施并使热影响区缓慢冷却，以免发生淬硬开裂；当 C_E 大于 0.45% 时，钢材的淬硬倾向更加明显，需严格控制焊接工艺和预热温度，才能获得合格的焊缝。

钢材焊接性能的优劣除了与钢材的碳当量有直接关系外，还与母材的厚度、焊接的方法、焊接工艺参数以及结构形式等条件有关。

钢材的设计用强度指标，应根据钢材牌号、厚度或直径按表 2-1 采用。铸钢件的强度设计值按表 2-2 采用。

表 2-1　钢材的强度设计值　　　　　　　　　　　　　　　　　N/mm²

钢　　　材		抗拉、抗压和抗弯 f	抗剪 f_v	端面承压(刨平顶紧)f_{ce}
牌号	厚度或直径/mm			
Q235 钢	≤16	215	125	325
	>16～40	205	120	
	>40～60	200	115	
	>60～100	190	110	
Q345 钢	≤16	310	180	400
	>16～35	295	170	
	>35～50	265	155	
	>50～100	250	145	
Q390 钢	≤16	350	205	415
	>16～35	335	190	
	>35～50	315	180	
	>50～100	295	170	
Q420 钢	≤16	380	220	440
	>16～35	360	210	
	>35～50	340	195	
	>50～100	325	185	

注：1. 表中厚度是指计算点的钢材厚度，对轴心受拉和轴心受压构件是指截面中较厚板件的厚度。
　　2. 壁厚不大于 6 mm 的冷弯型材和冷弯钢管，其强度设计值应按国家现行规范《冷弯薄壁型钢结构技术规范》(GB 50018—2002)的规定采用。

表 2-2　铸钢件的强度设计值　　　　　　　　　　　　　　　　　N/mm²

钢号	抗拉、抗压和抗弯 f	抗剪 f_v	端面承压(刨平顶紧)f_{ce}
ZG200-400	155	90	260
ZG230-450	180	105	290
ZG270-500	210	120	325
ZG310-570	240	140	370

设计用无缝钢管的强度指标按表 2-3 采用。焊缝的强度设计值按表 2-4 采用。

表 2-3　设计用无缝钢管的强度指标 N/mm²

钢管钢材编号	壁厚	强度设计值			钢材屈服强度标准值 f_y	极限抗拉强度设计值 f_u
		抗拉、抗压和抗弯 f	抗剪 f_v	端面承压（刨平顶紧）f_{ce}		
Q235	≤16	215	125	320	235	375
	>16～30	205	120		225	375
	>30	195	115		215	375
Q345	≤16	305	175	400	345	470
	>16～30	290	170		325	470
	>30	360	150		295	170
Q390	≤16	345	200	415	390	490
	>16～30	330	190		370	490
	>30	310	180		350	490
Q420	≤16	375	720	445	420	520
	>16～30	355	205		400	520
	>30	340	195		380	520
Q460	≤16	410	240	470	460	550
	>16～30	390	225		440	550
	>30	340	195		420	550

表 2-4　焊缝的强度设计值 N/mm²

焊接方法和焊条型号	构件钢材		对接焊缝				角焊缝
	牌号	厚度或直径 /mm	抗压 f_c^w	焊接质量为下列等级时，抗拉 f_t^w		抗剪 f_v^w	抗拉、抗压和抗剪 f_f^w
				一级、二级	三级		
自动焊、半自动焊和 E43 型焊条的手工焊	Q235 钢	≤16	215	215	185	125	160
		>16～40	205	205	175	120	
		>40～60	200	200	170	115	
		>60～100	190	190	160	110	
自动焊、半自动焊和 E50 型焊条的手工焊	Q345 钢	≤16	310	310	265	180	200
		>16～35	295	295	250	170	
		>35～50	265	265	225	155	
		>50～100	250	250	210	145	
自动焊、半自动焊和 E55 型焊条的手工焊	Q390 钢	≤16	350	350	300	205	220
		>16～35	335	335	285	190	
		>35～50	315	315	270	180	
		>50～100	295	295	250	170	
	Q420 钢	≤16	380	380	320	220	
		>16～35	360	360	305	210	
		>35～50	340	340	290	195	
		>50～100	325	325	275	185	

2.3 各种因素对钢材主要性能的影响

2.3.1 化学成分

钢是由各种化学成分组成的，化学成分及其含量对钢的性能，特别是力学性能有着重要的影响。铁（Fe）是钢材的基本元素，纯铁质软，在碳素结构钢中约占99%，碳和其他元素仅占1%，但对钢材的力学性能却有着决定性的影响。其他元素包括硅（Si）、锰（Mn）、硫（S）、磷（P）、氮（N）、氧（O）等。低合金钢中还含有少量（低于5%）合金元素，如铜（Cu）、钒（V）、钛（Ti）、铌（Nb）、铬（Cr）等。

在碳素结构钢中，碳是仅次于纯铁的主要元素，它直接影响钢材的强度、塑性、韧性和焊接性能等。碳含量增加则会使钢的强度提高，而塑性、韧性和疲劳强度下降，同时损坏钢的焊接性能和抗腐蚀性。因此，尽管碳是使钢材获得足够强度的主要元素，但在钢结构中采用的碳素结构钢，对碳含量要加以限制，一般不应超过0.22%，在焊接结构钢中还应低于0.20%。

硫和磷（特别是硫）是钢中的有害成分，它们可降低钢材的塑性、韧性、焊接性能和疲劳强度。在高温时，硫使钢变脆，称为热脆；在低温时，磷使钢变脆，称为冷脆。一般，硫和磷的含量不超过0.045%。但是，磷可提高钢材的强度和抗锈蚀性。常使用的高磷钢，其含量可达0.12%，这时应减少钢材中的含碳量，以保持一定的塑性和韧性。

氧和氮都是钢材中的有害杂质。氧的作用和硫类似，使钢热脆；氮的作用和磷类似，使钢冷脆。氧、氮一般不会超过极限含量，故通常不要求作含量分析。

硅和锰都是钢材中的有益元素，都是炼钢的脱氧剂。它们可使钢材的强度提高，当含量不过高时，对塑性和韧性无显著的不良影响。在碳素结构钢中，硅的含量不应大于0.3%，锰的含量为0.3%～0.8%。对于低合金高强度钢，锰的含量可达1.0%～1.6%，硅的含量可达0.55%。

钒和钛是钢中的合金元素，能提高钢的强度和抗腐蚀性能，又不显著降低钢的塑性。

铜在碳素结构钢中属于杂质成分。它可以显著提高钢的抗腐蚀性能，也可以提高钢的强度，但对其的焊接性能有不利影响。

2.3.2 冶炼、浇铸（注）、轧制过程及热处理的影响

1. 冶炼

我国现今的结构用钢主要用平炉和氧化转炉冶炼而成，而侧吹转炉钢质量较差，不宜作为承重结构用钢。目前，侧吹转炉炼钢基本已被淘汰，在建筑钢结构中，主要使用氧气顶吹转炉生产的钢材。氧气顶吹转炉具有投资少、生产率高、原料适应性大等特点，已成为主流炼钢方法。

冶炼过程控制钢的化学成分与含量，并不可避免地产生冶金缺陷，从而影响不同钢种、钢号的力学性能。

2. 浇铸（注）

把熔炼好的钢水浇铸成钢锭或钢坯有两种方法：一种是浇入铸模做成钢锭；另一种是浇入连续浇铸机做成钢坯。前者是传统的方法，所得钢锭需要经过初轧才成为钢坯；后者是近年来迅速发展的新技术，浇铸和脱氧同时进行。铸锭过程中因脱氧程度不同，最终成为镇静钢和沸腾钢。镇静钢因浇铸时加入强脱氧剂（如硅），有时还加铝或钛，因而氧气杂质少且晶粒较细，偏析等缺陷不严重，所以钢材性能比沸腾钢好，但传统的浇铸方法因存在缩孔而导致成材率较低。连续浇铸可以产出镇静钢而没有缩孔，并且化学成分分布比较均匀，只有轻微的偏析现象，

因此，这种浇铸技术既能提高产量又能降低成本。

钢在冶炼和浇铸的过程中不可避免地产生冶金缺陷。常见的冶金缺陷有偏析、非金属杂质、气孔等。偏析是指金属结晶后化学成分分布不均匀；非金属杂质是指钢中含有硫化物等杂质；气孔是指浇铸时有 FeO 与 C 作用所产生的 CO 气体因不能充分逸出而滞留在钢锭内形成的微小空洞。这些缺陷都将影响钢的力学性能。

3. 轧制

钢材的轧制能使金属的晶粒变细，也能使气泡、裂纹等焊合，因而改善了钢材的力学性能。薄板因轧制的次数多，其强度比厚板略高，浇铸时的非金属夹杂物在轧制后能造成钢材的分层，所以分层是钢材（尤其是厚板）的一种缺陷。设计时应尽量避免拉力垂直于板面的情况，以防止层间撕裂。

4. 热处理

一般钢材以热轧状态交货，某些高强度钢材则在轧制后经热处理才出厂。热处理的目的在于，取得高强度的同时能够保持良好的塑性和韧性。

2.3.3 钢材硬化

冷拉、冷弯、冲孔、机械剪切等冷加工使钢材产生很大塑性变形，从而提高了钢的屈服点，同时降低了钢的塑性和韧性，这种现象称为冷作硬化（或应变硬化）。

在高温时熔化于铁中的少量氮和碳，随着时间的增长逐渐从纯铁中析出，形成自由碳化物和氮化物，对机体的塑性变形起遏制作用，从而使钢材的强度提高，塑性、韧性下降，这种现象称为时效硬化，俗称老化。时效硬化的过程一般很长，但如在材料塑性变形后加热，可使时效硬化发展特别迅速，这种方法称为人工时效。此外，还有应变时效，如图 2-6 所示。

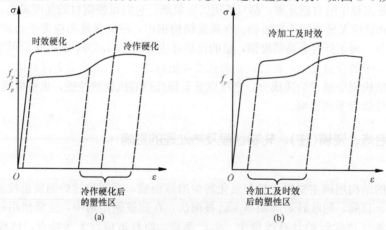

图 2-6 硬化对钢材性能的影响

(a)时效硬化及冷作硬化；(b)应变时效硬化

2.3.4 温度影响

钢材的性能随温度变动而有所变化。总的趋势是：当温度升高时，钢材温度降低，应变增大；反之，当温度降低时，钢材强度会略有增加，塑性和韧性却会降低而变脆(图 2-7)。

当温度升高时，在 200 ℃ 以内钢材性能没有很大变化，在 430 ℃～540 ℃ 之间强度急剧下降，在 600 ℃时钢材的强度很低，不能承受荷载。但在 250 ℃左右，钢材的强度反而略有提高，同时塑性和韧性均下降，材料有转脆的倾向，钢材表面氧化膜呈现蓝色，称为蓝脆现象。钢材应避免在蓝脆温度范围内进行热加工。当温度在 260 ℃～320 ℃时，在应力持续不变的情况下，钢材以很缓慢的速度继续变形，这种现象称为徐变。

当温度低于常温时，随着温度的降低，钢材的强度提高，而塑性和韧性降低，逐渐变脆，称为钢材的低温冷脆。钢材的冲击韧性对温度十分敏感，为了工程实用，根据大量的使用经验和试验资料的统计分析，我国有关标准对不同牌号和等级的钢材，规定了在不同温度下的冲击韧性指标，例如，对 Q235 钢，除 A 级不要求外，其他各级钢均取 $C_v = 27$ J；对低合金高强度钢，除 A 级不要求外，E 级钢采用 $C_v = 27$ J，其他各级钢均取 $C_v = 34$ J。只要钢材在规定的温度下满足这些指标，那么就可按《钢结构设计规范》(GB 50017—2003)的有关规定，根据结构所处的工作温度，选择相应的钢材作为防脆断措施。

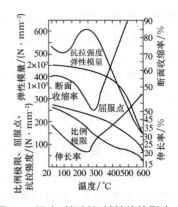

图 2-7 温度对钢材机械性能的影响

2.3.5　应力集中

钢材的工作性能和力学性能指标都是以轴心受拉杆件中应力沿界面均匀分布的情况作为基础的。实际上，在钢结构的构件中常存在着孔洞、槽口、凹角、截面突然改变以及钢材内部缺陷等。此时，构件中的应力分布将不再保持均匀，而是在某些区域产生局部高峰应力，在另外一些区域应力降低，形成所谓的应力集中现象(图 2-8)。具有不同缺口形状的钢材拉伸试验(图 2-9)结果也表明，其中第 1 种试件为标准试件，第 2、3、4 种为不同应力集中水平对比试件，截面改变的尖锐程度越大的试件，其应力集中现象就越严重，引起钢材脆性破坏的危险性就越大。第 4 种试件已无明显屈服点，表现出高强钢的脆性破坏特征。

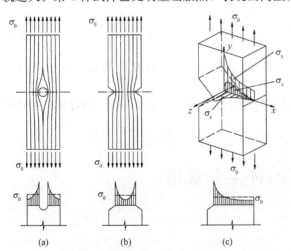

图 2-8 板件在孔口处的应力集中
(a)薄板圆孔处的应力分布；(b)薄板缺口处的应力分布；
(c)厚板缺口处的应力分布

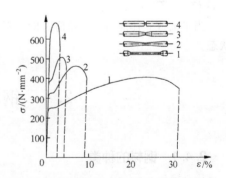

图 2-9 应力集中现象对钢材性能的影响

2.3.6　反复荷载作用

钢材在反复荷载作用下，结构的抗力及性能都会发生重要变化，甚至发生疲劳破坏。在直接的连续反复动力荷载作用下，根据试验，钢材的强度将降低，即低于一次静力荷载作用下的拉伸试验的极限强度 f_u，这种现象称为钢的疲劳。钢材的疲劳破坏表现为突然发生的脆性断裂。

实际上疲劳破坏是累计损伤的结果。材料总是有"缺陷"的，在反复荷载作用下，先在其缺陷处发生塑性变形和硬化而生成一些极小的裂纹，此后这种微观裂纹逐渐发展为宏观裂纹，试件截面削弱，而在裂纹根部出现应力集中现象，使材料处于三向拉伸应力状态，塑性变形受到限制。当反复荷载达到一定的循环次数时，材料终于破坏，并表现为突然的脆性断裂。

实践证明，构件的应力水平不高或反复次数不多的钢材一般不会发生疲劳破坏，计算中不必考虑疲劳的影响。但是，长期承受频繁的反复荷载的结构及其连接(如承受重级工作制式起重机的起重机梁等)，在设计中就必须考虑结构的疲劳问题。

2.3.7 复杂应力作用下钢材的屈服条件

在单向拉伸试验中，单向应力达到屈服点时，钢材即进入塑性状态。在复杂应力(如平面或立体应力)作用下，钢材由弹性状态转入塑性状态的条件是按能量强度理论(或第四强度理论)计算的折算应力 σ_{red} 与单向应力下的屈服点相比较来判断：

$$\sigma_{red} = \sqrt{\sigma_x^2 + \sigma_y^2 + \sigma_z^2 - (\sigma_x\sigma_y + \sigma_y\sigma_z + \sigma_z\sigma_x) + 3(\tau_{xy}^2 + \tau_{yz}^2 + \tau_{zx}^2)} \tag{2-2}$$

当 σ_{red} 小于 f_y 时，为弹性状态；当 σ_{red} 大于或等于 f_y 时，为塑性状态。

如果三向应力中有一向应力很小(如厚度较小，厚度方向的应力可忽略不计)或为 0 时，则属于平面应力状态，式(2-2)为

$$\sigma_{red} = \sqrt{\sigma_x^2 + \sigma_y^2 - \sigma_x\sigma_y + 3\tau_{xy}^2} \tag{2-3}$$

在一般的梁中，只存在正应力 σ 和剪应力 τ，则

$$\sigma_{red} = \sqrt{\sigma^2 + 3\tau^2} \tag{2-4}$$

当只有剪应力时，$\sigma = 0$，则

$$\sigma_{red} = \sqrt{3\tau^2} = \sqrt{3}\tau = f_y \tag{2-5}$$

由此得

$$\tau = \frac{f_y}{\sqrt{3}} = 0.58 f_y \tag{2-6}$$

因此，《钢结构设计规范》(GB 50017—2003)确定钢材抗剪设计强度为抗拉设计强度的 0.58 倍。

当平面或立体应力皆为拉应力时，材料破坏时没有明显的塑性变形产生，即材料处于脆性状态。

2.4 钢材的种类和规格

2.4.1 钢材的种类

钢结构用的钢材主要有两类，即碳素结构钢和低合金高强度结构钢。后者因含有锰、钒等金属元素而具有较高的强度。此外，处在腐蚀介质中的结构，则采用高耐候性结构钢，这种钢因含铜、磷、铬、镍等合金元素而具有较高的抗锈能力。

1. 碳素结构钢

我国于 2006 年 11 月 1 日发布了国家标准《碳素结构钢》(GB/T 700—2006)，于 2007 年 2 月 1 日实施。新标准按质量等级，将碳素结构钢分为 A、B、C、D 四级。在保证钢材力学性能符合标准规定的情况下，各牌号 A 级钢的碳、锰、硅含量可以不作为交货条件，但其含量应在质量说明书中注明。B、C、D 级钢均应保证屈服强度、抗拉强度、拉长率、冷弯及冲击韧性等力学性能。

碳素结构钢的牌号由代表屈服强度的汉语拼音字母(Q)、屈服强度数值、质量等级符号(A、B、C、D)、脱氧方法符号(F、Z、TZ)四个部分按顺序组成，如 Q235AF、Q235B 等。

其钢号的表示方法和代表的意义如下：

(1)Q235-A：屈服强度为 235 N/mm²，A 级，镇静钢。

(2)Q235-AF：屈服强度为 235 N/mm²，A 级，沸腾钢。

(3)Q235-B：屈服强度为 235 N/mm²，B 级，镇静钢。

(4)Q235-C：屈服强度为 235 N/mm²，C 级，镇静钢。

从 Q195 到 Q275，是按强度由低到高排列的。Q195、Q215 的强度比较低，而 Q255 及 Q275 的含碳量都超出了低碳钢的范围，所以，建筑结构在碳素结构钢中主要应用 Q235 这一钢号。

2. 低合金高强度结构钢

低合金高强度结构钢是在钢的冶炼过程中添加少量的几种合金元素(含碳量均不大于 0.02％，合金元素总量不大于 0.05％)，使钢的强度明显提高，故称为低合金高强度结构钢。国家标准《低合金高强度结构钢》(GB/T 1591—2008)规定，低合金高强度结构钢分为 Q295、Q345、Q390、Q420、Q460 五种，其符号的含义和碳素结构钢牌号的含义相同。其中，Q345、Q390、Q420 是《钢结构设计规范》(GB 50017—2003)中规定采用的钢种。

3. 优质碳素结构钢

优质碳素结构钢不以热处理或热处理状态(正火、淬火、回火)交货，用作压力加工用钢和切削加工用钢。由于价格较高，钢结构中使用较少，仅用经热处理的优质碳素结构钢冷拔高强度钢丝或制作高强度螺栓、自攻螺钉等。

2.4.2　钢材的规格

钢结构采用的型材有热轧成型的钢板、型钢以及冷弯(或冷压)成型的薄壁型钢。

1. 热轧钢板

热轧钢板有厚钢板(厚度为 4.5～60 mm)和薄钢板(厚度为 0.35～4 mm)，还有扁钢(厚度为 4～60 mm，宽度为 30～200 mm，此钢板宽度小)。钢板的表示方法为，在符号"—"后加"宽度×厚度×长度"，如—1 200×8×6 000，单位为 mm。

2. 热轧型钢

热轧型钢有角钢、工字钢、槽钢和钢管(图 2-10)。角钢分等边和不等边两种。不等边角钢的表示方法为，在符号"L"后加"长边宽×短边宽×厚度"，如 L 100×80×8；等边角钢则以"边宽×厚度"表示，如 L 100×8，单位皆为 mm。

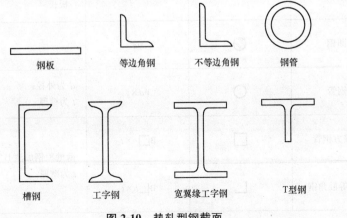

| 钢板 | 等边角钢 | 不等边角钢 | 钢管 |

| 槽钢 | 工字钢 | 宽翼缘工字钢 | T型钢 |

图 2-10　热轧型钢截面

工字钢有普通工字钢、轻型工字钢和 H 型钢。普通工字钢和轻型工字钢用号数表示，号数即为其截面高度的厘米数。20 号以上的工字钢，同一号数有三种腹板厚度分别为 a、b、c 三类，如Ⅰ30a、Ⅰ30b、Ⅰ30c，由于 a 类腹板较薄，用作受弯构件较为经济。轻型工字钢的腹板和翼缘均较普通工字钢薄，因而在相同重量下其截面模量和回转半径较大。H 型钢是世界各国使用很广泛的热轧型钢，与普通工字钢相比，其翼缘内外两侧平行，便于与其他构件相连。它可分为宽翼缘 H 型钢（HW）、中翼缘 H 型钢（HM）。各种 H 型钢均可剖分为 T 型钢供应，代号分别为 TW、TM 和 TN。H 型钢和剖分 T 型钢的规格标记均采用"高度 $H \times$ 宽度 $B \times$ 腹板厚度 $t_1 \times$ 翼缘厚度 t_2"表示，例如，HM340$\times$250$\times$9$\times$14，其剖分 T 型钢为 TM170$\times$250$\times$9$\times$14，单位均为 mm。

槽钢有普通槽钢和轻型槽钢两种，也以其截面高度的厘米数编号。号码相同的轻型槽钢，其翼缘较普通槽钢宽且薄，腹板也较薄，回转半径较大，质量较轻。常用型钢及表示方法见表 2-5。

表 2-5 常用型钢及表示方法

序号	名 称	截 面	标 注	说 明
1	等边角钢	∟	∟$b \times t$	b 为肢宽； t 肢厚
2	不等边角钢	B⌐∟	∟$B \times b \times t$	B 为长肢宽； b 为短肢宽； t 为肢厚
3	工字钢	Ⅰ	ⅠN Q ⅠN	轻型工字钢加注 Q 字 N—工字钢的型号
4	槽钢	[	[N Q [N	轻型槽钢加注 Q 字 N—槽钢的型号
5	方钢	▨b	□b	—
6	扁钢	⊢b⊣	—$b \times t$	
7	钢板	—	$\dfrac{-b \times t}{L}$	$\dfrac{宽 \times 厚}{板长}$
8	圆钢	⊘	ϕd	
9	钢管	○	$\phi d \times t$	d 为外径； t 为壁厚
10	薄壁方钢管	□	B□$b \times t$	薄壁型钢加注 B 字 t 为壁厚
11	薄壁等肢角钢	∟	B∟$b \times t$	

序号	名　称	截　面	标　注	说　明
12	薄壁等肢卷边角钢		B⌐ $b×a×t$	薄壁型钢加注 B 字 t 为壁厚
13	薄壁槽钢		B[$h×b×t$	
14	薄壁卷边槽钢		B[$h×b×a×t$	
15	薄壁卷边Z型钢		B[$h×b×a×t$	
16	T 型钢	T	TW×× TM×× TN××	TW 为宽翼缘 T 型钢 TM 为中翼缘 T 型钢 TN 为窄翼缘 T 型钢
17	H 型钢	H	HW×× HM×× HN××	HW 为宽翼缘 H 型钢 HM 为中翼缘 H 型钢 HN 为窄翼缘 H 型钢
18	起重机钢轨		⊥ QU××	详细说明产品规格型号
19	轻轨及钢轨		⊥ ××kg/m 钢轨	

3. 薄壁型钢

冷弯薄壁型钢(图 2-11)是用薄钢板(一般采用 Q235 钢或 Q345 钢)经模压或弯曲而制成,其壁厚一般为 1.5～5 mm,在国外薄壁型钢厚度有加大范围的趋势,如美国可用到 1 in(25.4 mm)厚。压型钢板是冷弯薄壁型钢的另一种形式,一般为 0.3～2 mm 厚的镀锌或镀铝锌板、彩色涂层钢板经冷轧(压)成的各种类型的波形板。冷弯型钢和压型钢板用于轻钢结构的承重构件和屋面、墙面等维护体系中,是几何形状开展性好的高效的经济截面,截面惯性矩大、刚度好,能高效地发挥材料的作用。

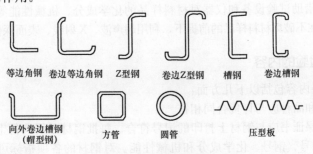

等边角钢　卷边等边角钢　Z型钢　卷边Z型钢　槽钢　卷边槽钢

向外卷边槽钢
(帽型钢)　方管　圆管　压型板

图 2-11　冷弯薄壁型钢截面

建筑钢结构中，承重结构的钢材宜采用 Q235 钢、Q345 钢、Q390 钢、Q420 钢、Q460 钢、Q345GJ 钢，其质量应分别符合现行国家标准《碳素结构钢》(GB/T 700—2006)、《低合金高强度结构钢》(GB/T 1591—2008)和《建筑结构用钢板》(GB/T 19879—2015)的规定。

结构用钢板的厚度和外形尺寸应符合现行国家标准《热轧钢板和钢带的尺寸、外形、重量及允许偏差》(GB/T 709—2006)的规定。热轧工字钢、槽钢、角钢、H 型钢和钢管等型材产品的规格、外形、重量和允许偏差应符合相关的现行国家标准的规定。

当焊接承重结构为防止钢材的层状撕裂而采用 Z 向钢时，其材质应符合现行国家标准《厚度方向性能钢板》(GB/T 5313—2010)的规定。对处于外露环境，且对耐腐蚀有特殊要求或在腐蚀性气体和固态介质作用下的承重结构，宜采用 Q235NH、Q355NH 和 Q415NH 牌号的耐候结构钢，其性能和技术条件应符合现行国家标准《耐候结构钢》(GB/T 4171—2008)的规定。非焊接结构用铸钢件的材质与性能应符合现行国家标准《一般工程用铸造碳钢件》(GB/T 11352—2009)的规定；焊接结构用铸钢件的材质与性能应符合现行国家标准《焊接结构用铸钢件》(GB/T 7659—2010)的规定。

2.5 钢材的检验及验收

建立钢材检验制度是保证钢结构工程质量的重要环节。因此，钢材在正式入库前必须严格执行检验制度，经检验合格的钢材方可办理入库手续。

2.5.1 钢材检验的类型与方法

1. 钢材检验的类型

根据钢材信息和保证资料的具体情况，其质量检验程度分为免检、抽检和全部检验三种。

(1)免检。免去质量检验过程。对有足够质量保证的一般材料，以及实践证明质量长期稳定且质量保证资料齐全的材料，可予免检。

(2)抽检。按随机抽样的方法对材料进行抽样检验。当对材料的性能不清楚，或对质量保证有怀疑，或对成批生产的构配件，均应按一定比例进行抽样检验。

(3)全部检验。凡进口的材料、设备的重要工程部位的材料，以及贵重的材料，应进行全部检验，以确保材料和工程质量。

2. 钢材检验的方法

钢材的质量检验方法有书面检验、外观检验、理化检验和无损检验四种。

(1)书面检验。通过对提供的材料质量保证资料、试验报告等进行审核，取得认可后方能使用。

(2)外观检验。对材料从品种、规格、标志、外形尺寸等进行直观检查，看其有无质量问题。

(3)理化检验。借助试验设备和仪器对材料样品的化学成分、机械性能等进行科学的鉴定。

(4)无损检验。在不破坏材料样品的前提下，利用超声波、X 射线、表面探伤仪等进行检测。

2.5.2 钢材检验的内容

钢材检验的主要内容包括以下几方面：

(1)钢材的数量和品种应与订货合同相符。

(2)钢材的质量保证书应与钢材上打印的记号符合。每批钢材必须具备生产厂提供的材质证明书，写明钢材的炉号、钢号、化学成分和机械性能。对钢材的各项指标可根据国标的规定进行核验。

(3)核对钢材的规格尺寸。各类钢材尺寸的允许偏差，可参照有关国标或制标中的规定进行核对。

(4)钢材表面质量检验。不论扁钢、钢板或型钢，其表面均不允许有结疤、裂纹、折叠和分层等缺陷。有上述缺陷的，应另行堆放，以便研究处理。钢材表面的锈蚀深度，不得超过其厚度负偏差值的1/2。

经检验发现"钢材质量保证书"上数据不清、不全，材质标记模糊，表面质量、外观尺寸不符合有关标准要求时，应视具体情况重新进行复核和复验鉴定。经复核和复验鉴定合格的钢材方准予正式入库，不合格钢材应另作处理。

2.5.3 钢材检验的要求与项目

1. 钢材检验的一般要求

钢材的进场验收应符合《钢结构工程施工规范》(GB 50755—2012)和《钢结构工程施工质量验收规范》(GB 50205—2001)的有关规定。

(1)钢材、钢铸件的品种、规格、性能等应符合现行国家产品标准和设计要求。进口钢材产品的质量应符合设计和合同规定标准的要求。

(2)对属于下列情况之一的钢材，应进行抽样复验，其复验结果应符合现行国家产品标准和设计要求。

1)国外进口钢材；

2)钢材混批；

3)板厚等于或大于40 mm，且设计有Z向性能要求的厚板；

4)建筑结构安全等级为一级，大跨度钢结构中主要受力构件所采用的钢材；

5)设计有复验要求的钢材；

6)对质量有疑义的钢材。

(3)钢板厚度及允许偏差应符合其产品标准的要求。

(4)型钢的规格尺寸及允许偏差符合其产品标准的要求。

(5)钢材的表面外观质量除应符合国家现行有关标准的规定外，还应符合下列规定：

1)当钢材的表面有锈蚀、麻点或划痕等缺陷时，其深度不得大于该钢材厚度负允许偏差值的1/2；

2)钢材表面的锈蚀等级应符合现行国家标准《涂覆涂料前钢材表面处理 表面清洁度的目视评定 第1部分：未涂覆过的钢材表面和全面清除原有涂层后的钢材表面的锈蚀等级和处理等级》(GB/T 8923.1—2011)、《涂覆涂料前钢材表面处理 表面清洁度的目视评定 第2部分：已涂覆过的钢材表面局部清除原有涂层后的处理等级》(GB/T 8923.2—2008)、《涂覆涂料前钢材表面处理 表面清洁度的目视评定 第3部分：焊缝、边缘和其他区域的表面缺陷的处理等级》(GB/T 8923.3—2009)、《涂覆涂料前钢材表面处理 表面清洁度的目视评定 第4部分：与高压水喷射处理有关的初始表面状态、处理等级和闪锈等级》(GB/T 8923.4—2013)规定的C级及C级以上；

3)钢材端边或断口处不应有分层、夹渣等缺陷。

2. 钢材检验项目

钢材的质量检验见表2-6。

表 2-6 材料质量的检验项目

序　号	材料名称	书面检查	外观检查	理化试验	无损检测
1	钢板	必须	必须	必要时	必要时
2	型钢	必须	必须	必要时	必要时

2.5.4　钢材复验

1. 钢材复验内容

钢材复验的内容包括化学成分分析和钢材性能试验。

(1)化学成分分析。化学成分复试是钢材复试中的常见项目，对钢厂生产能力有怀疑、钢材表面铭牌标记不清、钢号不明时，一般都要取样做化学成分分析。

(2)钢材性能试验。钢材性能复试项目中主要是力学性能和工艺性能的复试。由于钢材轧制方向等方面原因，钢材各个部位的性能不尽相同，按标准规定截取试样才能正确反映钢材的性能。

2. 钢材复验要求

(1)钢材复验的取样、制样及试验方法可按表 2-7 所列的标准执行。

表 2-7　钢材试验标准

标准编号	标准名称
GB/T 2975—1998	《钢及钢产品 力学性能试验取样位置及试样制备》
GB/T 228.1—2010	《金属材料 拉伸试验 第 1 部分：室温试验方法》
GB/T 229—2007	《金属材料夏比摆锤冲击试验方法》
GB/T 232—2010	《金属材料 弯曲试验方法》
GB/T 20066—2006	《钢和铁 化学成分测定用试样的取样和制样方法》
GB/T 222—2006	《钢的成品化学成分允许偏差》

(2)当设计文件无特殊要求时，钢结构工程中常用牌号钢材的抽样复验检验批宜按下列规定执行：

1)牌号为 Q235、Q345 且板厚小于 40 mm 的钢材，应按同一生产厂家、同一牌号、同一质量等级的钢材组成检验批，每批质量不应大于 150 t；同一生产厂家、同一牌号的钢材供货质量超过 600 t 且全部复验合格时，每批的组批质量可扩大至 400 t；

2)牌号为 Q235、Q345 且板厚大于或等于 40 mm 的钢材，应按同一生产厂家、同一牌号、同一质量等级的钢材组成检验批，每批质量不应大于 60 t；同一生产厂家、同一牌号的钢材供货质量超过 600 t 且全部复验合格时，每批的组批质量可扩大至 400 t；

3)牌号为 Q390 的钢材，应按同一生产厂家、同一质量等级的钢材组成检验批，每批质量不应大于 60 t；同一生产厂家的钢材供货质量超过 600 t 且全部复验合格时，每批的组批质量可扩大至 300 t；

4)牌号为 Q235GJ、Q345GJ、Q390GJ 的钢板，应按同一生产厂家、同一牌号、同一质量等级的钢材组成检验批，每批质量不应大于 60 t；同一生产厂家、同一牌号的钢材供货质量超过 600 t 且全部复验合格时，每批的组批质量可扩大至 300 t；

5)牌号为 Q420、Q460、Q420GJ、Q460GJ 的钢材，每个检验批应由同一牌号、同一质量等级、同一炉号、同一厚度、同一交货状态的钢材组成，每批质量不应大于 60 t；

6)有厚度方向要求的钢板，宜附加逐张超声波无损探伤复验。

(3)进口钢材复验的取样、制样及试验方法应按设计文件和合同规定执行。海关商检结果经监理工程师认可后，可作为有效的材料复验结果。

2.5.5　钢材的验收

钢材的验收是保证钢结构工程质量的重要环节，应该按照规定执行。钢材验收应达到以下要求：

（1）钢材的品种和数量是否与订货单一致。

（2）钢材的质量保证书是否与钢材上打印的记号相符。

（3）核对钢材的规格尺寸，测量钢材尺寸是否符合标准规定，尤其是钢板厚度的偏差。

（4）进行钢材表面质量检验，表面不允许有结疤、裂纹、折叠和分层等缺陷，钢材表面的锈蚀深度不得超过其厚度负偏差值的一半，有以上问题的钢材应另行堆放，以便研究处理。

本章小结

建筑钢结构用钢要求较高的抗拉强度 f_u 和屈服点 f_y、较高的塑性和韧性、良好的工艺性能。钢材的主要性能有强度性能、塑性性能、冷弯性能、冲击韧性、可焊性能等。对钢材主要性能产生影响的因素主要有化学成分，冶炼、浇铸（注）、轧制过程及热处理的影响，钢材硬化，温度影响，应力集中，反复荷载作用，复杂应力作用下钢材的屈服条件等。钢结构用的钢材主要有碳素结构钢和低合金高强度结构钢两类。钢结构采用的型材有热轧成型的钢板、型钢以及冷弯（或冷压）成型的薄壁型钢。钢材在正式入库前必须严格执行检验制度，经检验合格的钢材方可办理入库手续。

思考与练习

1. 简述 Q235 钢应力-应变曲线图中的各个阶段及各个工作阶段的典型特征。

2. 在钢结构设计中，衡量钢材力学性能好坏的三项重要指标及其作用是什么？

3. 影响钢材性能的因素主要有哪些？

4. 应力集中是怎样产生的？其有怎样的危害？在设计中应如何避免？

5. 钢材在高温下的力学性能如何？为何钢材不耐火？

6. 钢材检验的内容包括哪些方面？

模块 3 基本设计原则和体系

通过本模块的学习，了解钢结构的基本设计内容、材料选用；掌握结构的作用及作用效应分析，结构、构件及连接的构造概念，抗火设计，结构的制作、安装、防腐和防火等要求，基本的构件强度、稳定性的计算。

能够按照相关规范掌握钢结构设计的基本规定，掌握钢结构设计的一般设计流程，掌握钢结构结构体系的分类和简单内容，掌握基本的构件强度、稳定性的计算。

3.1 设计原则

3.1.1 设计内容

建筑钢结构设计应包括以下内容：结构方案设计，包括结构选型、构件布置；材料选用；作用及作用效应分析；结构的极限状态验算；结构、构件及连接的构造；抗火设计；制作、安装、防腐和防火等要求；满足特殊要求结构的专门性能设计。

3.1.2 设计原则

在结构设计中，钢结构应按承载能力极限状态和正常使用极限状态进行设计。其中，承载能力极限状态包括：构件或连接的强度破坏、疲劳破坏、脆性断裂、因过度变形而不适用于继续承载，结构或构件丧失稳定、结构转变为机动体系和结构倾覆；正常使用极限状态包括：影响结构、构件或非结构构件正常使用或外观的变形，影响正常使用的振动，影响正常使用或耐久性能的局部损坏(包括混凝土裂缝)。钢结构设计主要包括强度计算、变形计算和稳定性计算三部分内容。

3.1.3 设计要求

钢结构的安全等级和设计使用年限应符合现行国家标准《建筑结构可靠度设计统一标准》(GB 50068—2001)和《工程结构可靠性设计统一标准》(GB 50153—2008)的规定。一般工业与民用建筑钢结构的安全等级应取为二级，其他特殊建筑钢结构的安全等级应根据具体情况另行确定。建筑物中各类结构构件的安全等级，宜与整个结构的安全等级相同。对其中部分结构构件的安全等级可进行调整，但不得低于三级。

按正常使用极限状态设计钢结构时，应考虑荷载效应的标准组合，对钢与混凝土组合梁，还应考虑准永久组合。计算结构或构件的强度、稳定性以及连接的强度时，应采用荷载设计值(荷载标准值乘以荷载分项系数)；计算疲劳时，应采用荷载标准值。

对于直接承受动力荷载的结构，在计算强度和稳定性时，动力荷载设计值应乘以动力系数；在计算疲劳和变形时，动力荷载标准值不乘以动力系数。计算吊车梁或吊车桁架及其制动结构的疲劳和挠度时，起重机荷载应按作用在跨间内荷载效应最大的一台起重机确定。预应力钢结构的设计应包括预应力施工（单次或多次预应力方案）阶段和使用阶段的各种工况。应对结构、构件和节点进行强度、刚度和稳定性计算。预应力索膜结构设计应包括找形分析、荷载分析及裁剪分析三个相互制约的过程，必要时还应进行施工过程分析。对于使用阶段需要换索的工况，在计算、构造及施工方案上应预先考虑。

结构构件应采用下列承载能力极限状态设计表达式：

无地震作用效应组合验算： $\gamma_0 S \leqslant R$ （3-1）

有地震作用效应组合验算： $S \leqslant R/\gamma_{RE}$ （3-2）

式中 γ_0——结构重要性系数：对安全等级为一级的结构构件不应小于 1.1，对安全等级为二级的结构构件不应小于 1.0，对安全等级为三级的结构构件不应小于 0.9；

S——承载能力极限状况下，作用组合的效应设计值：对非抗震设计，应按作用的基本组合计算；对抗震设计，应按作用的地震组合计算；

R——结构构件的抗力设计值；

γ_{RE}——承载力抗震调整系数，按现行国家标准《建筑抗震设计规范（2016 年版）》（GB 50011—2010）取值。

设计钢结构时，应从工程实际出发，合理选择材料、结构方案和构造措施，满足结构构件在运输、安装和使用过程中的强度、稳定性和刚度要求，并符合防火、防腐蚀要求。宜优先采用通用的和标准化的结构和构件，减少制作、安装工作量。钢结构的构造应便于制作、运输、安装、维护并使结构受力简单明确，减少应力集中，避免材料三向受拉。以受风载为主的空腹结构，应尽量减少受风面积。钢结构设计应考虑制作、运输和安装的经济合理与施工方便。在钢结构设计文件中，应注明建筑结构设计使用年限、钢材牌号、连接材料的型号（或钢号）、设计所需的附加保证项目和所采用的规范。此外，还应注明所要求的焊缝形式、焊缝质量等级、端面刨平顶紧部位、钢结构防护要求及措施、对施工的要求。对抗震设防的钢结构，关键连接部位应注明其连接的细部构造、尺寸，同时注明在塑性耗能区采用钢材的最大允许屈服应力。

3.2 荷载和结构变形

3.2.1 荷载和作用

设计钢结构时，荷载的标准值、荷载分项系数、荷载组合值系数、动力荷载的动力系数等，应按现行国家标准《建筑结构荷载规范》（GB 50009—2012）的规定采用。

在工业厂房设计中，计算重级工作制吊车梁（或吊车桁架）及其制动结构的强度、稳定性以及连接（吊车梁或吊车桁架、制动结构、柱相互间的连接）的强度时，应考虑由起重机摆动引起的横向水平力（此水平力不与荷载规范规定的横向水平荷载同时考虑），作用于每个轮压处的此水平力标准值可由下式进行计算：

$$H_k = \alpha P_{k,max} = a$$ （3-3）

式中 $P_{k,max}$——起重机最大轮压标准值；

α——系数，对一般软钩起重机 $\alpha=0.1$，抓斗或磁盘起重机宜采用 $\alpha=0.15$，硬钩起重机宜采用 $\alpha=0.2$。

注：现行国家标准《起重机设计规范》（GB/T 3811—2008）将起重机工作级别划分为 A1～A8 级。在一

般情况下，本规范中的轻级工作制相当于 A1～A3 级，中级工作制相当于 A4、A5 级；重级工作制相当于 A6～A8 级，其中 A8 属于特重级。

计算屋盖桁架考虑悬挂起重机和电动葫芦的荷载时，在同一跨间每条运动线路上的台数，对梁式起重机不宜多于 2 台；对电动葫芦不宜多于 1 台。

计算冶炼车间或其他类似车间的工作平台结构时，由检修材料所产生的荷载，可乘以下列折减系数：

主梁：0.85；

柱（包括基础）：0.75。

在结构的设计过程中，当考虑温度变化的影响时，温度的变化范围可根据地点、环境、结构类型及使用功能等实际情况确定。单层房屋和露天结构的温度区段长度（伸缩缝的间距），当不超过表 3-1 的数值时，一般情况下可不考虑温度应力和温度变形的影响。

表 3-1　温度区段长度值　　　　　　　　　　　　　　　　　　　m

结构情况	纵向温度区段（垂直屋架或构架跨度方向）	横向温度区段（沿屋架或构架跨度方向）	
		柱顶为刚接	柱顶为铰接
采暖房屋和非采暖地区的房屋	220	120	150
热车间和采暖地区的非采暖房屋	180	100	125
露天结构	120		
门式刚架轻型房屋	300	150	

注：1. 厂房柱为其他材料时，应按相应规范的规定设置伸缩缝。围护结构可根据具体情况参照有关规范单独设置伸缩缝。

2. 无桥式起重机房屋的柱间支撑和有桥式起重机房屋吊车梁或吊车桁架以下的柱间支撑，宜对称布置于温度区段中部。当不对称布置时，上述柱间支撑的中点（两道柱间支撑时为两柱间支撑的中点）至温度区断端部的距离不宜大于表 3-1 纵向温度区段长度的 60%。

3. 当有充分依据或可靠措施时，表中数字可予以增减。

3.2.2　结构或构件变形

为了不影响结构或构件的正常使用和观感，设计时应对结构或构件的变形（挠度或侧移）规定相应的限值。一般情况下，构件变形的容许值见本书附录 B 的规定，结构变形的容许值应满足规范的相关规定。当有实践经验或有特殊要求时，可根据不影响正常使用和观感的原则对附录 B 的规定进行适当的调整。计算结构或构件的变形时，可不考虑螺栓（或铆钉）孔引起的截面削弱。

为改善外观和使用条件，可将横向受力构件预先起拱，起拱大小应视实际需要而定，一般为恒载标准值加 1/2 活载标准值所产生的挠度值。当仅为改善外观条件时，构件挠度应取在恒荷载和活荷载标准值作用下的挠度计算值减去起拱度。

3.3　结构体系

3.3.1　一般规定

结构体系的选用，应综合考虑结构合理性、建筑及工艺需求、环境条件（包括地质条件及其他）、节约投资和资源、材料供应、制作安装便利性等因素；宜选用成熟的结构体系，当采用新型结构体系时，设计计算和论证应充分，必要时应进行试验。

钢结构的布置，应具备合理的竖向和水平荷载传递途径，具有必要的刚度和承载力、良好的结构整体稳定性和构件稳定性，具有足够的冗余度，避免因部分结构或构件破坏导致整个结构体系丧失承载能力；竖向和水平荷载引起的构件和结构的振动，应满足正常使用舒适度要求；隔墙、外围护等宜采用轻质材料。

有抗震设防要求的钢结构，平、立面布置宜规则，各部分的刚度、质量和承载力宜均匀、连续；应具有必要的抗震承载能力、良好的变形和耗能能力，对可能出现的薄弱部位，应采取必要的加强措施；在设计中，可采用消能减震手段，提高结构抗震性能。对于施工过程对构件内力分布影响显著的结构，结构分析时应考虑施工过程对结构刚度形成的影响，必要时应进行施工模拟分析。

接下来以单层钢结构、多高层钢结构、大跨度钢结构分别介绍。

3.3.2 单层钢结构

单层钢结构主要由横向抗侧力体系和纵向抗侧力体系组成，其中横向抗侧力体系可按表 3-2 进行分类，纵向抗侧力体系宜采用中心支撑体系，也可采用刚架结构。

表 3-2 单层钢结构体系分类

结构体系		具体形式
排架	普通	单跨、双跨、多跨排架、高低跨排架等
框架	普通	单跨、双跨、多跨框架、高低跨框架等
	轻型	
门式刚架	普通	单跨、双跨、多跨刚架；带挑檐、带毗屋、带夹层刚架；单坡刚架等
	轻型	
注：1. 框架包括无支撑纯框架和有支撑框架；排架包括等截面柱、单阶柱和双阶柱排架；门式刚架包括单层柱和多层柱门式刚架。 2. 横向抗侧力体系还可采用以上结构形式的混合形式。		

在单层钢结构的结构布置中，对于多跨结构宜等高、等长，各柱列的侧移刚度宜均匀。在地震区，当结构体型复杂或有贴建的房屋和构筑物时，宜设防震缝。同一结构单元中，宜采用同一种结构形式。当不同结构形式混合采用时，应充分考虑荷载、位移和强度的不均衡对结构的影响。

支撑布置过程中，在每个结构单元中，应设置能独立构成空间稳定结构的支撑体系。当房屋高度相对于柱间距较大时，柱间支撑宜分层设置。在屋盖设有横向水平支撑的开间应设置上柱柱间支撑。

3.3.3 多高层钢结构

按抗侧力结构的特点，见表 3-3，多、高层钢结构的结构体系可分为框架（轻型框架）、框-排架、支撑结构、框架-支撑（轻型框架-支撑）、框架-剪力墙板、筒体结构和巨型结构七类。其结构布置中，建筑平面宜简单、规则，结构平面布置宜对称，水平荷载的合力作用线宜接近抗侧力结构的刚度中心；高层钢结构两个主轴方向动力特性宜相近；结构竖向体形宜力求规则、均匀，避免有过大的外挑和内收；结构竖向布置宜使侧向刚度和受剪承载力沿竖向均匀变化，避免因突变导致过大的应力集中和塑性变形集中；采用框架结构体系时，高层建筑不应采用单跨结构，多层的甲、乙类建筑不宜采用单跨结构；高层钢结构宜选用风压较小的平面形状和横风向振动效应较小的建筑体型，并应考虑相邻高层建筑对风荷载的影响；支撑布置平面上宜均匀、分散，沿竖向宜连续布置，不连续时应适当增加错开支撑及错开支撑之间的上、下楼层水平刚度；设置地下室时，支撑应延伸至基础。

表 3-3　多、高层钢结构体系分类

结构体系		支撑、墙体和筒形式	抗侧力体系类别
框架、轻型框架			单重
框-排架		纵向柱间支撑	单重
支撑结构	中心支撑	普通钢支撑、消能支撑（防屈曲支撑等）	单重
	偏心支撑	普通钢支撑	单重
框架-支撑、轻型框架-支撑	中心支撑	普通钢支撑、消能支撑（防屈曲支撑等）	单重或双重
	偏心支撑	普通钢支撑	单重或双重
框架-剪力墙板		钢板墙、延性墙板	单重或双重
筒体结构	筒体	普通框架筒	单重
	框架-筒体	密柱深梁筒	单重或双重
	筒中筒	斜交网格筒	双重
	束筒	剪力墙板筒	双重
巨型结构	巨型框架		单重
	巨型框架-支撑		单重或双重
	巨型支撑		单重或双重

注：1. 框-排架结构包括由框架与排架侧向连接组成的侧向框-排架结构和下部为框架、上部顶层为排架的竖向框-排架结构。
2. 因刚度需要，高层建筑钢结构可设置外伸臂桁架和周边桁架，外伸臂桁架设置处宜同时有周边桁架，外伸臂桁架应贯穿整个楼层，伸臂桁架的尺度要与相连构件尺度相协调。

3.3.4　大跨度钢结构

大跨度钢结构体系分为以整体受弯为主的结构、以整体受压为主的结构和以整体受拉为主的结构三类，见表 3-4。

表 3-4　大跨度钢结构体系分类

体系分类	常见形式
以整体受弯为主的结构	平面桁架、立体桁架、空腹桁架、网架、组合网架以及与钢索组合形成的各种预应力钢结构
以整体受压为主的结构	实腹钢拱、平面或立体桁架形式的拱形结构、网壳、组合网壳以及与钢索组合形成的各种预应力钢结构
以整体受拉为主的结构	悬索结构、索桁架结构、索穹顶等

大跨度钢结构设计中，大跨度钢结构的设计应结合工程的平面形状、体型、跨度、支承情况、荷载大小、建筑功能综合分析确定，结构布置和支承形式应保证结构具有合理的传力途径

和整体稳定性。平面结构应设置平面外的支撑体系。

应根据大跨度钢结构的结构和节点形式、构件类型、荷载特点，并考虑上部大跨度钢结构与下部支承结构的相互影响，建立合理的计算模型，进行协同分析。大跨度空间钢结构在各种荷载工况下应满足承载力和刚度要求。预应力大跨度钢结构应进行结构张拉形态分析，确定索或拉杆的预应力分布，并保证在各种工况下索力大于零。对以受压为主的拱形结构、单层网壳以及跨度较大的双层网壳应进行非线性稳定分析。地震区的大跨度钢结构，应按抗震规范考虑水平及竖向地震作用效应。对于大跨度钢结构楼盖，应按使用功能满足相应的舒适度要求。应对施工过程复杂的大跨度钢结构或复杂的预应力大跨钢结构进行施工过程分析。杆件截面的最小尺寸应根据结构的重要性、跨度、网格大小按计算确定，普通型钢不宜小于∟50×3，钢管不宜小于ϕ48×3。对大、中跨度的结构，钢管不宜小于ϕ60×3.5。另外，大跨度钢结构的支座和节点形式应同计算模型吻合。

3.4　受力构件计算

受力构件包括受弯构件、受剪构件、轴心受力构件、拉弯构件和压弯构件等。受力构件计算主要包括构件的强度计算、刚度或变形计算和稳定性计算。轴心受拉构件的承载力应由截面强度决定；轴心受压构件的承载力应由截面强度和构件稳定性的较低值决定。

3.4.1　截面强度计算

轴心受拉构件，当端部连接（及中部拼接）处组成截面的各板件都有连接件直接传力时，除采用高强度螺栓摩擦型连接者外，其截面强度计算应符合下列规定：

毛截面屈服：

$$\sigma = \frac{N}{A} \leqslant f \qquad (3-4)$$

净截面断裂：

$$\sigma = \frac{N}{A_n} \leqslant 0.7 f_u \qquad (3-5)$$

式中　N——所计算截面的拉力设计值；

　　　f——钢材抗拉强度设计值；

　　　A——构件的毛截面面积；

　　　A_n——构件的净截面面积，当构件多个截面有孔时，取最不利的截面；

　　　f_u——钢材极限抗拉强度最小值。

用高强度螺栓摩擦型连接的构件，其截面强度计算应符合下列规定：

（1）当构件为沿全长都有排列较密螺栓的组合构件时，其截面强度应按下式计算：

$$\frac{N}{A_n} \leqslant f \qquad (3-6)$$

（2）除上述第（1）款的情形外，其毛截面强度计算应采用式（3-4），净截面强度应按下式计算：

$$\sigma = \left(1 - 0.5 \frac{n_1}{n}\right) \frac{N}{A_n} \leqslant f \qquad (3-7)$$

式中　n——在节点或拼接处，构件一端连接的高强度螺栓数目；

　　　n_1——所计算截面（最外列螺栓处）上高强度螺栓数目；

　　　f——钢材的抗弯强度设计值。

对于轴心受压构件，当端部连接（及中部拼接）处组成截面的各板件都有连接件直接传力时，截面强度应按式（3-4）计算。但含有虚孔的构件的孔心所在截面应按式（3-5）计算。

对于轴拉构件和轴压构件，当其组成板件在节点或拼接处并非全部直接传力时，应按截面面积乘以折减系数 η 计算，不同构件截面形式和连接方式的 η 值可由表 3-5 查得。

表 3-5　轴心受力构件强度折减系数

构件截面形式	连接形式	η	图例
角钢	单边连接	0.85	
工字形、H 形	翼缘连接	0.90	
	腹板连接	0.70	
平板	搭接	$l \geqslant 2w \longrightarrow 1.0$ $2w > l \geqslant 1.5w \longrightarrow 0.82$ $1.5w > l \geqslant w \longrightarrow 0.75$	

对于在主平面内受弯的实腹构件，其抗弯强度应按下列规定计算：

$$\frac{M_x}{\gamma_x W_{nx}} + \frac{M_y}{\gamma_y W_{ny}} \leqslant f_n \tag{3-8}$$

式中　M_x，M_y——同一截面处绕 x 轴和 y 轴的弯矩（对工字形截面，x 轴为强轴，y 轴为弱轴）；

W_{nx}，W_{ny}——对 x 轴和 y 轴的净截面模量；

γ_x，γ_y——截面塑性发展系数。

对于工字形和箱形截面，在截面类别达到 D、E 类要求时，应取 $\gamma_x = \gamma_y = 1.0$；在截面类别达到 A、B、C 类要求时，应按下列规定取值：

工字形截面：$\gamma_x = 1.05$，$\gamma_y = 1.2$；

箱形截面：$\gamma_x = 1 + 0.05(h/b)^{0.71}$，$\gamma_y = 1.05$。

式中　h——箱形截面的高度；

b——箱形截面的宽度。

对其他截面，可按表 3-6 采用。

对需要计算疲劳的梁，宜取 $\gamma_x = \gamma_y = 1.0$。

在主平面内受弯的实腹构件，其抗剪强度应按下式计算：

$$\tau = \frac{VS}{It_w} \leqslant f_v \tag{3-9}$$

式中　V——计算截面沿腹板平面作用的剪力；

S——计算剪应力处以上毛截面对中和轴的面积矩；

I——毛截面惯性矩；

t_w——腹板厚度；

f_v——钢材的抗剪强度设计值。

3.4.2 构件的稳定性

压杆稳定是指当细长的受压杆压力达到一定值时，受压杆可能突然弯曲而破坏，即产生失稳现象。钢结构构件的稳定性是工程中需要重点考虑的问题。实腹式轴压构件的稳定性在设计中，应按下式计算：

$$N \leqslant \varphi A f \tag{3-10}$$

式中　φ——轴心受压构件的稳定系数（取截面两主轴稳定系数中的较小者），根据构件的长细比（或换算长细比）、钢材屈服强度和表 3-6、表 3-7 的截面分类，按附录 B 采用。

表 3-6　轴心受压构件的截面分类(板厚 $t<40$ mm)

截面形式		对 x 轴	对 y 轴
轧制		a 类	a 类
轧制，$b/h \leqslant 0.8$		a 类	b 类
轧制，$b/h>0.8$	焊接	b 类	b 类
焊接，翼缘为焰切边	轧制等边角钢		
轧制或焊接	轧制，焊接 板件宽厚比大于 20		
轧制截面和翼缘为焰切边的焊接截面	焊接，板件边缘焰切		

注：b、a 类含义为 Q235 钢取 b 类，Q345、Q390、Q420 和 Q460 取 a 类；c、b 类含义为 Q235 钢取 c 类，Q345、Q390、Q420 和 Q460 取 b 类。

表 3-7 轴心受压构件的截面分类(板厚 $t \geqslant 40$ mm)

截面形式		对 x 轴	对 y 轴
轧制工字形或 H 形截面	$t < 80$ mm	b类	c类
	$t \geqslant 80$ mm	c类	d类
焊接工字形截面	翼缘为焰切边	b类	b类
	翼缘为轧制或剪切边	c类	d类
焊接箱形截面	板件宽厚比>20	b类	b类
	板件宽厚比≤20	c类	c类

构件的长细比 λ 应根据其失稳模式确定,截面形心与剪心重合的构件,当计算弯曲屈曲时长细比的计算如下:

$$\lambda_x = \frac{l_{0x}}{i_x} \quad \lambda_y = \frac{l_{0y}}{i_y} \tag{3-11}$$

式中　l_{0x},l_{0y}——分别为构件对截面主轴 x 和 y 的计算长度;

　　　　i_x,i_y——分别为构件截面对主轴 x 和 y 的回转半径。

双轴对称十字形截面板件宽厚比不超过 $15\sqrt{235/f_{yk}}$ 者,可不计算扭转屈曲,f_{yk} 为钢材牌号所指屈服点,以 MPa 计。

3.4.3　构件的局部稳定

在设计中,实腹轴压构件要求不出现局部失稳者,就 H 形截面腹板和截面翼缘进行介绍。其板件宽厚比应符合下列规定:

对于 H 形截面腹板:

当 $\lambda\sqrt{f_{yk}/235} \leqslant 50$ 时,$h_0/t_w \leqslant 42\sqrt{235/f_{yk}}$ $\qquad$ (3-12)

当 $\lambda\sqrt{f_{yk}/235} > 50$ 时,$h_0/t_w \leqslant \min[21\sqrt{235/f_{yk}}+0.42\lambda,\ 21\sqrt{235/f_{yk}}+50]$ (3-13)

式中　λ——构件的较大长细比;

　　　　h_0,t_w——分别为腹板计算高度和厚度,对焊接构件 h_0 取为腹板高度 t_w,对热轧构件取 $h_0 = t_w - 2t$,但不小于 $t_w - 40$ mm,t_f 为翼缘厚度。

对于 H 形截面翼缘:

当 $\lambda\sqrt{f_{yk}/235} \leqslant 70$ 时,$b/t_f \leqslant 14\sqrt{235/f_{yk}}$ $\qquad$ (3-14)

当 $\lambda\sqrt{f_{yk}/235} > 70$ 时,$b/t_f \leqslant \min[7\sqrt{235/f_{yk}}+0.1\lambda,\ 7\sqrt{235/f_{yk}}+12]$ (3-15)

式中　b,t_f——分别为翼缘板自由外伸宽度和厚度,对焊接构件 b 取为翼缘板宽度 B 的一半,对热轧构件取 $b = B/2 - t_f$,但不小于 $B/2 - 20$ mm。

对于受弯构件的整体稳定,符合下列情况之一时,可不计算梁的整体稳定性:

(1)有铺板(各种钢筋混凝土板和钢板)密铺在梁的受压翼缘上并与其牢固相连,能阻止梁受压翼缘的侧向位移时。

(2)H 型钢或等截面工字形简支梁受压翼缘的自由长度 l_1 与其宽度 b_1 之比不超过表 3-8 所规定的数值时。

表 3-8　H 型钢或等截面工字形简支梁不需计算整体稳定性的最大 l_1/b_1 值

钢号	跨中无侧向支撑点的梁		跨中有侧向支撑点的梁，不论荷载作用于何处
	荷载作用在上翼缘	荷载作用在下翼缘	
Q235	13.0	20.0	16.0
Q345	10.5	16.5	13.0
Q390	10.0	15.5	12.5
Q420	9.5	15.0	12.0

注：其他钢号的梁不需计算整体稳定性的最大 l_1/b_1 值，应取 Q235 钢的数值乘以 $\sqrt{235/f_{yk}}$，f_{yk} 为钢材牌号所指屈服点。对跨中无侧向支承点的梁，l_1 为其跨度；对跨中有侧向支承点的梁，l_1 为受压翼缘侧向支承点间的距离（梁的支座处视为有侧向支承）。

除以上条件以外的情况，在最大刚度主平面内受弯的构件，其整体稳定性应按下式计算：

$$\frac{M_x}{\varphi_b W_x} \leqslant f \tag{3-16}$$

式中　M_x——绕强轴作用的最大弯矩；

$\quad\quad W_x$——按受压纤维确定的梁毛截面模量；

$\quad\quad \varphi_b$——梁的整体稳定性系数。

梁的整体稳定性系数应按下式计算：

$$\varphi_b = \frac{1}{(1 - \lambda_{b0}^{2n} + \lambda_b^{2n})^{1/n}} \leqslant 1.0 \tag{3-17}$$

式中

$$\lambda_b = \sqrt{\frac{\lambda_x W_x f_y}{M_\sigma}} \tag{3-18}$$

$\quad M_\sigma$——简支梁、悬臂梁或连续梁的弹性屈曲临界弯矩。简支梁、悬臂梁的弹性屈曲临界弯矩应按规范取值计算；

$\quad \lambda_{b0}$——稳定系数小于 1.0 的起始通用长细比，见表 3-9；

$\quad n$——指数，见表 3-9；

$\quad b_1$——工字形截面受压翼缘的宽度；

$\quad h$——上、下翼缘中间的距离。

表 3-9　指数 n 和初始长细比 λ_{b0}

	n	λ_{b0}	λ_{b0}
		简支梁	承受线性变化弯矩
热轧	$2.5\sqrt[3]{\dfrac{b_1}{h}}$	0.4	$0.65 - 0.25\dfrac{M_2}{M_1}$
焊接	$1.8\sqrt[3]{\dfrac{b_1}{h}}$	0.3	$0.55 - 0.25\dfrac{M_2}{M_1}$
轧制槽钢	1.5	0.3	

另外，在两个主平面受弯的 H 型钢截面或工字形截面构件，其整体稳定性应按下式计算：

$$\frac{M_x}{\varphi_b} + \frac{M_y}{\gamma_y} \leqslant f \tag{3-19}$$

式中　W_x，W_y——按受压纤维确定的对 x 轴和对 y 轴毛截面模量；

$\quad\quad \varphi_b$——绕强轴弯曲所确定的梁整体稳定系数。

钢结构工程中，在结构设计方面，要掌握钢结构的基本设计内容、材料选用；结构的作用及作用效应分析；结构、构件及连接的构造概念；抗火设计；结构的制作、安装、防腐和防火等要求。另外，重点介绍了基本的构件强度、稳定性的计算。

思考与练习

1. 钢结构的基本设计内容有哪些？
2. 钢结构的荷载和作用是什么？
3. 钢结构有哪些基本受力构件？
4. 钢结构的构件的强度验算是怎么考虑的？

模块 4　钢结构连接

学习目标

　　通过本模块的学习，了解钢结构的基本焊接材料，钢结构焊缝连接、普通螺栓连接、高强度螺栓连接及铆接方法的工艺过程；熟悉钢结构焊接接头形式、焊接缺陷及钢结构连接质量检验标准与检验方法；掌握钢结构焊缝连接、螺栓连接和铆接的工艺要求和质量要求。

能力目标

　　能够按照相关规范要求进行钢结构的焊接、普通螺栓连接、高强度螺栓连接及铆接施工。

4.1　焊缝连接

　　焊缝连接是现代钢结构最主要的连接方法，其是通过电弧产生高温，将构件连接边缘及焊条金属熔化，冷却后凝成一体，形成牢固连接。焊接连接的优点有：构造简单，制造省工；不削弱截面，经济；连接刚度大，密闭性能好；易采用自动化作业，生产效率高。其缺点是：焊缝附近有热影响区，该处材质变脆；在焊件中产生焊接残余应力和残余应变，对结构工作常有不利影响；焊接结构对裂纹很敏感，裂缝易扩展，尤其在低温下易发生脆断。另外，焊缝连接的塑性和韧性较差，施焊时可能会产生缺陷，使结构的疲劳强度降低。

　　钢结构焊接连接构造设计宜符合下列要求：

　　①尽量减少焊缝的数量和尺寸。

　　②焊缝的布置宜对称于构件截面的形心轴。

　　③节点区留有足够空间，便于焊接操作和焊后检测。

　　④避免焊缝密集和双向、三向相交。

　　⑤焊缝位置避开高应力区。

　　⑥根据不同焊接工艺方法合理选用坡口形状和尺寸。

　　⑦焊缝金属应与主体金属相适应。当不同强度的钢材连接时，可采用与低强度钢材相适应的焊接材料。

4.1.1　构造要求与焊缝连接计算

4.1.1.1　一般规定

　　焊缝设计应根据结构的重要性、荷载特性、焊缝形式、工作环境以及应力状态等情况，按下述原则分别选用不同的焊缝质量等级：

　　(1)在承受动荷载且需要进行疲劳验算的构件中，凡要求与母材等强连接的焊缝应予焊透，其质量等级为：

　　1)作用力垂直于焊缝长度方向的横向对接焊缝或 T 形对接与角接组合焊缝，受拉时应为一级，受压时应为二级；

2)作用力平行于焊缝长度方向的纵向对接焊缝应为二级。

（2）不需要疲劳计算的构件中，凡要求与母材等强的对接焊缝宜予焊透，其质量等级当受拉时应不低于二级，受压时宜为二级。

（3）重级工作制（A6～A8）和起重量 $Q \geqslant 50 t$ 的中级工作制（A4、A5）吊车梁的腹板与上翼缘之间以及吊车桁架上弦杆与节点板之间的 T 形接头焊缝均要求焊透，焊缝形式宜为对接与角接的组合焊缝，其质量等级不应低于二级。

（4）部分焊透的对接焊缝、不要求焊透的 T 形接头采用的角焊缝或部分焊透的对接与角接组合焊缝，以及搭接连接采用的角焊缝，其质量等级为：

1)对直接承受动荷载且需要验算疲劳的构件和起重机起重量等于或大于 50t 的中级工作制吊车梁以及梁柱、牛腿等重要节点，焊缝的质量等级应符合二级；

2)对其他结构，焊缝的外观质量等级可为三级。

T 形、十字形焊接角接接头，当其翼缘厚度 $\geqslant 40$ mm 时，宜采用对硫含量限制的钢板，或既对含硫量限制又对厚度方向性能有要求的钢板。钢板含硫量及厚度方向性能见表 4-1。

表 4-1　钢板含硫量及厚度方向性能

低硫钢板		厚度方向性能钢板		
级别	含硫量≤（%）	级别	Z 向断面收缩率≥（%）	含硫量≤（%）
S1	0.01	Z15	15	0.01
S2	0.007	Z25	25	0.007
S3	0.005	Z35	35	0.005

焊接结构是否采用焊前预热或焊后热处理等特殊措施，应根据材质、焊件厚度、焊接工艺、施焊时环境温度以及结构的性能要求等因素来确定，焊接的最低预热温度与层间温度应按表 4-2 确定，或根据实际工程施焊时的环境温度通过工艺评定试验确定。

表 4-2　最低预热温度和层间温度

℃

钢材牌号	接头最厚部件厚度 t/mm				
	$t<20$	$20 \leqslant t \leqslant 40$	$40 < t \leqslant 60$	$60 < t \leqslant 80$	$t>80$
Q235	/	/	40	50	80
Q345	/	40	60	80	100
Q390，Q420	20	60	80	100	120
Q460	20	80	100	120	150

4.1.1.2　构造要求

受力和构造焊缝可采用对接焊缝、角接焊缝、对接角接组合焊缝、圆形塞焊缝、圆孔或槽孔内角焊缝，对接焊缝包括熔透对接焊缝和部分熔透对接焊缝。

对接焊缝的坡口形式，宜根据板厚和施工条件按《钢结构焊接规范》（GB 50661—2011）要求选用。在对接焊缝的拼接处，当焊件的宽度不同或厚度在一侧相差 4 mm 以上时，应分别在宽度方向或厚度方向从一侧或两侧做成坡度不大于 1：2.5 的斜角（图 4-1）；当厚度不同时，焊缝坡口形式应根据较薄焊件厚度选用坡口形式。直接承受动力荷载且需要进行疲劳计算的结构，斜角坡度不应大于 1：4。

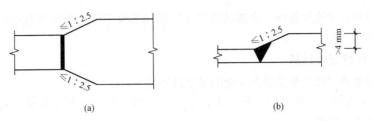

图 4-1　不同宽度或厚度钢板的拼接

全熔透对接焊缝采用双面焊时，反面应清根后焊接，其计算厚度 h_e 应为焊接部位较薄的板厚；采用加衬垫单面焊时，其计算厚度 h_e 应为坡口根部至焊缝表面(不计余高)的最短距离。

部分熔透对接焊缝及对接与角接焊缝，其焊缝计算厚度应根据焊接方法、坡口形状及尺寸，焊接位置分别对坡口深度予以折减，其计算方法按《钢结构焊接规范》(GB 50661—2011)执行。在直接承受动力荷载的结构中，垂直于受力方向的焊缝不宜采用部分熔透对接焊缝。角焊缝两焊脚边的夹角 α 一般为 90°(直角角焊缝)。夹角 $\alpha > 135°$ 或 $\alpha < 60°$ 的斜角角焊缝，不宜作受力焊缝(钢管结构除外)。

在直接承受动力荷载的结构中，角焊缝表面应做成直线形或凹形。焊脚尺寸的比例，对正面角焊缝宜为 1∶1.5(长边顺内力方向)，对侧面角焊缝可为 1∶1。

角焊缝的尺寸应符合下列要求：

(1)角焊缝的焊脚尺寸 h_f(mm)不得小于 $1.5\sqrt{t}$，t(mm)为较厚焊件厚度(当采用低氢型碱性焊条施焊时，t 可采用较薄焊件的厚度)。但对埋弧自动焊，最小焊脚尺寸可减小 1 mm；对 T 形连接的单面角焊缝，应增加 1 mm。当焊件厚度等于或小于 4 mm 时，则最小焊脚尺寸应与焊件厚度相同。

(2)角焊缝的焊脚尺寸不宜大于较薄焊件厚度的 1.2 倍(钢管结构除外)，但板件(厚度为 t)边缘的角焊缝最大焊脚尺寸尚应符合下列要求：

1)当 $t \leqslant 6$ mm 时，$h_f \leqslant t$；

2)当 $t > 6$ mm 时，$h_f \leqslant t-(1\sim2)$mm。

圆孔或槽孔内的角焊缝焊脚尺寸不宜大于圆孔直径或槽孔短径的 1/3。

(3)角焊缝的两焊脚尺寸一般相等。当焊件的厚度相差较大且等焊脚尺寸不能符合上述第(1)、(2)条款要求时，可采用不等焊脚尺寸，与较薄焊件接触的焊脚边应符合上述第(2)款的要求；与较厚焊件接触的焊脚边应符合第(1)款的要求。

(4)当角焊缝的计算长度小于 $8\,h_f$ 或 40 mm 时、不应用作受力焊缝。

(5)侧面角焊缝的计算长度不宜大于 $60\,h_f$。若内力沿侧面角焊缝全长分布时，其计算长度不受此限。

(6)圆形塞焊缝的直径不应小于 $t+8$ mm，t 为开孔焊件的厚度，且焊脚尺寸应符合下列要求：

1)当 $t \leqslant 16$ mm 时，$h_f = t$；

2)当 $t > 16$ mm 时，$h_f > t/2$ 且 $h_f > 16$ mm。

在次要构件或次要焊接连接中，可采用断续角焊缝。断续角焊缝焊段的长度不得小于 $10h_f$ 或 50 mm，其净距不应大于 $15t$(对受压构件)或 $30t$(对受拉构件)，t 为较薄焊件厚度。腐蚀环境中不宜采用断续角焊缝。

角焊缝连接，应符合下列规定：当板件的端部仅有两侧面焊缝连接时，每条侧面角焊缝长度不宜小于两侧面角焊缝之间的距离；同时，两侧面角焊缝之间的距离不宜大于 $16t$(当 $t > 12$ mm)或 190 mm(当 $t \leqslant 12$ mm)，t 为较薄焊件的厚度。当角焊缝的端部在构件的转角做长度为 $2\,h_f$ 的绕角焊时，转角处必须连续施焊。在搭接连接中，搭接长度不得小于焊件较小厚度的 5 倍，并不得小于 25 mm。

4.1.1.3 焊缝连接计算

熔透对接焊缝或对接与角接组合焊缝的强度计算如下：

（1）在对接接头和 T 形接头中，垂直于轴心拉力或轴心压力的对接焊接或对接角接组合焊缝，其强度应按下式计算：

$$\sigma=\frac{N}{l_w h_e}\leqslant f_t^w \text{ 或 } f_c^w \tag{4-1}$$

式中　N——轴心拉力或轴心压力；

　　　l_w——焊缝长度；

　　　h_e——对接焊缝的计算厚度，在对接接头中取连接件的较小厚度；在 T 形接头中取腹板的厚度；

　　　f_t^w，f_c^w——对接焊缝的抗拉、抗压强度设计值。

（2）在对接接头和 T 形接头中，承受弯矩和剪力共同作用的对接焊缝或对接角接组合焊缝，其正应力和剪应力应分别进行计算。但在同时受有较大正应力和剪应力处（例如，梁腹板横向对接焊缝的端部）应按下式计算折算应力：

$$\sqrt{\sigma^2+3\tau^2}\leqslant 1.1 f_t^w \tag{4-2}$$

4.1.2　焊接材料

钢结构工程中，常用的焊接材料有焊条、焊丝、焊料、焊剂及焊钉等。手工焊接所用的焊条，应符合国家现行标准《非合金钢及细晶粒钢焊条》（GB/T 5117—2012）或《热强钢焊条》（GB/T 5118—2012）的规定，选择的焊条型号应与主体金属力学性能相适应。自动焊或半自动焊用焊丝应符合国家现行标准《熔化焊用钢丝》（GB/T 14957—1994）、《气体保护电弧焊用碳钢、低合金钢焊丝》（GB/T 8110—2008），及《碳钢药芯焊丝》（GB/T 10045—2001）、《低合金钢药芯焊丝》（GB/T 17493—2008）的规定。埋弧焊用焊丝和焊剂应符合国家现行标准《埋弧焊用碳素钢焊丝和焊剂》（GB/T 5293—1999）、《埋弧焊用低合金钢焊丝和焊剂》（GB/T 12470—2003）的规定。

4.1.2.1　焊条

涂有药皮的供焊条电弧焊用的熔化电极称为焊条。焊条电弧焊时，焊条既作为电极传导电流而产生电弧，为焊接提供所需热量；又在熔化后作为填充金属过渡到熔池，与熔化的焊件金属熔合，凝固后形成焊缝。

1. 焊条的组成

焊条是由焊芯与药皮两部分组成的，其构造如图 4-2 所示。焊条前端药皮有 45°左右的倒角，以便于引弧；尾部的夹持端用于焊钳夹持并利于导电。焊条直径指的是焊芯直径，是焊条的重要尺寸，共有 $\phi 1.6 \sim \phi 8$ 八种规格。焊条长度由焊条直径而定，在 200～650 mm 内。生产中应用最多的是 $\phi 3.2$ mm、$\phi 4$ mm、$\phi 5$ mm 三种，长度分别为 350 mm、400 mm 和 450 mm。

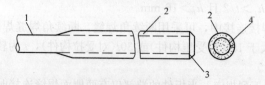

图 4-2　焊条组成示意图

1—夹持端；2—药皮；3—引弧端；4—焊芯

焊芯的主要作用是传导电流，以维持电弧燃烧和熔化后作为填充金属进入焊缝。焊条电弧焊时，焊芯在焊缝金属中占 50％～70％。可以看出，焊芯的成分直接决定了焊缝的成分与性能。因此，焊芯用钢应是经过特殊冶炼，并单独规定牌号与技术条件的专用钢，通常称之为焊条用钢。焊条用钢的化学成分与普通钢的主要区别在于严格控制磷、硫杂质的含量，并限制碳含量，以提高焊缝金属的塑性、韧性，防止产生焊接缺陷。

焊条药皮是指压涂在焊芯表面上的涂料层。根据药皮组成物在焊接过程中所起的作用，可将其分为稳弧剂、脱氧剂、造渣剂、造气剂、合金剂、稀释剂、胶粘剂与成型剂八类。

2. 焊条的分类与型号

按焊条的用途分类，可分为碳钢焊条、低合金钢焊条、不锈钢焊条、堆焊焊条、铸铁焊条、镍及镍合金焊条、铜及铜合金焊条、铝及铝合金焊条、特殊用途焊条共 9 种。

焊条型号按熔敷金属力学性能、药皮类型、焊接位置、电流类型、熔敷金属化学成分和焊后状态等进行划分。

(1)焊条型号由五部分组成：

1)第一部分：用字母"E"表示焊条；

2)第二部分：为字母"E"后面的紧邻两位数字，是熔敷金属的最小抗拉强度代号，见表 4-3；

3)第三部分：为字母"E"后面的第三和第四两位数字，表示药皮类型、焊接位置和电流类型，见表 4-4；

4)第四部分：为熔敷金属的化学成分分类代号，可为"无标记"或短画"-"后的字母、数字或字母和数字的组合，见表 4-5；

5)第五部分为熔敷金属的化学成分代号之后的焊后状态代号，其中"无标记"表示焊态，"P"表示热处理状态，"AP"表示焊态和焊后热处理两种状态均可。

(2)除以上强制分类代号外，根据供需双方协商，可在型号后依次附加可选代号：

1)字母"U"，表示在规定试验温度下，冲击吸收能量可以达到 47 J 以上；

2)扩散氢代号"HX"，其中 X 代表 15、10 或 5，分别表示每 100 g 熔敷金属中扩散氢含量的最大值(mL)，见表 4-6。

型号示例如下：

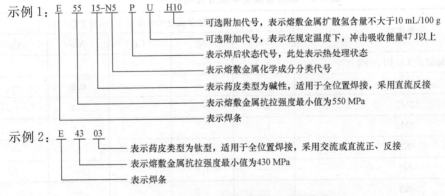

示例 1：
E 55 15-N5 P U H10
- 可选附加代号，表示熔敷金属扩散氢含量不大于10 mL/100 g
- 可选附加代号，表示在规定温度下，冲击吸收能量47 J以上
- 表示焊后状态代号，此处表示热处理状态
- 表示熔敷金属化学成分分类代号
- 表示药皮类型为碱性，适用于全位置焊接，采用直流反接
- 表示熔敷金属抗拉强度最小值为550 MPa
- 表示焊条

示例 2：
E 43 03
- 表示药皮类型为钛型，适用于全位置焊接，采用交流或直流正、反接
- 表示熔敷金属抗拉强度最小值为430 MPa
- 表示焊条

表 4-3 熔敷金属抗拉强度代号

抗拉强度代号	最小抗拉强度值/MPa
43	430
50	490
55	550
57	570

表 4-4 药皮类型代号

代号	药皮类型	焊接位置①	电流类型
03	钛型	全位置②	交流和直流正、反接
10	纤维素	全位置	直流反接
11	纤维素	全位置	交流和直流反接
12	金红石	全位置②	交流和直流正接
13	金红石	全位置②	交流和直流正、反接
14	金红石＋铁粉	全位置②	交流和直流正、反接
15	碱性	全位置②	直流反接
16	碱性	全位置②	交流和直流反接
18	碱性＋铁粉	全位置②	交流和直流反接
19	钛铁矿	全位置②	交流和直流正、反接
20	氧化铁	PA、PB	交流和直流正接
24	金红石＋铁粉	PA、PB	交流和直流正、反接
27	氧化铁＋铁粉	PA、PB	交流和直流正、反接
28	碱性＋铁粉	PA、PB、PC	交流和直流反接
40	不作规定	由制造商确定	
45	碱性	全位置	直流反接
48	碱性	全位置	交流和直流反接

注：①焊接位置见《焊缝—工作位置—倾角和转角的定义》(GB/T 16672—1996)，其中 PA＝平焊，PB＝平角焊，
　　　PC＝横焊，PG＝向下立焊；
　　②此处"全位置"并不一定包含向下立焊，由制造商确定。

表 4-5 熔敷金属化学成分分类代号

分类代号	主要化学成分的名义含量(质量分数)/%				
	Mn	Ni	Cr	Mo	Cu
无标记、-1、-P1、-P2	1.0	—	—	—	—
-1M3	—	—	—	0.5	—
-3M2	1.5	—	—	0.4	—
-3M3	1.5	—	—	0.5	—
-N1	—	0.5	—	—	—
-N2	—	1.0	—	—	—
-N3	—	1.5	—	—	—
-3N3	1.5	1.5	—	—	—
-N5	—	2.5	—	—	—
-N7	—	3.5	—	—	—
-N13	—	6.5	—	—	—
-N2M3	—	1.0	—	0.5	—
-NC	—	0.5	—	—	0.4

分类代号	主要化学成分的名义含量(质量分数)/%				
	Mn	Ni	Cr	Mo	Cu
-CC	—	—	0.5	—	0.4
-NCC	—	0.2	0.6	—	0.5
-NCC1	—	0.6	0.6	—	0.5
-NCC2	—	0.3	0.2	—	0.5
-G	其他成分				

表 4-6　熔敷金属扩散氢含量

扩散氢代号	扩散氢含量/$[mL \cdot (100\ g)^{-1}]$
H15	≤15
H10	≤10
H5	≤5

3. 焊条选用

(1)焊条的选用应遵循下列原则:

1)等强度原则。对于承受静载或一般载荷的工件或结构,通常选用抗拉强度与母材相等的焊条。例如,20 号钢抗拉强度在 400 MPa 左右的钢可以选用 E43 系列的焊条。

2)同等性能原则。在特殊环境下工作的结构如要求具有耐磨、耐腐蚀、耐高温或低温等较高的力学性能,则应选用能保证熔敷金属的性能与母材相近或相似的焊条。如焊接不锈钢时,应选用不锈钢焊条。

3)等条件原则。根据工件或焊接结构的工作条件和特点选择焊条。如焊件需要受动载荷或冲击载荷的工件,应选用熔敷金属冲击韧性较高的低氢型碱性焊条;反之,焊一般结构时,应选用酸性焊条。

(2)焊条规格选择。钢结构焊接工程中,常用焊条的规格尺寸见表 4-7。

表 4-7　焊条尺寸表　　　　　　　　　　　　　　mm

焊 条 直 径		焊 条 长 度	
基本尺寸	极限偏差	基本尺寸	极限偏差
1.6	±0.05	200~250	±2.0
2.0		250~350	
2.5			
3.2		350~450	
4.0			
5.0		400~700	
5.6			
6.0			
6.4			
8.0			

4. 焊条的质量检验

为保证焊条质量，焊条应具有质量合格证，无合格证的焊条一律不得使用。对有合格证但对质量有怀疑的，应按批抽查试验，合格后方可使用。

焊条检验方法有以下几种：

(1)焊接检验。质量好的焊条焊接中电弧燃烧稳定，焊条药皮和焊芯熔化均匀同步，电弧无偏移，飞溅少，焊缝表面熔渣薄厚覆盖均匀，保护性能好，焊缝成型美观，脱渣容易。另外，还应对焊缝金属的化学成分、力学性能、抗裂性能进行试验，保证各项指标在国家标准或部级标准规定的范围内。

(2)焊条药皮外表检验。用肉眼观察药皮表面光滑细腻、无气孔、无药皮脱落和机械损伤，药皮偏心应符合《非合金钢及细晶粒钢焊条》(GB/T 5117—2012)的规定，焊芯无锈蚀现象。

(3)焊条药皮强度检验。将焊条平置1 m高，自由平行落到光滑的厚钢板表面，如果药皮无脱落，即证明药皮强度达到了质量要求。

(4)焊条受潮检验。将焊条在焊接回路中短路数秒钟，如果药皮有气，或焊接中有药皮成块脱落，或产生大量水汽并有爆裂现象，说明焊条受潮。受潮严重的焊条不得使用，受潮不严重时，干燥后再用。

5. 焊条的正确使用与保管

(1)焊条贮存与保管。

1)焊条必须在干燥、通风良好的室内仓库中存放，焊条贮存库内不允许放置有害气体和腐蚀性介质。室内应保持整洁，应设有温度计、湿度计和去湿机。库房的温度与湿度必须符合表4-8的要求。

表4-8　库房温度与湿度的关系

气温	>5 ℃~20 ℃	20 ℃~30 ℃	>30 ℃
相对湿度	60%以下	50%以下	40%以下

2)库内无地板时，焊条应存放在架子上，架子离地面高度不小于300 mm，离墙壁距离不小于300 mm。架子下应放置干燥剂，严防焊条受潮。

3)焊条堆放时，应按种类、牌号、批次、规格、入库时间分类堆放。每垛应有明确标注，避免混乱。

4)焊条在供给使用单位之后至少6个月之内可保证使用，入库的焊条应做到先入库的先使用。

5)特种焊条贮存与保管应高于一般性焊条，应堆放在专用仓库或指定的区域，受潮或包装破损的焊条未经处理不许入库。

6)对于受潮、药皮变色、焊芯有锈迹的焊条，须经烘干后进行质量评定，各项性能指标满足要求时方可入库，否则不准入库。

7)一般焊条出库量不能超过2天用量，已经出库的焊条焊工必须保管好。

(2)焊条的烘干与使用。

1)发放使用的焊条必须有质保书和复验合格证。

2)焊条在使用前，如果焊条使用说明书无特殊规定，一般都应进行烘干。酸性焊条视受潮情况和性能要求，在75 ℃~150 ℃烘干1~2 h；碱性低氢型结构钢焊条应在350 ℃~400 ℃烘干1~2 h，烘干的焊条应放在100 ℃~150 ℃保温箱(筒)内，随取随用，使用时注意保持干燥。

3)根据《焊接材料质量管理规程》(JB/T 3223—1996)规定，低氢型焊条一般在常温下超过4 h应重新烘干，但对烘干温度超过350 ℃的焊条而言，累计重复烘干次数不宜超过三次。

4)烘干焊条时，禁止将焊条突然放进高温炉内，或从高温炉中突然取出冷却，防止焊条骤冷骤热而产生药皮开裂、脱皮现象。

5）焊条烘干时应作记录，记录上应有牌号、批号、温度、时间等项内容。

6）焊工领用焊条时，必须根据产品要求填写领用单，其填写项目应包括生产工号，产品图号，被焊工件钢号，领用焊条的牌号、规格、数量及领用时间等，并作为下班时回收剩余焊条的核查依据。

7）防止焊条牌号用错，除建立焊接材料领用制度外，还要建立相应的焊条头回收制度，以防剩余焊条散失生产现场。应规定，剩余焊条数量和回收焊条头数量的总和，与领用的数量相符。

4.1.2.2 焊丝

1. 焊丝的分类

焊丝的分类方法很多，常用的分类方法如下：

（1）按被焊的材料性质可分为碳钢焊丝、低合金钢焊丝、不锈钢焊丝、铸铁焊丝和有色金属焊丝等。

（2）按使用的焊接工艺方法可分为埋弧焊用焊丝、气体保护焊用焊丝、电渣焊用焊丝、堆焊用焊丝和气焊用焊丝等。

（3）按不同的制造方法可分为实心焊丝和药芯焊丝两大类。其中药芯焊丝又分为气体保护焊丝和自保护焊丝两种。

2. 焊接用钢丝的化学成分

焊接用钢丝的化学成分见表 4-9。

表 4-9　熔化焊用钢丝的化学成分

钢种	牌　号	熔炼化学成分/%										
		C	Mn	Si	Cr	Ni	Mo	V	Cu	其他	S	P
碳素结构钢	H08A	≤0.10	0.3~0.55	≤0.03	≤0.20	≤0.30			≤0.20		≤0.30	≤0.30
	H08E	≤0.10	0.3~0.55	≤0.03	≤0.20	≤0.30			≤0.20		≤0.20	≤0.20
	H08C	≤0.10	0.3~0.55	≤0.03	≤0.10	≤0.10			≤0.15		≤0.15	≤0.15
	H08MnA	≤0.10	0.80~1.10	≤0.07	≤0.20	≤0.30			≤0.20		≤0.30	≤0.30
	H15A	0.11~0.18	0.35~0.65	≤0.03	≤0.20	≤0.30			≤0.20		≤0.30	≤0.30
	H15Mn	0.11~0.16	0.80~1.10	≤0.03	≤0.20	≤0.30			≤0.20		≤0.35	≤0.35
合金结构钢	H10Mn2	≤0.12	1.50~1.90	≤0.07	≤0.20	≤0.30			≤0.20		≤0.35	≤0.35
	H08Mn2Si	≤0.11	1.70~2.10	0.65~0.95	≤0.20	≤0.30			≤0.20		≤0.35	≤0.35
	H08Mn2SiA	≤0.11	1.80~2.10	0.65~0.95	≤0.20	≤0.30			≤0.20		≤0.30	≤0.30
	H10MnSi	≤0.14	0.80~1.10	0.60~0.90	≤0.20	≤0.30			≤0.20		≤0.35	≤0.35

3. 钢结构常用焊丝介绍

在钢结构工程中，常用的焊丝有管状焊丝、有色金属焊丝和铸铁焊丝等。

(1)管状焊丝。管状焊丝是一种新的焊接材料，它是用H08A薄钢带通过一系列轧辊，并在成形时，加入所要求的粉剂轧制拉拔而成，适用于自动、半自动焊接，用气体、焊剂保护或自保护。可用于结构焊接、堆焊等。焊丝截面有"E"形、"T"形、"O"形等各种形状。

1)管状焊丝的牌号。管状焊丝的牌号是由以下五部分组成的。对于有特殊性能和用途的管状焊丝，在其牌号后加注，说明起主要作用的元素或主要用途的汉字(一般不超过两个字)。

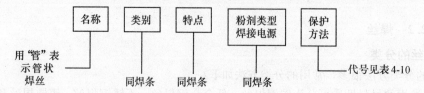

表4-10 管状焊丝保护方法代号

代 号	代号含义 (焊接时保护方法)	代 号	代号含义 (焊接时保护方法)
1	气保护	3	气保护、自保护两用
2	自保护	4	其他保护形式

如"管结422-1"，表示用于结构钢焊接，焊缝金属抗拉强度不低于420 N/mm²，钛钙型，交、直流两用，气保护的管状焊丝。

2)管状焊丝的规格、成分、特征及用途见表4-11。

3)管状焊丝焊缝金属的力学性能和焊接参考电流见表4-12。

4)由于管状焊丝的刚性、挺度不如实心焊丝，因此，在使用管状焊丝时最好采用双主动的送丝机构。

表4-11 管状焊丝的规格、成分、特征及用途

牌 号	焊丝直径 /mm	粉剂类型	焊接电源	焊缝金属主 要成分/%	主要用途
管结420-1强 (GJ 502-1Q)	2.4	铁合金， 铁粉	交直流	碳 0.1 锰—1.2 硅—0.5	用于立向强迫成型自动焊。焊接重要的低碳钢和强度等级低的低合金钢结构
管结502-1 (GJ 502-1)	2.1, 2.8, 3.2	钛钙型	交直流	碳—0.1 锰—1.2 硅—0.5	用于焊接较重要的低碳钢和相应强度等级的低合金钢

表4-12 管状焊丝焊缝金属的力学性能和焊接参考电流

牌 号	焊接参考电流/A				焊缝金属的力学性能				
	焊条直径/mm				抗拉强度 /(N·mm⁻¹)	延伸率 /%	冲击值/(N·cm⁻¹)		冷弯角 /(°)
	2.1	2.4	2.8	3.2			常温	−40 ℃	
管结420-1强 (GJ502-1Q)	250~ 350	350~ 450	300~ 400	350~ 500	450~ 550≥500	25~35	10~ 16≥8	35~100	120

(2)有色金属焊丝和铸铁焊丝牌号的表示方法，是由三部分组成的。如"丝221"，表示化学组成为铜及铜合金，牌号编号为21的焊丝。

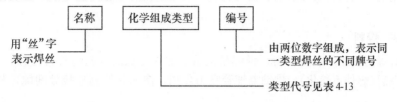

表4-13 焊丝化学组成类型代号

代号	代号含义 （化学组成类型）	代号	代号含义 （化学组成类型）
1	堆焊硬质合金	3	铝及铝合金
2	铜及铜合金	4	铸铁

(3)气体保护电弧焊用碳钢、低合金钢焊丝。焊丝按化学成分可分为碳钢、碳钼钢、铬钼钢、镍钢、锰钼钢和其他低合金钢六类。焊丝型号按化学成分和采用熔化极气体保护电弧焊时熔敷金属的力学性能进行划分。焊丝型号由三部分组成，第一部分用字母"ER"表示焊丝；第二部分用两位数字表示焊丝熔敷金属的最低抗拉强度；第三部分为短画"-"后的字母或数字表示焊丝化学成分代号。根据供需双方协商，可在型号后附加扩散氢代号H×，其中×代表15、10或5。完整的焊丝型号示例如下：

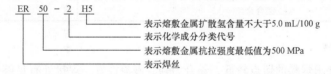

4. 焊丝的选用

(1)埋弧自动焊和电渣焊所用的焊丝应符合国家标准《熔化焊用钢丝》(GB/T 14957—1994)和《焊接用钢盘条》(GB/T 3429—2015)的规定。气体保护焊所用的焊丝应符合国家标准《气体保护电弧焊用碳钢、低合金钢焊丝》(GB/T 8110—2008)的规定。

(2)用埋弧焊焊接低碳钢时，常用的焊丝牌号有 H08、H08A、H15Mn 等，其中以 H08A 的应用最为普遍。

1)当焊件厚度较大或对力学性能的要求较高时，则可选用 Mn 含量较高的焊丝；

2)在对合金结构钢或不锈钢等合金元素较高的材料焊接时，则应考虑材料的化学成分和其他方面的要求，选用成分相似或性能上可满足材料要求的焊丝。

(3)为适应焊接不同厚度材料的要求，同一牌号的焊丝可加工成不同的直径。埋弧焊常用的焊丝直径有 2.0 mm、3.0 mm、4.0 mm、5.0 mm 和 6.0 mm 五种。

(4)使用时，要求将焊丝表面的油、锈等清理干净，以免影响焊接质量。目前主要采用表面镀铜焊丝，可防止焊丝生锈并使导电嘴与焊丝间的导电更为可靠，提高电弧的稳定性。

(5)为了保证焊缝金属的力学性能，防止产生气孔，CO_2 气体保护焊所用的焊丝必须含有较高的 Mn、Si 等脱氧元素。有些小直径焊丝表面为了润滑，只能使用不含氢的特殊润滑剂。

5. 焊丝的正确使用与保管

焊丝对贮存库房的条件和存放要求，也基本与焊条相似。

焊丝的贮存，要求保持干燥、清洁和包装完整；焊丝盘、焊丝捆内焊丝不应紊乱、弯折和有波浪形；焊丝末端应明显、易找。

焊丝使用前必须除去表面的油、锈等污物，领取时进行登记，随用随领，焊接场地不得存放多余焊丝。

4.1.2.3 焊料

焊料是钎焊时使用的填充材料。钎焊是把熔点比焊件低的焊料与焊件连接部位一起加热，当焊料熔化以后（焊件不熔化），借助毛细管吸力作用，渗入并填满连接处间隙，从而达到金属连接的目的。

1. 焊料的牌号

焊料的牌号基本上是由以下三部分组成。如"料303"，表示化学组成为银合金，牌号编号为3的银焊料。

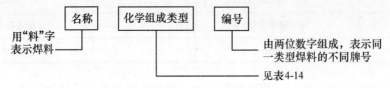

表 4-14 焊料化学组成类型代号

代　号	代号含义（化学组成类型）	代　号	代号含义（化学组成类型）
1	铜锌合金	5	锌及镉合金
2	铜磷合金	6	锡铅合金
3	银合金	7	镍基合金
4	铝合金	—	—

2. 焊料的种类

钎焊焊接时，要求焊料的熔点较低、黏合力强、漫流性好、焊接处有足够的强度和韧性等。按熔点的高低，焊料可分为以下两种：

（1）难熔焊料（硬焊料）——熔点在450℃以上。包括铜锌焊料、铜磷焊料、铜磷锑焊料、铜银磷焊料、银焊料、银镉焊料、铝焊料等。

（2）易熔焊料（软焊料）——熔点在450℃以下。包括锌镉焊料、镉银焊料、锌铝焊料、镉锌焊料、锡铝焊料等。

3. 铜锌焊料

铜锌焊料主要用于气体火焰、加热炉或高频加热等方法钎焊铜、铜合金，有的也可以钎焊镍、钢、铸铁和硬质合金等母材。

铜锌焊料钎焊时，加热时间力求最短，并避免过热，以免焊料中锌的蒸发和接头处过分氧化而形成多孔钎缝。钎焊接头间隙以0.025～0.1mm最为合适。钎焊时，需配合钎焊熔剂共同使用，以获得良好的钎缝。

常用的铜锌焊料的牌号、规格、化学成分、性能、主要用途详见表4-15。

表 4-15 铜锌焊料的牌号、规格、化学成分、性能、主要用途

名　称	牌　号	规格 /mm	化学成分 /%	熔化温度/℃		主要用途
				固相线	液相线	
36%铜锌焊料	料101（HL101）	5×20（矩形铸条）	铜34～38 锌余量	800	823	钎焊黄铜和其他铜及铜合金。因含锌最高，性极脆，应用不广

名　称	牌　号	规格/mm	化学成分/%	熔化温度/℃		主要用途
				固相线	液相线	
48%铜锌焊料	料102（HL102）	5×20（矩形铸条）	铜46～50锌余量	860	870	常用来钎焊 H62 黄铜和不承受冲击、弯曲的铜合金工件
54%铜锌焊料	料103（HL103）	φ3, φ4, φ5（丝状）	铜52～56锌余量	885	888	常用来钎焊不受冲击、弯曲的铜、青铜和钢等工件

常用的银基焊料的牌号、规格和主要化学成分见表4-16。

表 4-16　银基焊料的牌号、规格和主要化学成分

名　称	牌　号	规　格/mm	化学成分/%				
			银	铜	镉	镍	锌
10%银焊料	料301(HL301)	φ2, φ3, φ4, φ5	10±1	53±1	—	—	余量
25%银焊料	料302(HL302)	φ2, φ3, φ4, φ5	25±1	40±1	—	—	余量
45%银焊料	料303(HL303)	φ1, φ2, φ3, φ4, φ5	45±1	30±1	—	—	余量
50%银焊料	料304(HL304)	(0.08～0.10)×20	50±1	34±1	—	—	余量
65%银焊料	料306(HL306)	φ1, φ1.5, φ2, φ2.5, φ3, φ4, φ5	65±1	20±1	—	—	余量
70%银焊料	料307(HL307)	φ1, φ2, φ3, φ4, φ5	70±1	26±1	—	—	余量
72%银焊料	料308(HL308)	φ1, φ1.5, φ2, φ2.5, φ3, φ4, φ5	72±1	28±1	—	—	—
银镉焊料	料312(HL312)	φ1, φ1.5, φ2, φ2.5, φ3, φ4, φ5	40±1	16±0.5	25.1～26.5	0.1～0.3	17.3～18.5
银镉焊料	料313(HL313)	(0.08～0.10)×20	50±1	18±1	16.5±1	—	16.5±2
银镉焊料	料314(HL314)	φ1, φ2, φ3, φ4, φ5	35±1	26±1	18±1	—	2.1±2
银镉焊料	料315(HL315)	φ1, φ2, φ3, φ4, φ5	50±1	15.5±1	16±1	3±0.5	15.5±2
54%银焊料	料316(HL316)	φ1, φ2, φ3, φ4, φ5	54±1	40±1	—	1±0.5	5±1
56%银焊料	料317(HL317)	φ1, φ2, φ3, φ4, φ5	56±1	42±1	—	2±0.5	—

常用的锌镉焊料的牌号、规格、主要成分、熔化温度和用途见表4-17。

表 4-17　锌镉焊料的牌号、规格、主要成分、熔化温度和用途

名称	牌　号	规格/mm	主要成分/%	熔化温度/℃		主要用途
				固相线	液相线	
锌锡焊料	料501（HL501）	5×20×350	锌58，锡40，铜2	200	350	用于铝及铝合金的刮擦钎焊，也可用于铝与铜或钢等异种金属的钎焊
锌镉焊料	料502（HL502）	5×20×350	锌60，镉40	266	335	适用于铝及铝合金的软钎焊，也可用于铜及铜合金或铜与铝等异种金属的钎焊
镉银焊料	料503（HL503）	φ3, φ4, φ5	镉95，银5	338	393	常用于锡铅焊料不能满足的工作温度较高的铜及铜合金零件的钎焊，如散热器、各种电动机整流子等的钎焊

名称	牌号	规格/mm	主要成分/%	熔化温度/℃		主要用途
				固相线	液相线	
锌铝焊料	料505 (HL505)	4×5×350	锌72.5 铝27.5	430	500	用于各种铝及铝合金的火焰钎焊
镉锌焊料	料506 (HL506)	$\phi3$, $\phi4$, $\phi5$	镉82~84 锌16~18	265	270	适用于铜及铜合金的钎焊，也可用于铜与钢或异种金属的钎焊

常用的镍基焊料的牌号、规格、主要成分、熔化温度和主要用途见表4-18。

表4-18　镍基焊料的牌号、规格、主要成分、熔化温度和主要用途

牌号	规格	主要成分/%	熔化温度/℃		主要用途
			固相线	液相线	
料701 (HL701)	通过100目	铬13~15，硼2.75~4，硅3~5，铁3~5，碳≤0.15，镍余量	970	1 070	适用于不锈钢、耐热钢及耐热合金等钎焊
料702 (HL702)	通过100目	铬6~8，硼2.75~3.5，硅4~5，铁2~4，碳≤0.15，镍余量	970	1 000	适用于不锈钢、耐热钢及耐热合金等钎焊

4.1.2.4　焊剂与熔剂

1. 埋弧焊、电渣焊焊剂

埋弧焊时，能够熔化形成熔渣和气体，对熔化金属起保护并进行复杂的冶金反应的一种颗粒状物质称为焊剂。

（1）焊剂的分类。

1）按制造方法分类：可分为熔炼焊剂和非熔炼焊剂（陶质焊剂和烧结焊剂）。

2）按化学成分分类：按焊剂中 Si 含量可分为高硅焊剂、低硅焊剂和无硅焊剂；按 MnO 含量可分为高锰焊剂、中锰焊剂、低锰焊剂和无锰焊剂。

3）按熔渣焊的碱度分类：可分为酸性焊剂和碱性焊剂。通常酸性焊剂具有良好的焊接工艺性能，焊缝成型美观，但冲击韧性较低；碱性焊剂焊接工艺性较差，焊缝冲击韧性值高。

（2）焊剂的作用和基本要求。

1）焊剂的作用是保护电弧和熔池，保护焊缝金属，更好地防止氧化和氮化，防止焊缝金属中元素蒸发和烧损，使焊接过程稳定，焊缝成型良好，保证焊接质量。焊剂还具有脱氧和渗合金的作用，与焊丝配合使用，使焊缝金属获得应有的化学成分和机械性能，同时，在焊剂层下埋弧自动焊可大大提高焊接生产率。

2）对焊剂的基本要求是，保证电弧燃烧稳定，对锈、油及其他杂质的敏感性小，硫、磷含量要低，以保证焊缝中不出现裂纹和气孔等缺陷；焊剂在高温状态下要有合适的熔点和黏度，要有一定的熔化速度，以保证焊缝成型良好，焊后有良好的脱渣性；在焊接过程中不应析出有害气体；焊剂的吸潮性应小，并应具有合适的粒度，其颗粒要具有足够的机械强度，确保焊剂能多次重复使用。

（3）焊剂的型号。

1）碳素钢埋弧焊用焊剂型号。按照《埋弧焊用碳钢焊丝和焊剂》(GB/T 5293—1999)标准，焊剂的表示方法如下：

F 4 A 2 H08A

- 表示焊丝牌号
- 表示熔敷金属冲击吸收功不小于27 J时的试验温度为20 ℃（表4-19）
- 表示试件为焊态
- 表示熔敷金属抗拉强度的最小值为415 MPa（表4-20）
- 表示焊剂

表 4-19　冲击试验

焊剂型号	冲击吸收功/J	试验温度/℃
F××0-H×××		0
F××2-H×××		−20
F××3-H×××	≥27	−30
F××4-H×××		−40
F××5-H×××		−50
F××6-H×××		−60

表 4-20　拉伸试验

焊剂型号	抗拉强度 σ_b/MPa	屈服点 σ_s/MPa	伸长率 δ/%
F4××-H×××	415～550	≥330	≥22
F5××-H×××	480～650	≥400	≥22

例如，F5A4-H08MnA，它表示这种埋弧焊焊剂采用 H08MnA 焊丝，按规定的焊接参数焊接试样，其试样状态为焊态时的焊缝金属抗拉强度为 480～650 MPa，屈服点不小于 400 MPa，伸长率不小于 22%，在−40 ℃时熔敷金属冲击吸收功不小于 27 J。

2)低合金钢埋弧焊用焊剂型号。按照《埋弧焊用低合金钢焊丝和焊剂》(GB/T 12470—2003)标准，焊剂的表示方法如下：

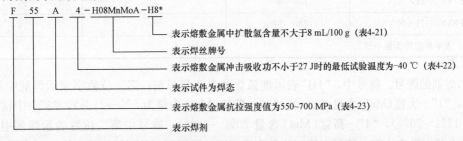

F 55 A 4 −H08MnMoA−H8*

- 表示熔敷金属中扩散氢含量不大于 8 mL/100 g（表4-21）
- 表示焊丝牌号
- 表示熔敷金属冲击吸收功不小于27 J时的最低试验温度为-40 ℃（表4-22）
- 表示试件为焊态
- 表示熔敷金属抗拉强度值为550~700 MPa（表4-23）
- 表示焊剂

表 4-21　熔敷金属中扩散氢含量

焊剂型号	扩散氢含量/[mL·(100 g)$^{-1}$]
F×××××-H×××-H16	16.0
F×××××-H×××-H8	8.0

焊剂型号	扩散氢含量/[mL·(100 g)$^{-1}$]
F×××××-H×××-H4	4.0
F×××××-H×××-H2	2.0

注：1. 表中单值均为最大值。
2. 此分类代号为可选择的附加性代号。
3. 如标注熔敷金属扩散氢含量代号时，应注明采用的测定方法。

表 4-22　冲击试验

焊剂型号	冲击吸收功/J	试验温度/℃
F×××0-H×××		0
F×××2-H×××		−20
F×××3-H×××		−30
F×××4-H×××		−40
F×××5-H×××	≥27	−50
F×××6-H×××		−60
F×××7-H×××		−70
F×××10-H×××		−100
F×××Z—H×××	不要求	

表 4-23　拉伸试验

焊剂型号	抗拉强度 σ_b/MPa	屈服强度 $\sigma_{0.2}$ 或 σ_s/MPa	伸长率 δ/%
F48××-H×××	480～660	400	22
F55××-H×××	550～770	470	20
F62××-H×××	620～760	540	17
F69××-H×××	690～830	610	16
F76××-H×××	760～900	680	15
F83××-H×××	830～970	740	14

注：表中单值均为最小值。

(4)焊剂的牌号。牌号中，"HJ"表示埋弧焊和电渣焊焊剂；第一位数字表示焊剂中氧化锰的含量，"1"—无锰(MnO 含量<2%)，"2"—低锰(MnO 含量为 2%～15%)，"3"—中锰(MnO 含量为 15%～20%)，"4"—高锰(MnO 含量 20%～30%)；牌号中第二位数表示焊剂中 SiO$_2$、CaF$_2$ 的含量，见表 4-24；牌号中第三位数字表示同一类型焊剂的不同牌号，按 0～9 顺序排列。

表 4-24　焊剂中 SiO$_2$、CaF$_2$ 的含量

牌号	焊剂类型	SiO$_2$ 含量/%	CaF$_2$ 含量/%
HJ×1×	低硅低氟	<10	<10
HJ×2×	中硅低氟	10～30	<10

牌号	焊剂类型	SiO₂ 含量/%	CaF₂ 含量/%
HJ×3×	高硅低氟	>30	<10
HJ×4×	低硅中氟	<10	10~30
HJ×5×	中硅中氟	10~30	10~30
HJ×6×	高硅中氟	>30	10~30
HJ×7×	低硅高氟	<10	>30
HJ×8×	中硅高氟	10~30	>30

牌号举例：

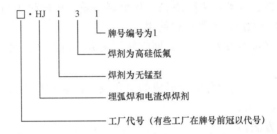

2. 烧结焊剂

烧结焊剂熔点较高，适用于大的线能量焊接，适用于厚钢板的单层焊、单面焊双面成型、低碳钢等。

(1)焊剂的牌号。牌号中，"SJ"表示埋弧焊用烧结焊剂；牌号中第一位数字表示焊剂熔渣的系列，"1"—氟碱型，"2"—高铝型，"3"—硅钙型，"4"—硅锰型，"5"—铝钛型，"6"—其他型；牌号中第二、第三位数字表示同一渣系类型中不同牌号的焊剂。

(2)常用烧结焊剂牌号、主要化学成分和用途见表 4-25。

表 4-25 常用烧结焊剂牌号、主要化学成分和用途

国标型号	牌号	主要化学成分/%	主要用途
	SJ101	SiO₂+TiO₂ 为 25，CaF₂ 为 20，CaO+MgO 为 30，Al₂O₃+MnO 为 25	配合 H08MnA、H08MnMoA、H10Mn2 等，可焊接多种低合金钢重要结构，如锅炉、压力容器、管道等，特别适合大直径容器双面单道焊（交、直流）
F401-H08A	SJ401	SiO₂+TiO₂ 为 45，CaO+MgO 为 10，Al₂O₃+MnO 为 40	配合 H08A 焊丝，可焊接低碳钢及某些低合金钢，如机车车辆、矿山机械等金属结构（交、直流）
F401-H08A	SJ501	SiO₂+TiO₂ 为 30，CaF₂ 为 5，Al₂O₃+MnO 为 55	配合 H08A、H08MnA 等焊丝，焊接低碳钢及某些低合金钢（15Mn、15MnV 等），如锅炉、船舶、压力容器等，特别适合双面单道焊（交、直流）
F501-H08A	SJ502	MnO+Al₂O₃ 为 30，TiO₂+SiO₂ 为 45，CaO+MgO 为 10，CaF₂ 为 5	配合 H08A 焊丝，焊接重要的低碳钢结构及某些低合金钢结构，如锅炉、压力容器等（交、直流）

3. 焊剂的正确使用与保管

对贮存库房的条件和存放要求，基本与焊条的要求相似，不过应特别注意防止焊剂在保存中受潮，搬运时防止包装破损，对烧结焊剂更应注意存放中的受潮及颗粒的破碎。

焊剂使用时注意事项如下：

(1)焊剂使用前必须进行烘干，烘干要求见表4-26。

表 4-26　焊剂烘干温度与要求

焊剂类型	烘干温度/℃	烘干时间/h	烘干后在大气中允许放置时间/h
熔炼焊剂(玻璃状)	150～350	1～2	12
熔炼焊剂(薄石状)	200～350	1～2	12
烧结焊剂	200～350	1～2	5

(2)烘干时焊剂厚度要均匀且不得大于 30 mm。

(3)回收焊剂须经筛选、分类，去除渣壳、灰尘等杂质，再经烘干与新焊剂按比例(一般回用焊剂不得超过 40%)混合使用，不得单独使用。

(4)回收焊剂中粉末含量不得大于 5%，回收使用次数不得多于三次。

4. 气焊熔剂

气焊熔剂的目的是驱除焊接过程中所形成的氧化物，改善润湿性能，另外，还起到精炼作用，促使获得致密的焊缝组织。

(1)熔剂牌号的表示方法。

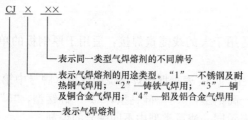

CJ　X　XX

表示同一类型气焊熔剂的不同牌号

表示气焊熔剂的用途类型。"1"—不锈钢及耐热钢气焊用；"2"—铸铁气焊用；"3"—铜及铜合金气焊用；"4"—铝及铝合金气焊用

表示气焊熔剂

(2)气焊熔剂牌号、化学成分及主要用途见表4-27。

表 4-27　气焊熔剂牌号、化学成分及主要用途

牌号	名称	主要化学成分/%	基本性能	主要用途
CJ101	不锈钢、耐热钢气焊熔剂	瓷土粉为 30，大理石为 28，钛白粉为 20，硅铁为 6，低碳锰铁为 6	熔点约 900 ℃，焊接时具有良好的润湿作用，能防止熔化金属氧化，熔渣容易去除	焊接时作为助熔剂，若涂在焊缝背面，可防止背面氧化
CJ201	铸铁气焊熔剂	H_3BO_2 为 18，Na_2CO_3 为 40，$NaHCO_3$ 为 20，MnO 为 7，$NaNO_3$ 为 15	熔点约 650 ℃，富有潮解性，能有效地去除铸铁焊接过程中产生的硅酸盐和氧化物，有加速金属熔化作用	铸铁气焊时作为助熔剂
CJ301	铜气焊熔剂	H_3BO_2 为 76～79，$Na_2B_4O_7$ 为 16.5～18.5，$AlPO_4$ 为 4～5.5	熔点约 650 ℃，能有效地熔解氧化铜和氧化亚铜，焊接时呈液态渣，覆盖在焊缝表面，可防止金属的氧化	纯铜及黄铜气焊时作为助熔剂
CJ401	铝气焊熔剂	KCl 为 49.5～52，NaCl 为 27～30，LiCl 为 13.5～15，NaF 为 7.5～9	熔点约 560 ℃，能有效地破坏氧化膜，富有潮解性，能在空气中引起铝腐蚀，焊后要及时清洗	铝及铝合金气焊时作为助熔剂，也可作铝青铜气焊时的助熔剂

4.1.2.5 焊钉

焊钉通常包括焊接螺栓、无头螺钉、圆柱头栓钉及其他异型焊钉或焊件等。

焊钉的化学成分及力学性能见表4-28。

表4-28 焊钉的化学成分及力学性能

钢 号	化学成分/%					力学性能		
	C	Si	Mn	P	S	σ_b/MPa	σ_s/MPa	伸长率A_5/%
普通碳素钢	≤0.20	≤0.10	0.30~0.60	≤0.04	≤0.04	400~550	≥240	≥14

根据栓钉的安装位置，熔焊栓钉时适用的瓷环可分为普通型瓷环和穿透型瓷环两种，如图4-3所示。焊接瓷环是服务于栓钉焊的一次性辅助焊接材料，其尺寸和公差见表4-29。

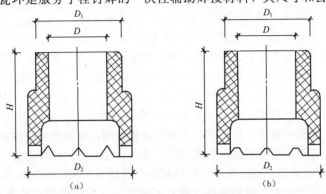

图4-3 圆柱头焊钉用焊接瓷环尺寸示意图
(a)用于普通平焊；(b)用于穿透平焊

表4-29 瓷环尺寸与公差   mm

瓷环名称	D	D_1	D_2	H	适用的公称直径d	使用焊接位置
普通型瓷环	8.5	12.0	14.5	10.0	8	适用于普通平焊
	10.5	17.5	20.0	11.0	10	
	13.5	18.0	23.0	12.0	13	
	17.0	24.5	27.0	14.0	16	
	20.0	27.0	31.5	17.0	19	
	23.5	32.0	36.5	18.5	22	
穿透型瓷环	13.5	23.6	27	16.0	13	适用于穿透平焊
	17.0	26.0	30	17.0	16	
	20.0	31.0	36	18.0	19	

注：焊接瓷环的尺寸公差，应能保证与同规格焊钉的互换性。

4.1.3 常用焊接方法、方式与焊接接头形式

4.1.3.1 常用的焊接方法

1. 焊条电弧焊

焊条电弧焊是最常用的熔焊方法之一，其构成如图4-4所示。在焊条末端和工件之间燃烧

的电弧所产生的高温使药皮、焊芯和焊件熔化，药皮熔化过程中产生的气体和熔渣，不仅使熔池与电弧周围的空气隔绝，而且和熔化了的焊芯、母材发生一系列冶金反应，使熔池金属冷却结晶后形成符合要求的焊缝。

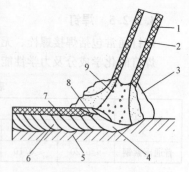

图4-4 焊条电弧焊构成示意图

1—药皮；2—焊芯；3—保护气
4—熔池；5—母材；6—焊缝
7—渣壳；8—熔渣；9—熔滴

(1)焊条电弧焊的优点是设备简单，维护方便，可用交流弧焊机或直流弧焊机进行焊接，购置设备的投资少，而且维护方便，凡焊条能够达到的地方都能进行焊接，应用范围广，选用合适的焊条可以焊接低碳钢、低合金高强钢、高合金钢及有色金属。焊条电弧焊不仅可焊接同种金属、异种金属，还可以在普通钢上堆焊具有耐磨、耐腐蚀、高硬度等特殊性能的材料。

(2)焊条电弧焊的缺点、

1)对焊工要求高。焊条电弧焊的焊接质量，除靠选用合适的焊条、焊接参数及焊接设备外，还要靠焊工的操作技术和经验保证，在相同的工艺设备条件下，技术水平高、经验丰富的焊工能焊出优良的焊缝。

2)劳动条件差。主要靠焊工的手工操作控制焊接的全过程，焊工不仅要完成引弧、运条、收弧等动作，而且要随时观察熔池，根据熔池情况，不断地调整焊条角度、摆动方式和幅度，以及电弧长度等。整个焊接过程中，焊工手脑并用、精神高度集中，在有毒的烟尘及金属和金属氧氮化合物的蒸汽、高温环境中工作，劳动条件是比较差的，要加强劳动保护。

3)生产效率低。焊材利用率不高，熔敷率低，难以实现机械化和自动化生产。

(3)焊条电弧焊焊前准备。焊前准备主要包括坡口的制备、欲焊部位的清理、焊条焙烘、预热等。因焊件材料不同等因素，焊前准备工作也不相同。下面以碳钢及普通低合金钢为例加以说明。

1)坡口的制备：应根据焊件的尺寸、形状与本厂的加工条件综合考虑。目前工厂中常用剪切、气割、刨边、车削、碳弧气刨等方法制备坡口。

2)欲焊部位的清理：对于焊接部位，焊前要清除水分、铁锈、油污、氧化皮等杂物，以利于获得高质量的焊缝。清理时，可根据被清物的种类及具体条件，分别选用钢丝刷刷、砂轮磨或喷丸处理等手工或机械方法，也可用除油剂(汽油、丙酮)清洗的化学方法，必要时，也可用氧-乙炔焰烘烤清理的办法，以去除焊件表面油污和氧化皮。

3)焊条焙烘：焊条的焙烘温度因药皮类型不同而异，应按焊条说明书的规定进行。低氢型焊条的焙烘温度为300 ℃～350 ℃，其他焊条为70 ℃～120 ℃。温度低了，达不到去除水分的目的；温度过高，容易引起药皮开裂，焊接时成块脱落，而且药皮中的组成物会分解或氧化，直接影响焊接质量。焊条焙烘一般采用专用的烘箱，应遵循使用多少烘多少、随烘随用的原则，烘后的焊条不宜在露天放置过久，可放在低温烘箱或专用的焊条保温筒内。

4)焊前预热：是指焊接开始前对焊件的全部或局部进行加热的工艺措施。预热的目的是降低焊接接头的冷却速度，以改善组织，减小应力，防止焊接缺陷。焊件是否需要预热及预热温度的选择，要根据焊件材料、结构的形状与尺寸而定。整体预热一般在炉内进行；局部预热可用火焰加热、工频感应加热或红外线加热。

(4)焊接参数的选择。焊接时，为保证焊接质量而选定的诸物理量，如焊接电流、电弧电压和焊接速度等总称为焊接工艺参数。

1)焊条直径的选择。为了提高生产效率，应尽可能地选用直径较大的焊条。但直径过大的焊条焊接，容易造成未焊透或焊缝成型不良等缺陷。选用焊条直径应考虑焊件的位置及厚度。平焊位置或厚度较大的焊件应选用直径较大的焊条，较薄焊件应选用直径较小的焊条。焊条直径与焊件厚度的关系见表4-30。另外，在焊接同样厚度的T形接头时，选用的焊条直径应比对接接头的焊条直径大些。

表 4-30　焊条直径与焊件厚度的关系　　　　　　　　mm

焊件厚度	2	3	4~5	6~12	>13
焊条直径	2	3.2	3.2~4	4~5	4~6

2)焊接电流的选择。在选择焊接电流时，要考虑焊条直径、药皮类型、焊件厚度、接头类型、焊接位置、焊道层次等。一般情况下，焊条直径越粗，熔化焊条所需的热量越大，则需要的焊接电流越大。每种直径的焊条都有一个最合适的焊接电流范围。常用焊条焊接电流的参考值见表 4-31。

表 4-31　常用焊条焊接电流的参考值

焊条直径/mm	1.6	2.0	2.5	3.2	4.0	5.0	5.8
焊接电流/A	0~25	40~65	50~80	100~130	160~210	200~270	260~300

还可以根据选定的焊条直径用经验公式计算焊接电流，即

$$I = 10d^2 \tag{4-3}$$

式中　I——焊接电流(A)；

　　　d——焊条直径(mm)。

通常在焊接打底焊道时，特别是在焊接单面焊双面成型的焊道时，使用的焊接电流较小，才便于操作和保证背面焊道的质量；在焊接填充焊道时，为了提高效率，保证熔合好，通常都使用较大的焊接电流；而在焊接盖面焊道时，为防止咬边和获得较美观的焊道，使用的焊接电流应稍小些。

3)电弧电压的选择。电弧电压主要影响焊缝的宽窄，电弧电压越高，焊缝越宽，因为焊条电弧焊时，焊缝宽度主要靠焊条的横向摆动幅度来控制，因此，电弧电压的影响不明显。

在一般情况下，电弧长度等于焊条直径的 1/2~1 倍，相应的电弧电压为 16~25 V。碱性焊条的电弧长度应为焊条直径的 1/2，酸性焊条的电弧长度应等于焊条直径。

4)焊接速度的选择。焊接速度就是单位时间内完成焊缝的长度。焊条电弧焊时，在保证焊缝具有所要求的尺寸和外形，以及保证熔合良好的原则下，焊接速度由焊工根据具体情况灵活掌握。

5)焊接层数的选择。在厚板焊接时，必须采用多层焊或多层多道焊。多层焊的前一条焊道对后一条焊道起预热作用，而后一条焊道对前一条焊道起热处理作用(退火和缓冷)，有利于提高焊缝金属的塑性和韧性。每层焊道厚度不能大于 4~5 mm。

2. CO_2 气体保护焊

气体保护焊是用喷枪喷出 CO_2 气体作为电弧的保护介质，使熔化金属与空气隔绝，以保持焊接过程的稳定。由于焊接时没有焊剂产生的熔渣，故便于观察焊缝的成型过程。

焊丝的材质应与母材相近，卷在焊丝盘上，作为电弧的一极。焊丝熔化后与母材熔化金属共同形成焊缝，起到填充材料的作用(图 4-5)。为防止外界空气混入电弧和熔池所组成的焊接区，采用了 CO_2 气体进行保护。气体从喷嘴中流出，并且能够完全覆盖电弧及熔池。

(1)CO_2 气体保护焊的优点。CO_2 气体保护焊电流密度大，热量集中，电弧穿透力强，熔深大且焊丝的熔化率高，熔敷速度快，焊后焊渣少，不需清理，

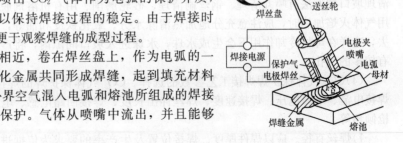

图 4-5　CO_2 气体保护焊方法

因此，生产率可比手工焊提高 1.4 倍；CO_2 气体和焊丝的价格比较低廉，对焊前生产准备要求低，焊后清渣和校正所需的工时也少，而且电能消耗少，因此，其成本比焊条电弧焊和埋弧焊低，通常只有埋弧焊和焊条电弧焊的 40%～50%；CO_2 气体保护焊可以用较小的电流实现短路过渡方式。这时，电弧对焊件是间断加热，电弧稳定，热量集中，焊接热输入小，焊接变形小，特别适合于焊接薄板；CO_2 气体保护焊是一种低氢型焊接方法，抗锈能力较强，焊缝的含氢量少，抗裂性能好，且不易产生氢气孔。CO_2 气体保护焊可实现全位置焊接，而且可焊工件的厚度范围较宽；CO_2 气体保护焊是一种明弧焊接方法，焊接时便于监视和控制电弧与熔池，有利于实现焊接过程的机械化和自动化。

(2)CO_2 气体保护焊的缺点。CO_2 气体保护焊在焊接过程中金属飞溅较多，焊缝外形较为粗糙。不能焊接易氧化的金属材料，且必须采用含有脱氧剂的焊丝。CO_2 气体保护焊的抗风能力差，不适于野外作业。设备比较复杂，需要由专业队伍负责维修。

(3)CO_2 气体保护焊焊前准备。焊前准备工作包括坡口设计、坡口清理。

1)坡口设计。CO_2 气体保护焊采用细滴过渡时，电弧穿透力较大，熔深较大，容易烧穿焊件，所以对装配质量要求较严格。坡口开得要小一些，钝边适当大些，对接间隙不能超过 2 mm。如果用直径 1.5 mm 的焊丝，钝边可留 4.6 mm，坡口角度可减小到 45°左右。板厚在 12 mm 以下时开 I 形坡口；大于 12 mm 的板材可以开较小的坡口。但是，坡口角度过小易形成梨形熔深，在焊缝中心可能产生裂缝，尤其在焊接厚板时，由于约束应力大，这种倾向会进一步增大，必须十分注意。

CO_2 气体保护焊采用短路过渡时熔深小，不能按细滴过渡方法设计坡口。通常允许较小的钝边，甚至可以不留钝边。又因为这时的熔池较小，熔化金属温度低、黏度大，搭桥性能良好，所以间隙大些也不会烧穿。例如，对接接头，允许间隙为 3 mm。当要求较高时，装配间隙应小于 3 mm。

采用细滴过渡焊接角焊缝时，考虑熔深大的特点，CO_2 气体保护焊可以比焊条电弧焊时减小焊脚尺寸 10%～20%，见表 4-32。

表 4-32　不同板厚焊脚尺寸

焊接方法	焊脚/mm			
	板厚 6 mm	板厚 9 mm	板厚 12 mm	板厚 16 mm
CO_2 气体保护焊	5	6	7.5	10
焊条电弧焊	6	7	8.5	11

2)坡口清理。焊接坡口及其附近有污物，会造成电弧不稳，并易产生气孔、夹渣和未焊透等缺陷。

为了保证焊接质量，要求在坡口正反面的周围 20 mm 范围内清除水、锈、油、漆等污物。清理坡口的方法有喷丸清理、钢丝刷清理、砂轮磨削、用有机溶剂脱脂、气体火焰加热。在使用气体火焰加热时，应注意充分地加热清除水分、氧化铁皮和油等，切忌稍微加热就将火焰移去，这样在母材冷却作用下会生成水珠，水珠进入坡口间隙内，将产生相反的效果，造成焊缝有较多的气孔。

(4)CO_2 气体保护焊焊接工艺参数的选择。CO_2 气体保护焊的焊接参数主要包括焊丝直径、焊接电流、电弧电压、焊接速度、焊丝伸出长度、焊接回路电感、电源极性以及气体流量、焊枪倾角等。

1)焊丝直径。应以焊件厚度、焊接位置及生产率的要求为依据进行选择，同时，还必须兼顾熔滴过渡的形式以及焊接过程的稳定性。一般细焊丝用于焊接薄板，随着焊件厚度的增加，焊丝直径也要增加。焊丝直径的选择可参考表 4-33。

表 4-33 不同焊丝直径的适用范围

焊丝直径/mm	熔滴过渡形式	焊接厚度/mm	焊缝位置
0.8	短路过渡 细滴过渡	1.5~2.3 2.5~4	全位置 水平
1.0~1.2	短路过渡 细滴过渡	2~8 2~12	全位置 水平
1.6 ≥1.6	短路过渡 细滴过渡	3~12 >6	立、横、仰 水平

2)焊接电流。选择的依据是母材的板厚、材质、焊丝直径、施焊位置及要求的熔滴过渡形式等。焊丝直径为 1.6 mm 且短路过渡的焊接电流在 200 A 以下时，能得到飞溅小、成型美观的焊道；细滴过渡的焊接电流在 350 A 以上时，能得到熔深较大的焊道，常用于焊接厚板。焊接电流的选择见表 4-34。

表 4-34 焊接电流的选择

焊丝直径/mm	焊接电流/A	
	细颗粒过渡(电弧电压为 30~45 V)	短路过渡(电弧电压为 16~22 V)
0.8	150~250	60~160
1.2	200~300	100~175
1.6	350~500	120~180
2.4	600~750	150~200

3)电弧电压。电弧电压的大小直接影响熔滴过渡形式、飞溅及焊缝成型。为获得良好的工艺性能，应该选择最佳的电弧电压值，其与焊接电流、焊丝直径和熔滴过渡形式等因素有关，见表 4-35。

表 4-35 常用焊接电流及电弧电压的适用范围

焊丝直径/mm	短路过渡		滴状过渡	
	焊接电流/A	电弧电压/V	焊接电流/A	电弧电压/V
0.6	40~70	17~19		
0.8	60~100	18~19		
1.0	80~120	18~21		
1.2	100~150	19~23	160~400	25~35
1.6	140~200	20~24	200~500	26~40
2.0			200~600	27~40
2.5			300~700	28~42
3.0			500~800	32~44

4)焊接速度。选择焊接速度前，应先根据母材板厚、接头和坡口形式、焊缝空间位置对焊接电流和电弧电压进行调整，达到电弧稳定燃烧的要求，然后根据焊道截面大小，来选择焊接速度。通常采用半自动 CO_2 气体保护焊时，熟练焊工的焊接速度为 0.3~0.6 m/min。

5)焊丝伸出长度。它是焊丝进入电弧前的通电长度，这对焊丝起着预热作用。根据生产经验，合适的焊丝伸出长度应为焊丝直径的 $10\sim12$ 倍。对于不同直径和不同材料的焊丝，允许使用的焊丝伸出长度是不同的，见表 4-36。

表 4-36　焊丝伸出长度的选择

焊丝直径/mm	H08Mn2SiA	H06Cr09Ni9Ti
0.8	$6\sim12$	$5\sim9$
1.0	$7\sim13$	$6\sim11$
1.2	$8\sim15$	$7\sim12$

6)焊接回路电感。主要用于调节电流的动特性，以获得合适的短路电流增长速度 $\dfrac{di}{dt}$，从而减少飞溅，并调节短路频率和燃烧时间，以控制电弧热量和熔透深度。焊接回路电感值应根据焊丝直径和焊接位置来选择。

7)电源极性。CO_2 气体保护焊通常都采用直流反接，焊件接阴极、焊丝接阳极，其焊接过程稳定，焊缝成型较好。直流正接时，焊件接阳极、焊丝接阴极，主要用于堆焊、铸铁补焊及大电流高速 CO_2 气体保护焊。

8)气体流量。气体流量过大或过小都对保护效果有影响，易产生气孔等缺陷。CO_2 气体的流量，应根据对焊接区的保护效果来选择。通常细焊丝短路过渡焊接时，CO_2 气体的流量为 $5\sim15$ L/min，粗丝焊接时为 $15\sim25$ L/min，粗丝大电流 CO_2 气体保护焊时为 $35\sim50$ L/min。

9)焊枪倾角。这是不容忽视的因素。焊枪倾角对焊缝成型的影响如图 4-6 所示，当焊枪与焊件成后倾角时，焊缝窄，余高大，熔深较大，焊缝成型不好；当焊枪与焊件成前倾角时，焊缝宽，余高小，熔深较浅，焊缝成型好。

3. 埋弧焊

埋弧焊是电弧在颗粒状的焊剂层下，并在空腔中燃烧的自动焊接方法。根据自动化程度的不同，埋弧焊又可分为自动埋弧焊和半自动埋弧焊，其区别在于自动埋弧焊的电弧移动是由专门机构控制完成的，而半自动埋弧焊电弧的移动是依靠手工操纵的。

埋弧焊是利用电弧热作为熔化热源的，焊丝外表没有药皮，熔渣是由覆盖在焊接坡口区的焊剂形成的。当焊丝与母材之间施加电压并互相接触引燃电弧后，电弧热将焊丝端部及电弧区周围的焊剂及母材熔化，形成金属熔滴、熔池及熔渣，如图 4-7 所示。

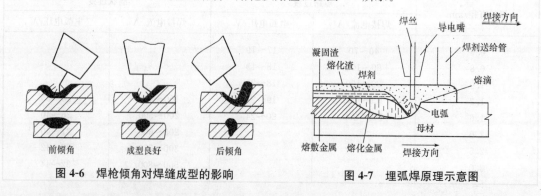

图 4-6　焊枪倾角对焊缝成型的影响　　　图 4-7　埋弧焊原理示意图

(1)埋弧焊的优点。埋弧焊生产效率高，可采用比焊条电弧焊大的焊接电流。埋弧焊使用 $\phi4\sim\phi4.5$ 的焊丝时，通常使用的焊接电流为 $600\sim800$ A，甚至可以达到 $1\,000$ A。埋弧焊的焊接速度可达 $50\sim80$ cm/min。对厚度在 8 mm 以下的板材对接时可不用开坡口，厚度较大的板材所开坡口也比焊条电弧焊所开坡口小，从而节省了焊接材料，提高了焊接生产效率，焊缝质量好。

埋弧焊时，焊接区受到焊剂和渣壳的可靠保护，与空气隔离，使熔池液体金属与熔化的焊剂有较多的时间进行冶金反应，减少了焊缝中产生的气孔、夹渣、裂纹等缺陷，劳动条件好。由于实现了焊接过程机械化，操作比较方便，减轻了焊工的劳动强度，而且电弧是在焊剂层下燃烧的，没有弧光的辐射，烟尘也较少，改善了焊工的劳动条件。

(2)埋弧焊的缺点。埋弧焊一般只能在水平或倾斜角度不大的位置上进行焊接。在其他位置焊接需采用特殊措施，以保证焊剂能覆盖焊接区。不能直接观察电弧与坡口的相对位置，如果没有采用焊缝自动跟踪装置，焊缝容易焊偏。由于埋弧焊的电场强度较大，电流小于100 A时，电弧的稳定性不好，因此，薄板焊接较困难。

(3)埋弧焊焊接工艺参数选择。

1)坡口的基本形式和尺寸。埋弧自动焊由于使用的焊接电流较大，对于厚度在12 mm以下的板材，可以不开坡口，采用双面焊接，以满足全焊透的要求。对于厚度大于12~20 mm的板材，为了达到全焊透，在单面焊后，焊件背面应清根，再进行焊接。对于厚度较大的板材，应开坡口后再进行焊接。坡口形式与焊条电弧焊基本相同，由于埋弧焊的特点，要采用较厚的钝边，以免焊穿。埋弧焊焊接接头的基本形式与尺寸，应符合国家标准《埋弧焊的推荐坡口》(GB/T 985.2—2008)的规定。

2)焊接电流。电流是决定熔深的主要因素，增大电流能提高生产率，但在一定焊速下，焊接电流过大会使热影响区过大，易产生焊瘤及焊件被烧穿等缺陷。若焊接电流过小，则熔深不足，产生熔合不好、未焊透、夹渣等缺陷。

3)焊接电压。它是决定熔宽的主要因素。焊接电压过大时，焊剂熔化量增加，电弧不稳，严重时会产生咬边和气孔等缺陷。

4)焊接速度。焊接速度过快时，会产生咬边、未焊透、电弧偏吹和气孔等缺陷，以及焊缝余高大而窄，成型不好。焊接速度太慢，则焊缝余高过高，形成宽而浅的大熔池，焊缝表面粗糙，容易产生满溢、焊瘤或烧穿等缺陷；焊接速度太慢且焊接电压又太高时，焊缝截面呈"蘑菇形"，容易产生裂纹。

5)焊丝直径与伸出长度。焊接电流不变时，减小焊丝直径，因电流密度增加，熔深增大，焊缝成型系数减小。因此，焊丝直径要与焊接电流相匹配，见表4-37。焊丝伸出长度增加时，熔敷速度和金属增加。

表4-37　不同直径焊丝的焊接电流范围

焊丝直径/mm	2	3	4	5	6
电流密度/(A·mm^{-2})	63~125	50~85	40~63	35~50	28~42
焊接电流/A	200~400	350~600	500~800	500~800	800~1 200

6)焊丝倾角。单丝焊时，焊件放在水平位置，焊丝与工件垂直。采用前倾焊时，适用于焊薄板。焊丝后倾时，焊缝成型不良，一般只用于多丝焊的前导焊丝。

7)焊剂层厚度与粒度。焊剂层厚度增大时，熔宽减小，熔深略有增加。焊剂层太薄时，电弧保护不好，容易产生气孔或裂纹；焊剂层太厚时，焊缝变窄，成型系数减小。焊剂颗粒度增加，熔宽加大，熔深略有减小，但过大不利于熔池保护，易产生气孔。

4. 焊钉焊(栓焊)

栓焊是在栓钉与母材之间通过电流，局部加热熔化栓钉和局部母材，并同时施加压力挤出液态金属，使栓钉整个截面与母材形成牢固结合的焊接方法。其可分为电弧焊钉焊和储能焊钉焊两种。

(1)电弧焊钉焊。电弧栓焊是将栓钉端头置于陶瓷保护罩内与母材接触并通以直流电，以使栓钉与母材之间激发电弧，电弧产生的热量使栓钉和母材熔化，维持一定的电弧燃烧时间后将栓钉压入母材局部熔化区内。陶瓷保护罩的作用是集中电弧热量，隔离外部空气，保护电弧和熔化金属免受氮、氧的侵入，并防止熔融金属的飞溅。

（2）储能焊钉焊。储能焊是利用交流电使大容量的电容器充电后向栓钉与母材之间瞬时放电，达到熔化栓钉端头和母材的目的。由于电容放电能量的限制，一般用于小直径（≤12 mm）栓钉的焊接。

5. 常用焊接方法的选择

焊接施工应根据钢结构的种类、焊缝质量要求、焊缝形式、位置和厚度等选定焊接方法、焊接电焊机和电流，常用焊接方法的选择见表 4-38。

表 4-38　常用焊接方法的选择

焊接类别		使用特点	适用场合
焊条电弧焊	交流焊机	设备简单，操作灵活方便，可进行各种位置的焊接，不减弱构件截面，保证质量，施工成本较低	焊接普通钢结构，为工地广泛应用的焊接方法
	直流焊机	焊接技术与使用交流焊机相同，焊接时电弧稳定，但施工成本比采用交流焊机高	用于焊接质量要求较高的钢结构
埋弧焊		在焊剂下熔化金属的焊接，焊接热量集中，熔深大，效率高，质量好，没有飞溅现象，热影响区小，焊缝成型均匀美观；操作技术要求低，劳动条件好	在工厂焊接长度较大、板较厚的直线状贴角焊缝和对接焊缝
半自动焊		与埋弧焊机焊接基本相同，操作较灵活，但使用不够方便	焊接较短的或弯曲形状的贴角和对接焊缝
CO₂ 气体保护焊		用 CO_2 或惰性气体代替焊药保护电弧的光面焊丝焊接，可全位置焊接，质量较好，熔速快，效率高，省电，焊后不用清除焊渣，但焊时应避风	薄钢板和其他金属焊接，大厚度钢柱、钢梁的焊接

4.1.3.2　焊接方式

钢结构焊接时，根据施焊位置的不同，有平焊、立焊、横焊和仰焊四种焊接方式。

1. 平焊

（1）焊接前，应选择合适的焊接参数，包括焊接电流、焊条直径、焊接速度、焊接电弧长度等。

1）焊接电流应根据焊件厚度、焊接层次、焊条牌号、直径、焊工的熟练程度等因素确定。

2）为保证焊缝高度、宽度均匀一致，平焊施工时应等速焊接，以熔池中的铁水与熔渣保持等距离（2～4 mm）为宜。

3）焊接电弧长度应根据所用焊条的牌号不同而确定，一般要求电弧长度稳定不变，酸性焊条以 4 mm 长为宜，碱性焊条以 2～3 mm 长为宜。

（2）起焊时，在焊缝起点前方 15～20 mm 处的焊道内引燃电弧，将电弧拉长 4～5 mm，对母材进行预热后带回到起焊点，把熔池填满到要求的厚度后方可施焊。

（3）焊接时，焊条的运行角度应根据两焊件的厚度确定。焊条角度有两个方向：第一是焊条与焊接前进方向的夹角为 60°～75°，如图 4-8（a）所示。第二是焊条与焊件左右侧夹角有两种情况，当两焊件厚度相等时，焊条与焊件的夹角均为 45°，如图 4-8（b）所示；当两焊件厚度不等时，如图 4-8（c）所示，焊条与较厚焊件一侧的夹角应大于焊条与较薄焊件一侧的夹角。

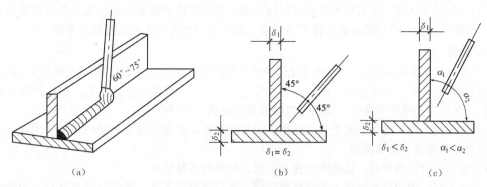

图 4-8 平焊焊条角度

(a)焊条与前进方向夹角；(b)焊条与焊件左右侧夹角(相等)；(c)焊条与焊件左右侧夹角(不等)

(4)焊接过程中由于换焊条等因素再施焊时，其接头方法与起焊方法相同。只有先把熔池上的熔渣清除干净后方可引弧。

(5)收弧时，每条焊缝应焊到末尾将弧坑填满后，往焊接方向的相反方向带弧，使弧坑甩在焊道里边，以防弧坑咬肉。

(6)整条焊缝焊完后即可清除熔渣，经焊工自检确无问题，才可转移地点继续焊接。

2. 立焊

立焊的基本操作过程与平焊相同，但应注意以下问题：

(1)立焊宜采用短弧焊接，弧长一般为 2～4 mm。在相同条件下，焊接电流比平焊电流小 10%～15%。

(2)立焊时，为避免焊条熔滴和熔池内金属下淌，宜采用较细直径的焊条，并根据接头形式和熔池温度灵活运条。

(3)焊接时，应根据焊件厚度正确选用焊条角度。当两焊接件厚度相等时，焊条与焊件左右方向夹角均为 45°，如图 4-9(a)所示；当两焊接件厚度不等时，焊条与较厚焊件一侧的夹角应大于较薄一侧，如图 4-9(b)所示。焊条与下方垂直平面的夹角宜为 60°～80°，如图 4-9(c)所示，使电弧略微向上吹向熔池中心。

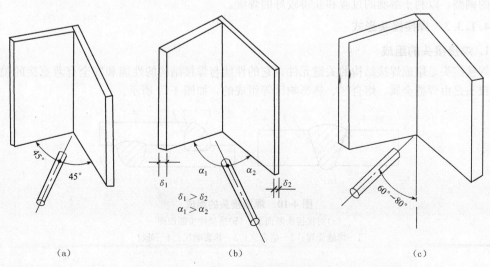

图 4-9 立焊焊条角度

(a)焊件厚度相等；(b)焊件厚度不等；(c)焊条与垂直面形成角度

(4)当焊到末尾时，宜采用挑弧法将弧坑填满，把电弧移至熔池中央停弧。严禁将弧坑甩在一边。为防止咬肉，应压低电弧变换焊条角度，即焊条与焊件垂直或电弧稍向下吹。

3. 横焊

(1)横焊与立焊基本相同，焊接电流比同条件平焊的电流小 10%～15%，电弧长度为 2～4 mm。

(2)横焊时，焊条角度应向下倾斜，其角度为 70°～80°，以防止铁水下坠。根据两焊件的厚度不同，可适当调整焊条角度。焊条与焊接前进方向成 70°～90°。

(3)横焊时，由于熔化金属受重力作用下流至坡口处，形成未熔合和层间夹渣。因此，应采用较小直径的焊条和短弧施焊。

(4)采用多层多道焊时，虽能防止铁水下流，但外观不易整齐。

(5)施工时，为防止在坡口上边缘形成咬肉，下边缘形成下坠，操作时应在坡口上边缘稍停做稳弧动作，并以选定的焊接速度焊至坡口下边缘，做微小的横拉稳弧动作，然后迅速带至上坡口，如此匀速进行。

4. 仰焊

(1)仰焊与立焊、横焊基本相同，焊条与焊件的夹角和焊件的厚度有关。焊条与焊接方向成 70°～80°，宜用小电流短弧焊接。

(2)仰焊时必须保持最短的电弧长度，以使熔滴在很短时间内过渡到熔池中，在表面张力的作用下，很快与熔池的液体金属汇合，促使焊缝成型。

(3)为减小熔池面积，应选择比平焊时还小的焊条直径和焊接电流。若电流与焊条直径太大，易造成熔化金属向下淌落；如电流太小，则根部不易焊透，易产生夹渣及焊缝不良等缺陷。

(4)仰脸对接焊时，宜采用多层焊或多层多道焊。焊第一层时，采用直径 $\phi 3.2$ 的焊条和直线形或直线往返形运条法。开始焊时，应用长弧预热起焊处(预热时间与焊接厚度、钝边及间隙大小有关)，烤热后，迅速压短电弧于坡口根部，稍停 2～3 s，以便焊透根部，然后将电弧向前移动进行施焊。施焊时，焊条沿焊接方向移动的速度，应在保证焊透的前提下尽可能快些，以防烧穿及熔化金属下淌。第一层焊缝表面要求平直，避免呈凸形。焊第二层时，应将第一层的熔渣及飞溅金属清除干净，并将焊瘤铲平。第二层以后的运条法均可采用月牙形或锯齿形运条法，运条时两侧应稍停一下，中间快一些，以形成较薄的焊道。采用多层多道焊时，可采用直线形运条法。各层焊缝的排列顺序与其他位置的焊缝一样。焊条角度应根据每道焊缝的位置作相应的调整，以利于溶滴的过渡和获得较好的焊缝。

4.1.3.3 焊接接头形式

1. 焊接接头的组成

焊接接头是组成焊接结构的关键元件，它的性能与焊接结构的性能和安全有着直接的关系。焊接接头是由焊缝金属、熔合区、热影响区等组成的，如图 4-10 所示。

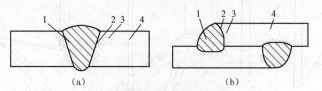

图 4-10　焊接接头的组成

(a)对接接头断面图；(b)搭接接头断面图

1—焊缝金属；2—熔合区；3—热影响区；4—母材

焊缝金属是由焊接填充金属及部分母材金属熔化结晶后形成的，其组织和化学成分不同于母材金属。热影响区受焊接热循环的影响，组织和性能都发生变化，特别是熔合区的组织和性能变化更为明显。

影响焊接接头性能的主要因素如图 4-11 所示，这些因素可归纳为力学和材质两个方面。力学方面影响焊接接头性能的因素有接头形状不连续性(如焊缝的余高和施焊过程中可能造成的接头错边等)、焊缝缺陷(如未焊透和焊接裂纹)、残余应力和残余变形等。这些都是应力集中的根源；材质方面影响焊接接头性能的因素主要有焊接热循环所引起的组织变化、焊接材料引起的焊缝化学成分的变化、焊后热处理所引起的组织变化以及矫正变形引起的加工硬化等。

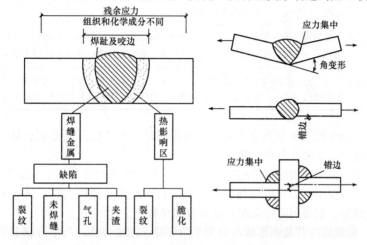

图 4-11　影响焊接接头性能的主要因素

2. 焊缝的基本形式

焊缝是构成焊接接头的主体部分，有对接焊缝和角焊缝两种基本形式。

(1)对接焊缝。对接焊缝的焊接接头可采用卷边、平对接或加工成 Y 形、U 形、双 Y 形、K 形等坡口，如图 4-12 所示。坡口是根据设计或工艺需要，在工件的待焊部位加工成一定几何形状并经装配后构成的沟槽。用机械、火焰或电弧加工坡口的过程称为开坡口。各种坡口尺寸可根据国家标准《气焊、焊条电弧焊、气体保护焊和高能束焊的推荐坡口》(GB/T 985.1—2008)和《埋弧焊的推荐坡口》(GB/T 985.2—2008)或具体情况确定。

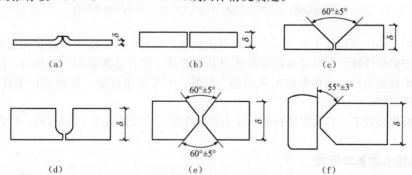

图 4-12　对接焊缝的典型坡口形式

(a)$\delta = 1 \sim 3$ mm；(b)$\delta = 3 \sim 8$ mm；(c)$\delta = 3 \sim 26$ mm；
(d)$\delta = 20 \sim 60$ mm；(e)$\delta = 12 \sim 60$ mm；(f)$\delta > 12$ mm

开坡口的目的是保证电弧能深入焊缝根部使其焊透，并获得良好的焊缝成型以及便于清渣。对于合金钢来说，坡口还能起到调节母材金属和填充金属比例的作用。坡口形式的选择取决于板材厚度、焊接方法和工艺过程，通常必须考虑表 4-39 中的各项因素。

表 4-39　选择坡口形式应考虑的因素

序号	项目	内　　容
1	可焊性或便于施焊	这是选择坡口形式的重要依据之一，也是保证焊接质量的前提。一般而言，要根据构件能否翻转、翻转难易，或内外两侧的焊接条件而定。对不能翻转和内径较小的容器、转子及轴类的对接焊缝，为了避免大量的仰焊或不便从内侧施焊，宜采用 Y 形坡口或 U 形坡口
2	降低焊接材料的消耗量	对于同样厚度的焊接接头，采用双 Y 形坡口比单 Y 形坡口能节省较多的焊接材料、电能和工时。构件越厚，节省越多，成本越低
3	坡口易加工	V 形坡口和 Y 形坡口可用气割或等离子弧切割，也可用机械切削加工。对于 U 形或双 U 形坡口，一般需用刨边机加工。因加工困难，在圆筒体上应尽量少开 U 形坡口
4	减少或控制焊接变形	采用不适当的坡口形式容易产生较大的变形。如平板对接的 Y 形坡口，其角变形就大于双 Y 形坡口。因此，如果坡口形式合理、工艺正确，就可以有效地减少或控制焊接变形

坡口角度的大小与板厚和焊接方法有关，其作用是使电弧能深入根部使其焊透。坡口角度越大，焊缝金属越多，焊接变形也会越大。

焊前在接头根部之间预留的空隙称为根部间隙，采用根部间隙是为了保证焊缝根部能焊透。一般情况下，坡口角度小，需要同时增加根部间隙；而根部间隙较大时，又容易烧穿，为此需要采用钝边防止烧穿。根部间隙过大时，还需要加垫板。

（2）角焊缝。角焊缝按其截面形状可分为平角焊缝、凹角焊缝、凸角焊缝和不等腰角焊缝四种，如图 4-13 所示，应用最多的是截面为直角等腰的角焊缝。

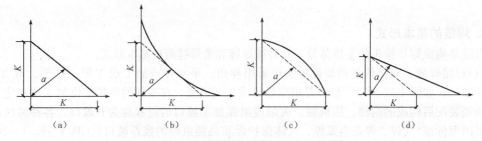

图 4-13　角焊缝截面形状及其计算断面
(a)平角焊缝；(b)凹角焊缝；(c)凸角焊缝；(d)不等腰角焊缝

角焊缝的大小用焊脚尺寸 K 表示。各种截面形状角焊缝的承载能力与荷载性质有关：静载时，如母材金属塑性好，角焊缝的截面形状对其承载能力没有显著影响；动载时，凹角焊缝比平角焊缝的承载能力高，凸角焊缝的承载能力最低；不等腰角焊缝，长边平行于荷载方向时，承受动载效果较好。

为了提高焊接效率、节约焊接材料、减小焊接变形，当板厚大于 13 mm 时，可以采用开坡口的角焊缝。

3. 焊接接头的基本形式

焊接接头的基本形式有对接接头、搭接接头、T 形接头和角接接头四种。选用接头形式时，应该熟悉各种接头的优缺点。

（1）对接接头。两焊件表面构成大于或等于 135°、小于或等于 180°夹角，即两板件相对端面焊接而形成的接头称为对接接头，如图 4-14 所示。

图 4-14　对接接头

对接接头从强度角度看是比较理想的接头形式，也是广泛应用的接头形式之一。在焊接结构上和焊接生产中，常见的对接接头的焊缝轴线与载荷方向相垂直，也有少数与载荷方向成斜角的斜焊缝对接接头。如图 4-15 所示。

（2）搭接接头。两板件部分重叠起来进行焊接所形成的接头称为搭接接头，如图 4-16 所示。搭接接头的应力分布极不均匀，疲劳强度较低，不是理想的接头形式。但是，搭接接头的焊前准备和装配工作比对接接头简单得多，其横向收缩量也比对接接头小，所以在受力较小的焊接结构中仍能得到广泛的应用。搭接接头中，最常见的是角焊缝组成的搭接接头，一般用于 12 mm 以下的钢板焊接。此外，还有开槽焊、塞焊、锯齿缝搭接等多种形式。

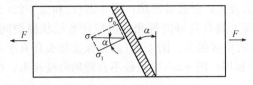

图 4-15　斜焊缝对接接头

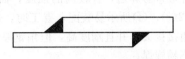

图 4-16　搭接接头

开槽焊搭接接头的结构形式如图 4-17 所示。先将被连接件加工成槽形孔，然后用焊缝金属填满该槽，开槽焊焊缝断面为矩形，其宽度为被连接件厚度的 2 倍，开槽长度应比搭接长度稍短一些。当被连接件的厚度不大时，可采用大功率的埋弧焊或 CO_2 气体保护焊。

塞焊是在被连接的钢板上钻孔，用来代替开槽焊的槽形孔，用焊缝金属将孔填满使两钢板连接起来，如图 4-18 所示。当被连接板厚小于 5 mm 时，可以采用大功率的埋弧焊或 CO_2 气体保护焊直接将钢板熔透而不必钻孔。这种接头施焊简单，特别是对于一薄一厚的两焊件连接最为方便，生产效率较高。

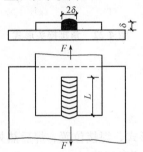

图 4-17　开槽焊搭接接头

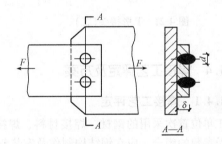

图 4-18　塞焊接头

锯齿缝单面搭接接头形式如图 4-19 所示。直缝单面搭接接头的强度和刚度比双面搭接接头低得多，所以只能用在受力很小的次要部位。对背面不能施焊的接头，可用锯齿形焊缝搭接，这样能提高焊接接头的强度和刚度。

（3）T 形接头。T 形接头是将相互垂直的被连接件，用角焊缝连接起来的接头，如图 4-20 所示。此接头一个焊件的端面与另一个焊件的表面构成直角或近似直角。这种接头是典型的电弧焊接头，能承受各个方向的力和力矩。

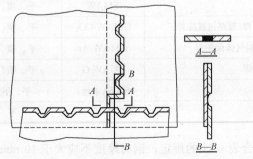

图 4-19　锯齿缝单面搭接接头

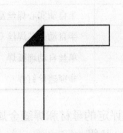

图 4-20　T 形接头（一）

T形接头应避免采用单面角焊接，因为这种接头的根部有很深的缺口，其承载能力低[图 4-21(a)]。对较厚的钢板，可采用K形坡口[图 4-21(b)]，根据受力状况决定是否需焊透。对要求完全焊透的T形接头，采用单边V形坡口[图 4-21(c)]从一面焊，焊后的背面清根焊满，比采用K形坡口施焊可靠。

（4）角接接头。两板件端面构成 30°～135° 夹角的接头称为角接接头。角接接头多用于箱形构件，常用的形式如图 4-22 所示。其中，图 4-22(a)是最简单的角接接头，其承载能力差；图 4-22(b)采用双面焊缝从内部加强角接接头，承载能力较大，但通常不用；图 4-22(c)和图 4-22(d)所示的开坡口易焊透，有较高的强度，而且在外观上具有良好的棱角，但应注意层状撕裂问题；图 4-22(e)、(f)所示易装配，省工时，是最经济的角接接头；图 4-22(g)是保证接头具有准确直角的角接接头，并且刚度高，但角钢厚度应大于板厚；图 4-22(h)是最不合理的角接接头，焊缝多且不易施焊。

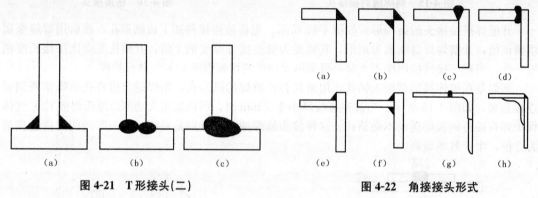

图 4-21　T形接头（二）　　　　　图 4-22　角接接头形式

4.1.4　焊接工艺评定及方案

4.1.4.1　焊接工艺评定

施工单位首次采用的钢材、焊接材料、焊接方法、接头形式、焊接位置、焊后热处理等各种参数及参数的组合，应在钢结构制作及安装前进行焊接工艺评定试验。

1. 免予焊接工艺评定

免予评定的焊接工艺必须由该施工单位焊接工程师和单位技术负责人签发书面文件。

（1）免予焊接工艺评定的适用范围。免予焊接工艺评定的适用范围应符合下列规定：

1）免予评定的焊接方法及施焊位置应符合表 4-40 的规定。

表 4-40　免予评定的焊接方法及施焊位置

焊接方法类别号	焊接方法	代号	施焊位置
1	焊条电弧焊	SMAW	平、横、立
2-1	半自动实心焊丝 CO_2 气体保护焊（短路过渡除外）	GMAW-CO_2	平、横、立
2-2	半自动实心焊丝富氩＋二氧化碳气体保护焊	GMAW-Ar	平、横、立
2-3	半自动药芯焊丝 CO_2 气体保护焊	FCAW-G	平、横、立
5-1	单丝自动埋弧焊	SAW（单丝）	平、平角
5-2	非穿透栓钉焊	SW	平

2）免予评定的母材和焊缝金属组合应符合表 4-41 的规定，钢材厚度不应大于 40 mm，质量等级应为 A、B 级。

表 4-41　免予评定的母材和匹配的焊缝金属要求

母材			焊条(丝)和焊剂-焊丝组合分类等级			
钢材类别	母材最小标称屈服强度	钢材牌号	焊条电弧焊 SMAW	实心焊丝气体保护焊 GMAW	药芯焊丝气体保护焊 FCAW—G	埋弧焊 SAW(单丝)
Ⅰ	＜235 MPa	Q195 Q215	GB/T 5117: E43XX	GB/T 8110: ER49-X	GB/T 10045: E43XT-X	GB/T 5293: F4AX-H08A
Ⅰ	≥235 MPa 且 ＜300 MPa	Q235 Q275 Q235GJ	GB/T 5117: E43XX E50XX	GB/T 8110: ER49-X ER50-X	GB/T 10045: E43XT-X E50XT-X	GB/T 5293: F4AX-H08A GB/T 12470: F48AX-H08MnA
Ⅱ	≥300 MPa 且 ≤355 MPa	Q345 Q345GJ	GB/T 5117: E50XX GB/T 5118: E5015 E5016-X	GB/T 8110: ER50-X	GB/T 17493: E50XT-X	GB/T 5293: F5AX-H08MnA GB/T 12470: F48AX-H08MnA F48AX-H10Mn2 F48AX-H08Mn2A

3)免予评定的最低预热道、间温度应符合表 4-42 的规定。

表 4-42　免予评定的最低预热、道间温度

钢材类别	钢材牌号	设计对焊接材料要求	接头最厚部件的板厚 t/mm	
			$t \leqslant 20$	$20 < t \leqslant 40$
Ⅰ	Q195、Q215、Q235、Q235GJ、Q275、20	非低氢型	5 ℃	20 ℃
		低氢型		5 ℃
Ⅱ	Q345、Q345GJ	非低氢型		40 ℃
		低氢型		20 ℃

注：1. 接头形式为坡口对接，一般拘束度。
　　2. SMAW、GMAW、FCAW-G 热输入为 15～25 kJ/cm；SAW-S 热输入为 15～45 kJ/cm。
　　3. 采用低氢型焊材时，熔敷金属扩散氢(甘油法)含量应符合下列规定：
　　　　焊条 E4315、E4316 不应大于 8 mL/100 g；
　　　　焊条 E5015、E5016 不应大于 6 mL/100 g；
　　　　药芯焊丝不应大于 6 mL/100 g。
　　4. 焊接接头板厚不同时，应按最大板厚确定预热温度；焊接接头材质不同时，应按高强、高碳含量的钢材确定预热温度。
　　5. 环境温度不应低于 0 ℃。

4)焊缝尺寸应符合设计要求，最小焊脚尺寸应符合表 4-43 的规定；最大单道焊焊缝尺寸应符合表 4-44 的规定。

表 4-43 角焊缝最小焊脚尺寸

母材厚度 t①	角焊缝最小焊脚尺寸②	母材厚度 t①	角焊缝最小焊脚尺寸②
$t \le 6$	3③	$12 < t \le 20$	6
$6 < t \le 12$	5	$t > 20$	8

注：①采用不预热的非低氢焊接方法进行焊接时，t 等于焊接接头中较厚件厚度，宜采用单道焊缝；采用预热的非低氢焊接方法或低氢焊接方法进行焊接时，t 等于焊接接头中较薄件厚度。
②焊缝尺寸不要求超过焊接接头中较薄件厚度的情况除外。
③承受动荷载的角焊缝最小焊脚尺寸为 5 mm。

表 4-44 单焊道最大焊缝尺寸

焊道类型	焊接位置	焊缝类型	焊接方法		
			焊条电弧焊	气体保护焊和药芯焊丝自保护焊	单丝埋弧焊
根部焊道最大厚度	平焊	全部	10 mm	10 mm	—
	横焊		8 mm	8 mm	
	立焊		12 mm	12 mm	—
	仰焊		8 mm	8 mm	
填充焊道最大厚度	全部	全部	5 mm	6 mm	6 mm
单道角焊缝最大焊脚尺寸	平焊	角焊缝	10 mm	12 mm	12 mm
	横焊		8 mm	10 mm	8 mm
	立焊		12 mm	12 mm	—
	仰焊		8 mm	8 mm	—

5)焊接工艺参数应符合下列规定：

①免予评定的焊接工艺参数应符合表 4-45 的规定；

②要求完全焊透的焊缝，单面焊时应加衬垫，双面焊时应清根；

③焊条电弧焊焊接时焊道最大宽度不应超过焊条标称直径的 4 倍，实心焊丝气体保护焊、药芯焊丝气体保护焊焊接时焊道最大宽度不应超过 20 mm；

④导电嘴与工件距离：埋弧自动焊为 40 mm+10 mm；气体保护焊为 20 mm+7 mm；

⑤保护气种类：二氧化碳；富氩气体，混合比例为氩气 80%+二氧化碳 20%；

⑥保护气流量：20～50 L/min。

6)免予评定的各类焊接节点构造形式、焊接坡口的形式和尺寸必须符合相应规范要求，并应符合下列规定：

①斜角角焊缝两面角 $\varphi > 30°$；

②管材相贯接头局部两面角 $\varphi > 30°$。

7)免予评定的结构荷载特性应为静载。

表 4-45 各种焊接方法免予评定的焊接工艺参数范围

焊接方法代号	焊条或焊丝型号	焊条或焊丝直径 /mm	电流/A	电流极性	电压/V	焊接速度 /(cm·min⁻¹)
SMAW	EXX15、〔EXX16〕、(EXX03)	3.2	80～140	直流反接〔交、直流〕(交流)	18～26	8～18
		4.0	110～210		20～27	10～20
		5.0	160～230		20～27	10～20

焊接方法代号	焊条或焊丝型号	焊条或焊丝直径/mm	电流/A	电流极性	电压/V	焊接速度/(cm·min⁻¹)
GMAW	ER-XX	1.2	打底 180～260 填充 220～320 盖面 220～280	直流反接	25～38	25～45
FCAW	EXX1T1	1.2	打底 160～260 填充 220～320 盖面 220～280	直流反接	25～38	30～55
SAW	HXXX	3.2 4.0 5.0	400～600 450～700 500～800	直流反接或交流	24～40 24～40 34～40	25～65

注：表中参数为平、横焊位置。立焊电流应比平、横焊减小 10%～15%。

(2)免予焊接工艺评定的钢材表面及坡口处理、焊接材料储存及烘干、引弧板及引出板、焊后处理、焊接环境、焊工资格等要求应符合相关规定。

2. 焊接工艺评定的一般规定

(1)焊接工艺评定的环境应反映工程施工现场的条件。

(2)焊接工艺评定中的焊接热输入、预热、后热制度等施焊参数，应根据被焊材料的焊接性制订。

(3)焊接工艺评定所用设备、仪表的性能应处于正常工作状态，焊接工艺评定所用的钢材、栓钉、焊接材料必须能覆盖实际工程所用材料并应符合相关标准要求，且应具有生产厂出具的质量证明文件。

(4)焊接工艺评定试件应由该工程施工企业中持证的焊接人员施焊。

(5)焊接工艺评定所用的焊接方法、施焊位置分类代号应符合表 4-46 和表 4-47 及图 4-23～图 4-26 的规定，钢材类别应符合表 4-48 的规定，试件焊接位置代号应符合表 4-49 的规定。

表 4-46 焊接方法分类

焊接方法类别号	焊接方法	代号
1	焊条电弧焊	SMAW
2-1	半自动实心焊丝 CO_2 气体保护焊	GMAW-CO₂
2-2	半自动实心焊丝富氩＋CO_2 气体保护焊	GMAW-Ar
2-3	半自动药芯焊丝 CO_2 气体保护焊	FCAW-G
3	半自动药芯焊丝自保护焊	FCAW-SS
4	非熔化极气体保护焊	GTAW
5-1	单丝自动埋弧焊	SAW-S
5-2	多丝自动埋弧焊	SAW-M
6-1	熔嘴电渣焊	ESW-N
6-2	丝极电渣焊	ESW-W
6-3	板极电渣焊	ESW-P
7-1	单丝气电立焊	EGW-S

焊接方法类别号	焊接方法	代号
7-2	多丝气电立焊	EGW-M
8-1	自动实心焊丝 CO_2 气体保护焊	GMAW-CO_2A
8-2	自动实心焊丝富氩+CO_2 气体保护焊	GMAW-ArA
8-3	自动药芯焊丝 CO_2 气体保护焊	FCAW-GA
8-4	自动药芯焊丝自保护焊	FCAW-SA
9-1	非穿透栓钉焊	SW
9-2	穿透栓钉焊	SW-P

表 4-47　施焊位置分类代号

焊接位置		代号		焊接位置	代号
板材	平	F	管材	水平转动平焊	1G
	横	H		竖立固定横焊	2G
	立	V		水平固定全位置焊	5G
	仰	O		倾斜固定全位置焊	6G
				倾斜固定加挡板全位置焊	6GR

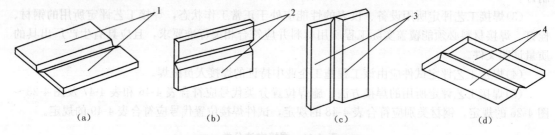

图 4-23　板材对接试件焊接位置

(a)平焊位置 F；(b)横焊位置 H；(c)立焊位置 V；(d)仰焊位置 O

1—板平放，焊缝轴水平；2—板横立，焊缝轴水平；

3—板 90°放置，焊缝轴垂直；4—板平放，焊缝轴水平

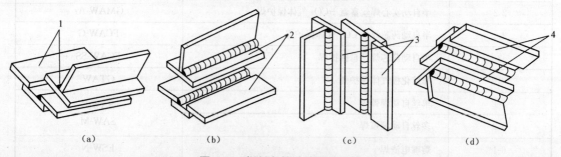

图 4-24　板材角接试件焊接位置

(a)平焊位置 F；(b)横焊位置 H；(c)立焊位置 V；(d)仰焊位置 O

1—板 45°放置，焊缝轴水平；2—板平放，焊缝轴水平；

3—板竖立，焊缝轴垂直；4—板平放，焊缝轴水平

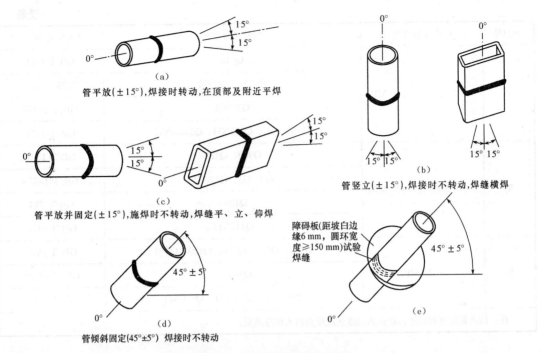

（a）

管平放(±15°),焊接时转动,在顶部及附近平焊

（c）

管平放并固定(±15°),施焊时不转动,焊缝平、立、仰焊

（b）

管竖立(±15°),焊接时不转动,焊缝横焊

障碍板(距坡口边缘6 mm,圆环宽度≥150 mm)试验焊缝

（d）

管倾斜固定(45°±5°) 焊接时不转动

（e）

图 4-25　管材对接试件焊接位置

(a)焊接位置 K(转动)；(b)焊接位置 2G；(c)焊接位置 5G；

(d)焊接位置 6G；(e)焊接位置 6GR(FK 或 Y 形连接)

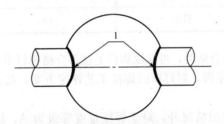

图 4-26　管-球接头试件

1—焊接位置分类按管材对接接头

表 4-48　常用国内钢材分类

类别号	标称屈服强度	钢材牌号举例	对应标准号
I	≤295 MPa	Q195、Q215、Q235、Q275	GB/T 700
		20、25、15Mn、20Mn、25Mn	GB/T 699
		Q235q	GB/T 714
		Q235GJ	GB/T 19879
		Q235NH、Q265GNH、Q295NH、Q295GNH	GB/T 4171
		ZG 200-400H、ZG 230-450H、ZG 275-485H	GB/T 7659
		G17Mn5QT、G20Mn5N、G20Mn5QT	CECS 235

类别号	标称屈服强度	钢材牌号举例	对应标准号
Ⅱ	>295 MPa 且≤370 MPa	Q345	GB/T 1591
		Q345q、Q370q	GB/T 714
		Q345GJ	GB/T 19879
		Q310GNH、Q355NH、Q355GNH	GB/T 4171
Ⅲ	>370 MPa 且≤420 MPa	Q390、Q420	GB/T 1591
		Q390GJ、Q420GJ	GB/T 19879
		Q420q	GB/T 714
		Q415NH	GB/T 4171
Ⅳ	>420 MPa	Q460、Q500、Q550、Q620、Q690	GB/T 1591
		Q460GJ	GB/T 19879
		Q460NH、Q500NH、Q550NH	GB/T 4171

注：国内新钢材和国外钢材按其屈服强度级别归入相应类别。

表 4-49　焊接位置代号

代　号	焊接位置	代　号	焊接位置
F	平焊	V	立焊
H	横焊	O	仰焊

(6)焊接工艺评定结果不合格时，可在原焊件上就不合格项目重新加倍取样进行检验。如还不能达到合格标准，应分析原因，制订新的焊接工艺评定方案，按原步骤重新评定，直到合格为止。

(7)除符合免予评定条件的情况外，对于焊接难度等级为 A、B、C 级的钢结构焊接工程，其焊接工艺评定有效期应为 5 年；对于焊接难度等级为 D 级的钢结构焊接工程，应按工程项目进行焊接工艺评定。

(8)焊接工艺评定文件包括焊接工艺评定报告、焊接工艺评定指导书、焊接工艺评定记录表、焊接工艺评定检验结果表及检验报告，应报相关单位审查备案。

3. 焊接工艺评定替代规则

(1)不同焊接方法的评定结果不得互相替代。不同焊接方法组合焊接可用相应板厚的单种焊接方法评定结果替代，也可用不同焊接方法组合焊接评定，但弯曲及冲击试样切取位置应包含不同的焊接方法；同种牌号钢材中，质量等级高的钢材可替代质量等级低的钢材，质量等级低的钢材不可替代质量等级高的钢材。

(2)除栓钉焊外，不同钢材焊接工艺评定的替代规则应符合下列规定：

1)不同类别钢材的焊接工艺评定结果不得互相替代。

2)Ⅰ、Ⅱ类同类别钢材中，当强度和质量等级发生变化时，在相同供货状态下，高级别钢材的焊接工艺评定结果可替代低级别钢材；Ⅲ、Ⅳ类同类别钢材中的焊接工艺评定结果不得相互替代；除Ⅰ、Ⅱ类别钢材外，不同类别的钢材组合焊接时应重新评定，不得用单类钢材的评定结果代替。

3)同类别钢材中轧制钢材与铸钢、耐候钢与非耐候钢的焊接工艺评定结果不得互相替代；控轧控冷(TMCP)钢、调质钢与其他供货状态的钢材焊接工艺评定结果不得互相替代。

4)国内与国外钢材的焊接工艺评定结果不得互相替代。

(3)接头形式变化时应重新评定，但十字形接头评定结果可替代 T 形接头评定结果，全焊透或部分焊透的 T 形或十字形接头对接与角接组合焊缝评定结果可替代角焊缝评定结果。

(4)评定合格的试件厚度在工程中适用的厚度范围应符合表 4-50 的规定。

表 4-50　评定合格的试件厚度与工程适用范围

焊接方法类别号	评定合格试件厚度(t)/mm	工程适用厚度范围	
		板厚最小值	板厚最大值
1、2、3、4、5、8	≤25	3 mm	2t
	25<t≤70	0.75t	2t
	>70	0.75t	不限
6	≥18	0.75t 最小 18 mm	1.1t
7	≥10	0.75t 最小 10 mm	1.1t
9	1/3φ≤t<12	t	2t，且不大于 16 mm
	12≤t<25	0.75t	2t
	t≥25	0.75t	1.5t

注：φ 为栓钉直径。

(5)评定合格的管材接头，壁厚的覆盖范围应符合上述(4)的规定，直径的覆盖原则应符合下列规定：

1)外径小于 600 mm 的管材，其直径覆盖范围不应小于工艺评定试验管材的外径；

2)外径不小于 600 mm 的管材，其直径覆盖范围不应小于 600 mm。

(6)板材对接与外径不小于 600 mm 的相应位置管材对接的焊接工艺评定可互相替代。

(7)除栓钉焊外，横焊位置评定结果可替代平焊位置，平焊位置评定结果不可替代横焊位置。立、仰焊接位置与其他焊接位置之间不可互相替代。

(8)有衬垫与无衬垫的单面焊全焊透接头不可互相替代；有衬垫单面焊全焊透接头和反面清根的双面焊全焊透接头可互相替代；不同材质的衬垫不可互相替代。

(9)当栓钉材质不变时，栓钉焊被焊钢材应符合下列替代规则：

1)Ⅲ、Ⅳ类钢材的栓钉焊接工艺评定试验可替代Ⅰ、Ⅱ类钢材的焊接工艺评定试验；

2)Ⅰ、Ⅱ类钢材的栓钉焊接工艺评定试验可互相替代；

3)Ⅲ、Ⅳ类钢材的栓钉焊接工艺评定试验不可互相替代。

4. 重新进行工艺评定的规定

(1)焊条电弧焊，下列条件之一发生变化时，应重新进行工艺评定：

1)焊条熔敷金属抗拉强度级别变化；

2)由低氢型焊条改为非低氢型焊条；

3)焊条规格改变；

4)直流焊条的电流极性改变；

5)多道焊和单道焊的改变；

6)清焊根改为不清焊根；

7)立焊方向改变；

8)焊接实际采用的电流值、电压值的变化超出焊条产品说明书的推荐范围。

(2)熔化极气体保护焊，下列条件之一发生变化时，应重新进行工艺评定：

1)实心焊丝与药芯焊丝的变换；

2)单一保护气体种类的变化，混合保护气体的气体种类和混合比例的变化；

3)保护气体流量增加25%以上，或减少10%以上；

4)焊炬摆动幅度超过评定合格值的±20%；

5)焊接实际采用的电流值、电压值和焊接速度的变化分别超过评定合格值的10%、7%和10%；

6)实心焊丝气体保护焊时，熔滴颗粒过渡与短路过渡的变化；

7)焊丝型号改变；

8)焊丝直径改变；

9)多道焊和单道焊的改变；

10)清焊根改为不清焊根。

(3)非熔化极气体保护焊，下列条件之一发生变化时，应重新进行工艺评定：

1)保护气体种类改变；

2)保护气体流量增加25%以上，或减少10%以上；

3)添加焊丝或不添加焊丝的改变，冷态送丝和热态送丝的改变，焊丝类型、强度级别、型号改变；

4)焊炬摆动幅度超过评定合格值的±20%；

5)焊接实际采用的电流值和焊接速度的变化分别超过评定合格值的25%和50%；

6)焊接电流极性改变。

(4)埋弧焊，下列条件之一发生变化时，应重新进行工艺评定：

1)焊丝规格改变，焊丝与焊剂型号改变；

2)多丝焊与单丝焊的改变；

3)添加冷丝与不添加冷丝的改变；

4)焊接电流种类和极性的改变；

5)焊接实际采用的电流值、电压值和焊接速度变化分别超过评定合格值的10%、7%和15%；

6)清焊根改为不清焊根。

(5)电渣焊，下列条件之一发生变化时，应重新进行工艺评定：

1)单丝与多丝的改变，板极与丝极的改变，有、无熔嘴的改变；

2)熔嘴截面面积变化大于30%，熔嘴牌号改变，焊丝直径改变，单、多熔嘴的改变，焊剂型号改变；

3)单侧坡口与双侧坡口的改变；

4)焊接电流种类和极性的改变；

5)焊接电源伏安特性为恒压或恒流的改变；

6)焊接实际采用的电流值、电压值、送丝速度、垂直提升速度变化分别超过评定合格值的20%、10%、40%、20%；

7)偏离垂直位置超过10%；

8)成型水冷滑块与挡板的变换；

9)焊剂装入量变化超过30%。

(6)气电立焊，下列条件之一发生变化时，应重新进行工艺评定：

1)焊丝型号和直径的改变；

2)保护气种类或混合比例的改变；

3)保护气流量增加 25% 以上，或减少 10% 以上；

4)焊接电流极性改变；

5)焊接实际采用的电流值、送丝速度和电压值的变化分别超过评定合格值的 15%、30% 和 10%；

6)偏离垂直位置变化超过 10%；

7)成型水冷滑块与挡板的变换。

(7)栓钉焊，下列条件之一发生变化时，应重新进行工艺评定：

1)栓钉材质改变；

2)栓钉标称直径改变；

3)瓷环材料改变；

4)非穿透焊与穿透焊的改变；

5)穿透焊中被穿透板材厚度、镀层量增加与种类的改变；

6)栓钉焊接位置偏离平焊位置 25° 以上的变化或平焊、横焊、仰焊位置的改变；

7)栓钉焊接方法改变；

8)预热温度比评定合格的焊接工艺降低 20 ℃ 或高出 50 ℃ 以上；

9)焊接实际采用的提升高度、伸出长度、焊接时间、电流值、电压值的变化超过评定合格值的 ±5%；

10)采用电弧焊时焊接材料改变。

5. 试件和检验试样制备

(1)试件的制备。钢结构焊接试件的制备应符合下列规定：

1)选择试件厚度应符合评定试件厚度对工程构件厚度的有效适用范围。

2)母材材质、焊接材料、坡口形状和尺寸应与工程设计图的要求一致；试件的焊接必须符合焊接工艺评定指导书的要求。

3)试件的尺寸应满足所制备试样的取样要求。各种接头形式的试件尺寸、试样取样位置应符合图 4-27～图 4-34 的要求。

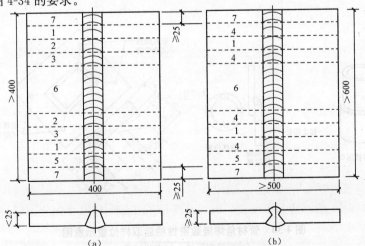

图 4-27　板材对接接头试件及试样示意图

(a)不取侧弯试样时；(b)取侧弯试样时

1—拉力试件；2—背弯试件；3—面弯试件；4—侧弯试件；5—冲击试件；6—备用；7—舍弃

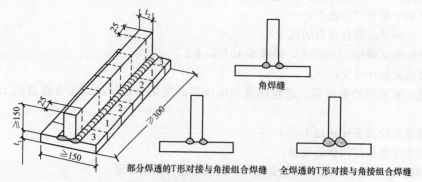

图 4-28　板材角焊缝和 T 形对接与角接组合焊缝
接头试件及宏观、弯曲试样示意图
1—宏观酸蚀试样；2—弯曲试样；3—舍弃

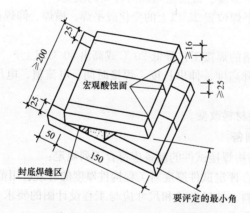

图 4-29　斜 T 形接头示意图(锐角根部)

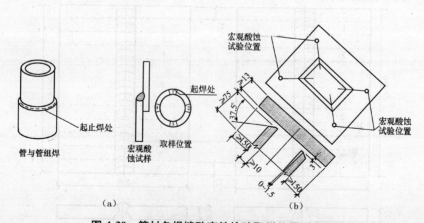

图 4-30　管材角焊缝致密性检验取样位置示意图
(a)圆管套管接头与宏观试样；
(b)矩形管 T 形角接和对接与角接组合焊缝接头及宏观试样

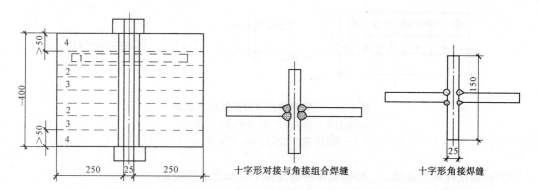

图 4-31　板材十字形角接(斜角接)及对接与角接组合焊缝接头试件及试样示意图

1—宏观酸蚀试样；2—拉伸试样；3—弯曲试样；4—舍弃

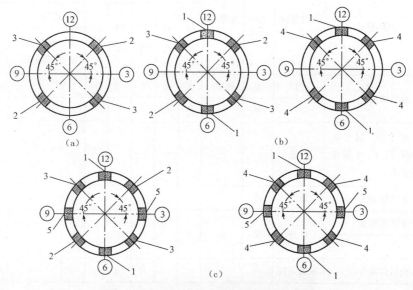

图 4-32　管材对接接头试件及试样示意图

(a)拉力试样为整管时弯曲试样位置；(b)不要求冲击试验时；(c)要求冲击试验时

③、⑥、⑨、⑫—钟点记号，为水平固定位置焊接时的定位

1—拉伸试样；2—面弯试样；3—背弯试样；4—侧弯试样；5—冲击试样

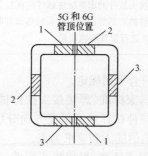

图 4-33　矩形管材对接接头试样位置示意图

1—拉伸试样；2—面弯或侧弯试样、冲击试样试验时；3—背弯或侧弯试样、冲击试样试验时

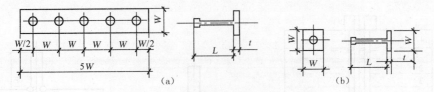

图 4-34　栓钉焊焊接试件及试样示意图

(a)栓钉焊焊接试件；(b)试件的形状及尺寸

L—焊钉长度；$t \geqslant 12$ mm；$W \geqslant 80$ mm

(2)检验试样种类及加工。检验试样种类及加工应符合下列规定：

1)检验试样种类及数量应符合表 4-51 的规定。

表 4-51　检验试样种类及数量

母材形式	试件形式	试件厚度/mm	无损探伤	全断面拉伸	拉伸	面弯	背弯	侧弯	30°打弯	冲击③ 焊缝	冲击③ 热影响区粗晶区	宏观酸蚀及硬度④,⑤
板、管	对接接头	<14	要	管2①	2	2	2	—	—	3	3	—
		≥14	要	—	2	—	—	4	—	3	3	—
板、管	板 T 形、斜 T 形和管 T、K、Y 形角接接头	任意	—	—	—	—	—	—	—	—	—	板2⑥、管 4
板	十字形接头	≥25	要	—	2	—	—	—	—	3	3	2
管-管	十字形接头	任意	要	2②	—	—	—	—	—	—	—	4
管-球	—											2
板-焊钉	栓钉焊接头	底板≥12	—	5	—	—	—	—	5	—	—	—

注：①管材对接全截面拉伸试样适用于外径小于或等于 76 mm 的圆管对接试件，当管径超过该规定时，应按图 4-31 或图 4-32 截取拉伸试件。

②管-管、管-球接头全截面拉伸试样适用的管径和壁厚由试验机的能力决定。

③冲击试验温度按设计选用钢材质量等级的要求进行。

④硬度试验根据工程实际需要进行。

⑤圆管 T、K、Y 形和十字形相贯接头试件的宏观酸蚀试样应在接头的趾部、侧面及根部各取一件；矩形管接头全焊透 T、K、Y 形接头试件的宏观酸蚀应在接头的角部各取一个，详见图 4-29。

⑥斜 T 形接头(锐角根部)按图 4-28 进行宏观酸蚀检验。

2)对接接头检验试样的加工应符合下列规定。

①拉伸试样的加工应符合现行国家标准《焊接接头拉伸试验方法》(GB/T 2651—2008)的规定，根据试验机能力可采用全截面拉伸试样或沿厚度方向分层取样；分层取样时，试样厚度应覆盖焊接试件的全厚度；应按试验机的能力和要求加工。

②弯曲试样的加工应符合现行国家标准《焊接接头弯曲试验方法》(GB/T 2653—2008)的规定。加工时，应用机械方法去除焊缝加强高或垫板至与母材齐平，试样受拉面应保留母材原轧制表面。当板厚大于 40 mm 时可分片切取，试样厚度应覆盖焊接试件的全厚度。

③冲击试样的加工应符合现行国家标准《焊接接头冲击试验方法》(GB/T 2650—2008)的规定。其取样位置单面焊时应位于焊缝正面,双面焊时位于后焊面,与母材表面的距离不应大于 2 mm;热影响区冲击试样缺口加工位置应符合图 4-35 的要求,不同牌号的钢材焊接时,其接头热影响区冲击试样应取自对冲击性能要求较低的一侧;不同焊接方法组合的焊接接头,冲击试样的取样应能覆盖所有焊接方法焊接的部位(分层取样)。

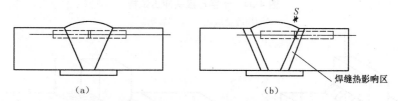

图 4-35 对接接头冲击试样缺口加工位置

(a)焊缝区缺口位置;(b)热影响区缺口位置

注:热影响区冲击试样根据不同焊接工艺,缺口轴线至试样轴线与熔合线交点的距离 $S=0.5\sim1$ mm,并应尽可能使缺口多过热影响区。

④宏观酸蚀试样的加工应符合图 4-36 的要求。每块试样应取一个面进行检验,不得将同一切口的两个侧面作为两个检验面。

3)T 形角接接头宏观酸蚀试样的加工应符合图 4-37 的要求。

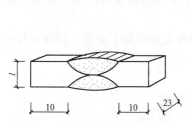

图 4-36 对接接头宏观酸蚀试样

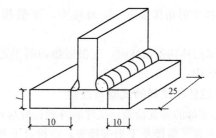

图 4-37 角接接头宏观酸蚀试样

4)十字形角接接头检验试样的加工应符合下列要求:

①接头拉伸试样的加工应符合图 4-38 的要求;

②接头冲击试样的加工应符合图 4-39 的要求;

③接头宏观酸蚀试样的加工应符合图 4-40 的要求。

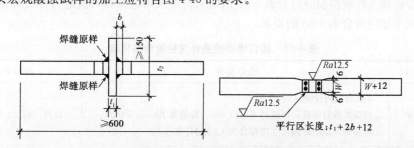

图 4-38 十字形接头拉伸试样

t_2—试验材料厚度;b—根部间隙

$t_2<36$ mm 时,$W=35$ mm;$t_2\geqslant36$ mm 时,$W=35$ mm

平行区长度为 $t_1+2b+12$ mm

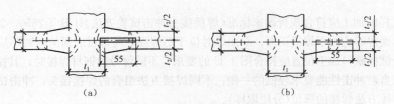

图 4-39　十字形接头冲击试样

(a)焊缝金属区；(b)热影响区

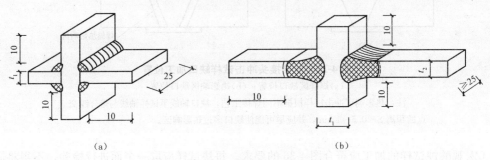

图 4-40　十字形接头宏观酸蚀试样

(a)焊缝金属区；(b)热影响区

5)斜 T 形角接接头、管-球接头、管-管相贯接头的宏观酸蚀试样的加工应该符合图 4-36 的要求。

6)采用热切割取样时，应根据热切割工艺和试件厚度预留加工余量，确保试样性能不受热切割的影响。

6. 试件和试样的试验与检验

(1)试件的外观检验。试件的外观检验应符合下列规定：

1)对接、角接及 T 形等接头，应符合下列规定：

①用不小于 5 倍的放大镜检查试件表面，不得有裂纹、未焊满、未熔合、焊瘤、气孔、夹渣等超标缺陷；

②焊缝咬边总长度不得超过焊缝两侧长度的 15%，咬边深度不得超过 0.5 mm；

③焊缝外观尺寸应符合一级焊缝的要求(需疲劳验算结构的焊缝，外观尺寸应符合相关要求)。试件角变形可以冷矫止，可以避开焊缝缺陷位置取样。

2)栓钉焊接接头外观检验应符合表 4-52 的要求。当采用电弧焊方法进行栓钉焊接时，其焊缝最小焊脚尺寸还应符合表 4-53 的要求。

表 4-52　栓钉焊接接头外观检验合格标准

外观检验项目	合格标准	检验方法
焊缝外形尺寸	360°范围内焊缝饱满 拉弧式栓钉焊接：焊缝高 $K_1 \geq 1$ mm，焊缝宽 $K_2 \geq 0.5$ mm 电弧焊：最小焊脚尺寸应符合表 4-53 的要求	目测、钢尺、焊缝量规
焊缝欠缺	无气孔、夹渣、裂纹等缺欠	目测、放大镜(5 倍)
焊缝咬边	咬边深度≤0.5 mm，且最大长度不得大于 1 倍的栓钉直径	钢尺、焊缝量规
栓钉焊后高度	高度偏差≤±2 mm	钢尺
栓钉焊后倾斜角度	倾斜角度偏差 $\theta \leq 5°$	钢尺、量角器

表 4-53　采用电弧焊方法的栓钉焊接接头最小焊脚尺寸

栓钉直径/mm	角焊缝最小焊脚尺寸/mm
10、13	6
16、19、22	8
25	10

(2)试件的无损检测应在外观检验合格后进行,无损检测方法应根据设计要求确定。射线探伤应符合现行国家标准《金属熔化焊焊接接头射线照相》(GB/T 3323—2005)的有关规定,焊缝质量不低于BⅡ级;超声波探伤应符合现行国家标准《焊缝无损检测　超声检测　技术、检测等级和评定》(GB/T 11345—2013)的有关规定,焊缝质量不低于BⅡ级。

(3)试样的力学性能、硬度及宏观酸蚀试验方法应符合下列规定:

1)拉伸试验。对接接头拉伸试验应符合现行国家标准《焊接接头拉伸试验方法》(GB/T 2651—2008)的有关规定;栓钉焊焊接接头拉伸试验应符合图 4-41 的要求。

2)弯曲试验。对接接头弯曲试验应符合现行国家标准《焊接接头弯曲试验方法》(GB/T 2653—2008)的有关规定,弯心直径为4δ(δ为弯曲试样厚度),弯曲角度为180°;面弯、背弯时,试样厚度应为试件全厚度(δ<14 mm);侧弯时,试样厚度 δ=10 mm,试件厚度不大于 40 mm 时,试样宽度应为试件的全厚度,试件厚度大于 40 mm 时,可按 20~40 mm 分层取样;栓钉焊焊接接头弯曲试验应符合图 4-42 的要求。

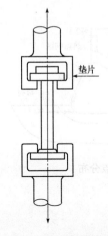

图 4-41　栓钉焊焊接接头
试样拉伸试验方法

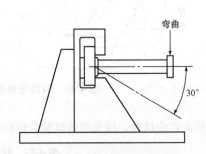

图 4-42　栓钉焊焊接接头
试样弯曲试验方法

3)冲击试验。冲击试验应符合现行国家标准《焊接接头冲击试验方法》(GB/T 2650—2008)的有关规定;宏观酸蚀试验应符合现行国家标准《钢的低倍组织及缺陷酸蚀检验法》(GB 226—2015)的有关规定;硬度试验应符合现行国家标准《焊接接头硬度试验方法》(GB/T 2654—2008)的有关规定。采用维氏硬度 HV10,硬度测点分布应符合图 4-43~图 4-45 的要求,焊接接头各区域硬度测点为 3 点,其中,部分焊头对接与角接组合焊缝在焊缝区和热影响区测点可平行于焊缝熔合线排列。

(4)试样检验合格标准应符合下列规定:

1)接头拉伸试验。接头母材为同钢号时,每个试样的抗拉强度不应小于该母材标准中相应规格规定的下限值;对接接头母材为两种钢号组合时,每个试样的抗拉强度不应小于两种母材标准中相应规格规定下限值的较低者；厚板分片取样时，可取平均值；栓钉焊焊接接头拉伸时，当拉伸试样的抗拉荷载大于或等于栓钉焊接端力学性能规定的最小抗拉荷载时，则无论断裂发生于何处，均为合格。

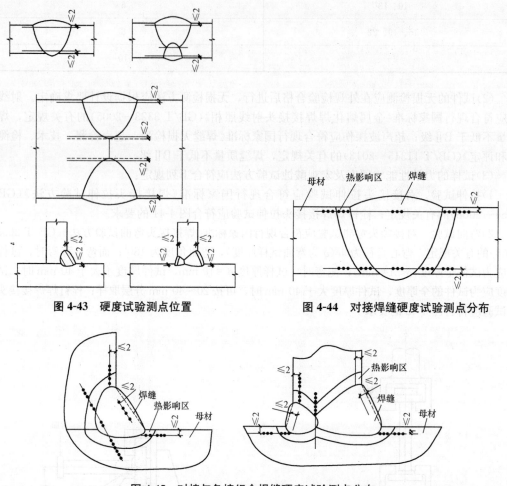

图 4-43 硬度试验测点位置　　　　　　　　图 4-44 对接焊缝硬度试验测点分布

图 4-45 对接与角接组合焊缝硬度试验测点分布

2）接头弯曲试验。接头弯曲试验合格标准见表 4-54。

表 4-54 接头弯曲试验合格标准

序号	项目	合格标准
1	对接接头弯曲试验	试样弯至 180°后应符合下列规定： 各试样任何方向裂纹及其他缺陷单个长度不应大于 3 mm； 各试样任何方向不大于 3 mm 的裂纹及其他缺陷的总长不应大于 7 mm； 四个试样各种缺陷总长不应大于 24 mm
2	栓钉焊接头弯曲试验	试样弯曲至 30°后焊接部位无裂纹

3）冲击试验。焊缝中心及热影响区粗晶区各三个试样的冲击功平均值应分别达到母材标准规定或设计要求的最低值，并允许一个试样低于以上规定值，但不得低于规定值的 70%。

4）宏观酸蚀试验。试样接头焊缝及热影响区表面不应有肉眼可见的裂纹、未熔合等缺陷，并应测定根部焊透情况及焊脚尺寸、两侧焊脚尺寸差、焊缝余高等。

5)硬度试验。Ⅰ类钢材焊缝及母材热影响区维氏硬度值不得超过 HV280，Ⅱ类钢材焊缝及母材热影响区维氏硬度值不得超过 HV350，Ⅲ、Ⅳ类钢材焊缝及热影响区硬度应根据工程要求进行评定。

7. 焊接工艺评定报告

应由施工单位根据所承担钢结构的设计节点形式，钢材类型、规格，采用的焊接方法，焊接位置等，制订焊接工艺评定方案，拟定相应的焊接工艺评定指导书，按规定施焊试件、切取试样并由具有相应资质的检测单位进行检测试验，测定焊接接头是否具有所要求的使用性能，并出具检测报告；应由相关机构对施工单位的焊接工艺评定施焊过程进行见证，并由具有相应资质的检查单位根据检测结果及现行国家标准《钢结构焊接规范》(GB 50661—2011)的相关规定对拟定的焊接工艺进行评定，并出具焊接工艺评定报告。

4.1.4.2 焊接施工工艺文件

焊接施工前，施工单位应以合格的焊接工艺评定结果或采用符合免除工艺评定条件为依据，编制焊接工艺文件，并应包括下列内容：

(1)焊接方法或焊接方法的组合；
(2)母材的规格、牌号、厚度及覆盖范围；
(3)填充金属的规格、类别和型号；
(4)焊接接头形式、坡口形式、尺寸及允许偏差；
(5)焊接位置；
(6)焊接电源的种类和极性；
(7)清根处理；
(8)焊接工艺参数(焊接电流、焊接电压、焊接速度、焊层和焊道分布)；
(9)预热温度及道间温度范围；
(10)焊后消除应力处理工艺；
(11)其他必要的规定。

4.1.5 焊接接头处理

1. 全熔透和部分熔透焊接

T形接头、十字形接头、角接接头等要求全熔透的对接和角接组合焊缝，其加强角焊缝的焊脚尺寸不应小于 $t/4$(图 4-46)，设计有疲劳验算要求的吊车梁或类似构件的腹板与上翼缘连接焊缝的焊脚尺寸应为 $t/2$，且不应大于 10 mm[图 4-46(d)]。焊脚尺寸的允许偏差为 0～4 mm。

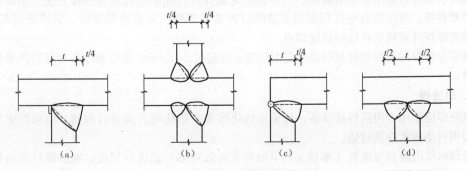

图 4-46 焊脚尺寸

全熔透坡口焊缝对接接头的焊缝余高，应符合表 4-55 的规定。

表 4-55 对接接头的焊缝余高   mm

设计要求焊缝等级	焊缝宽度	焊缝余高
一、二级焊缝	<20	0~3
	≥20	0~4
三级焊缝	<20	0~3.5
	≥20	0~5

全熔透双面坡口焊缝可采用不等厚的坡口深度，较浅坡口深度不应小于接头厚度的 1/4。

部分熔透焊接应保证设计文件要求的有效焊缝厚度。T 形接头和角接接头中部分熔透坡口焊缝与角焊缝构成的组合焊缝，其加强角焊缝的焊脚尺寸应为接头中最薄板厚的 1/4，且不应超过 10 mm。

2. 角焊缝接头

由角焊缝连接的部件应密贴，根部间隙不宜超过 2 mm；当接头的根部间隙超过 2 mm 时，角焊缝的焊脚尺寸应根据根部间隙值增加，但最大不应超过 5 mm。

当角焊缝的端部在构件上时，转角处宜连续包角焊，起弧和熄弧点距焊缝端部宜大于 10.0 mm；当角焊缝端部不设置引弧板和引出板的连续焊时，起熄弧点（图 4-47）距焊缝端部宜大于 10 mm，弧坑应填满。

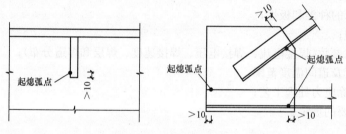

图 4-47 起熄弧点位置

间断角焊缝每焊段的最小长度不应小于 40 mm，焊段之间的最大间距不应超过较薄焊件厚度的 24 倍，且不应大于 300 mm。

3. 塞焊和槽焊

塞焊和槽焊可采用手工电弧焊、气体保护电弧焊及自保护电弧焊等焊接方法。平焊时，应分层熔敷焊接，每层熔渣应冷却凝固并清除后再重新焊接；立焊和仰焊时，每道焊缝焊完后，应待熔渣冷却并清除后再施焊后续焊道。

塞焊和槽焊的两块钢板接触面的装配间隙不得超过 1.5 mm。塞焊和槽焊焊接时严禁使用填充板材。

4. 电渣焊

电渣焊应采用专用的焊接设备，可采用熔化嘴和非熔化嘴方式进行焊接。电渣焊采用的衬垫可为钢衬垫和水冷铜衬垫。

箱形构件内隔板与面板 T 形接头的电渣焊宜采取对称方式进行焊接。电渣焊衬板与母材的定位焊宜采用连续焊。

5. 栓钉焊

栓钉应采用专用焊接设备进行施焊。首次栓钉焊接时，应进行焊接工艺评定试验，并确定焊接工艺参数。

栓钉焊施工时，每班焊接作业前，应至少试焊 3 个栓钉，检查合格后，再正式施焊。

当受条件限制而不能采用专用设备焊接时，栓钉可采用焊条电弧焊和气体保护电弧焊焊接，并按相应的工艺参数施焊，其焊缝尺寸应通过计算确定。

4.1.6 焊接施工质量控制

1. 焊接作业条件

焊接时，作业区环境温度不应低于 -10 ℃，相对湿度不应大于 90%，当手工电弧焊和自保护药芯焊丝电弧焊时，焊接作业区最大风速不应超过 8 m/s；当气体保护电弧焊时，焊接作业区最大风速不应超过 2 m/s。

焊接前，应采用钢丝刷、砂轮等工具清除待焊处表面的氧化皮、铁锈、油污等杂物。焊缝坡口宜按现行国家标准《钢结构焊接规范》(GB 50661—2011)的有关规定进行检查。焊接作业应按工艺评定的焊接工艺参数进行。现场高空焊接作业应搭设稳固的操作平台和防护棚。

当焊接作业环境温度低于 0 ℃且不低于 -10 ℃时，应采取加热或防护措施，应将焊接接头和焊接表面各方向大于或等于钢板厚度的 2 倍且不小于 100 mm 范围内的母材，加热到规定的最低预热温度且不低于 20 ℃后再施焊。

2. 定位焊

构件定位焊接必须由具有焊接合格证的电焊工人操作；定位焊接的操作方法应采用回焊引弧、落弧填满弧坑。定位焊焊缝的厚度不应小于 3 mm，不宜超过设计焊缝厚度的 2/3；长度不宜小于 40 mm 和接头中较薄部件厚度的 4 倍；间距宜为 300~600 mm。定位焊缝与正式焊缝应具有相同的焊接工艺和焊接质量要求。多道定位焊焊缝的端部应为阶梯状。采用钢衬垫板的焊接接头，定位焊应在接头坡口内进行。定位焊焊接时，预热温度宜高于正式施焊预热温度 20 ℃~50 ℃。

3. 引弧板、引出板和衬垫板

当引弧板、引出板和衬垫板为钢材时，应选用屈服强度不大于被焊钢材标称强度的钢材，且焊接性应相近。焊接接头的端部应设置焊缝引弧板、引出板。焊条电弧焊和气体保护电弧焊焊缝引出长度应大于 25 mm，埋弧焊焊缝引出长度应大于 80 mm。焊接完成并完全冷却后，可采用火焰切割、碳弧气刨或机械等方法除去引弧板、引出板，并修磨平整，严禁用锤击落。

钢衬垫板应与接头母材密贴连接，其间隙不应大于 1.5 mm，并应与焊缝充分熔合，手工电弧焊和气体保护电弧焊时，钢衬垫板厚度不应小于 4 mm；埋弧焊焊接时，钢衬垫板厚度不应小于 6 mm；电渣焊时，钢材垫板厚度不应小于 25 mm。

4. 预热和道间温度控制

预热和道间温度应根据钢材的化学成分、接头的拘束状态、热输入大小、熔敷金属含氢量及所采用的焊接方法等综合因素确定或进行焊接试验。预热和道间温度的控制宜采用电加热、火焰加热和红外线加热等加热方法，应采用专用的测温仪器测量。预热的加热区加热等加热方法，应采用专用的测温仪器测量。预热的加热区域应在焊接坡口两侧，宽度应为焊件施焊处板厚的 1.5 倍以上，且不应小于 100 mm。温度测量点：当为非封闭空间构件时，宜在焊件受热面的背面离焊接坡口两侧不小于 75 mm 处；当为封闭空间构件时，宜在正面离焊接坡口两侧不小于 100 mm 处。Ⅲ、Ⅳ类钢材及调质钢的预热温度、道间温度的确定，应符合钢厂提供的指导性参数要求。

常用钢材采用中等热输入焊接时，最低预热温度宜符合表 4-56 的要求。

表 4-56　常用钢材最低预热温度要求　　　　　　　　　　℃

钢材类别	接头最厚部件的板厚 t/mm				
	$t\leqslant20$	$20<t\leqslant40$	$40<t\leqslant60$	$60<t\leqslant80$	$t>80$
Ⅰ①	—	—	40	50	80
Ⅱ	—	40	60	80	100
Ⅲ	20	60	80	100	120
Ⅳ②	20	80	100	120	150

注：1. 焊接热输入为 15～25 kJ/cm，当热输入每增大 5 kJ/cm 时，预热温度可比表中温度降低 20 ℃。
　　2. 当采用非低氢焊接材料或焊接方法焊接时，预热温度应比表中规定的温度提高 20 ℃。
　　3. 当母材施焊处温度低于 0 ℃时，应根据焊接作业环境、钢材牌号及板厚的具体情况将表中预热温度适当增加，且应在焊接过程中保持这一最低道间温度。
　　4. 当焊接接头板厚不同时，应按接头中较厚板的板厚选择最低预热温度和道间温度。
　　5. 当焊接接头材质不同时，应按接头中较高强、较高碳当量的钢材选择最低预热温度。
　　6. 本表不适用于供货状态为调质处理的钢材，控轧控冷（TMCP）钢最低预热温度可由试验确定。
　　7. "—"表示焊接环境在 0 ℃以上时，可不采取预热措施。
　　①铸钢除外，Ⅰ类钢材中的铸钢预热温度宜参照Ⅱ类钢材的要求确定。
　　②仅限于Ⅳ类钢材中 Q460、Q460GJ 钢。

　　电渣焊和气电立焊在环境温度为 0 ℃以上施焊时可不进行预热；但板厚大于 60 mm 时，宜对引弧区域的母材预热且预热温度不应低于 50 ℃。

　　焊接过程中，最低道间温度不应低于预热温度；静载结构焊接时，最大道间温度不宜超过 250 ℃；需进行疲劳验算的动荷载结构和调质钢焊接时，最大道间温度不宜超过 230 ℃。

5. 焊接变形的控制

　　(1)焊接变形的种类。在钢结构焊接过程中，构件发生的变形主要有三种，即与焊缝垂直的横向收缩、与焊缝平行的纵向收缩和角变形（即绕焊缝线回转）。由于构件的形状、尺寸、周界条件和施焊条件并不相同，焊接过程中产生的变形也很复杂，主要有图 4-48 所示的几种。

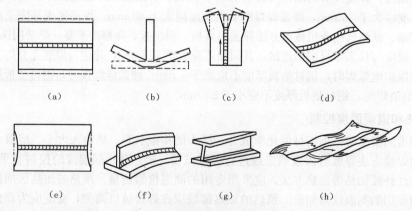

图 4-48　各种焊接变形示意图

(a)横向收缩——垂直于焊缝方向的收缩；(b)角变形（横向变形）——厚度方向非均匀热分布造成的紧靠焊缝线的变形；(c)回转变形——由于热膨胀而引起的板件在平面内的角变形；(d)压曲变形——焊后构件在长度方向上的失稳；(e)纵向收缩——沿焊缝方向的收缩；(f)纵向弯曲变形——焊后构件在穿过焊缝线并与板件垂直的平面内的变形；(g)扭曲变形——焊后构件产生的扭曲；(h)波浪变形——当板件变薄时，在板件整体平面上造成的压曲变形

(2)焊接变形控制要点。采用的焊接工艺和焊接顺序应使构件的变形和收缩最小，可采用下列控制变形的焊接顺序：

1)对接接头、T形接头和十字接头，在构件放置条件允许或易于翻转的情况下，宜双面对称焊接；有对称截面的构件，宜对称于构件中性轴焊接；有对称连接杆件的节点，宜对称于节点轴线的同时对称焊接。

2)非对称双面坡口焊缝，宜先焊深坡口侧部分焊缝，然后焊满浅坡口侧，最后完成深坡口侧焊缝。特厚板宜增加轮流对称焊接的循环次数。

3)长焊缝宜采用分段退焊法、跳焊法或多人对称焊接法。

构件焊接时，宜采用预留焊接收缩余量或预置反变形方法控制收缩和变形，收缩余量和反变形值宜通过计算或试验确定。构件装配焊接时，应先焊收缩量较大的接头，后焊收缩量较小的接头，接头应在拘束较小的状态下焊接。多组件构成的组合构件应采取分部组装焊接，矫正变形后再进行总装焊接。对于焊缝分布相对于构件的中性轴明显不对称的异形截面的构件，在满足设计要求的条件下，可采用调整填充焊缝熔敷量或补偿加热的方法。

6. 焊后消氢热处理

当要求进行焊后消氢热处理时，消氢热处理的加热温度应为 250 ℃～350 ℃，保温时间应根据工件板厚按每 25 mm 板厚不小于 0.5 h，且总保温时间不得小于 1 h 确定。达到保温时间后，应缓冷至常温。

7. 焊后消除应力处理

(1)焊接应力的产生。在钢结构焊接时，产生的应力主要有以下三种：

1)热应力(或称温度应力)。这是在不均匀加热和冷却过程中产生的。它与加热的温度及其不均匀程度、材料的热物理性能，以及构件本身的刚度有关。

2)组织应力(或称相变应力)。这是在金属相变时由于体积的变化而引起的应力。例如，奥氏体分解为珠光体或转变为马氏体时都会引起体积的膨胀，这种膨胀受到周围材料的约束，结果产生了应力。

3)外约束应力。这是由于结构自身的约束条件所造成的应力，包括结构形式、焊缝的布置、施焊顺序、构件的自重、冷却过程中其他受热部位的收缩，以及夹持部件的松紧程度，都会使焊接接头承受不同的应力。

通常将 1)和 2)两种应力称为内约束应力，根据焊接的先后将焊接过程中焊件内产生的应力称为瞬时应力。焊接后，在焊件中留存下来的应力称为残余应力，同理，残留下来的变形就称为残余变形。

(2)焊后消除应力的方法与要求。设计或合同文件对焊后消除应力有要求时，需经疲劳验算的动荷载结构中承受拉应力的对接接头或焊缝密集的节点或构件，宜采用电加热器局部退火和加热炉整体退火等方法进行消除应力处理；如仅为稳定结构尺寸，可采用振动法消除应力。

焊后热处理应符合现行行业标准《碳钢、低合金钢焊接构件 焊后热处理方法》(JB/T 6046—1992)的有关规定。当采用电加热器对焊接构件进行局部消除应力热处理时，还应符合下列要求：

(1)使用配有温度自动控制仪的加热设备，其加热、测温、控温性能应符合使用要求；

(2)构件焊缝每侧面加热板(带)的宽度应至少为钢板厚度的 3 倍，且不应小于 200 mm；

(3)加热板(带)以外构件两侧宜用保温材料适当覆盖。

用锤击法消除中间焊层应力时，应使用圆头手锤或小型振动工具进行，不应对根部焊缝、盖面焊缝或焊缝坡口边缘的母材进行锤击。用振动法消除应力时，应符合现行行业标准《焊接构件振动时效工艺参数选择及技术要求》(JB/T 10375—2002)的有关规定。

4.1.7 焊接质量检验

1. 检验方法

焊接检验应分为自检和监检。自检是指施工单位在制造、安装过程中，由本单位具有相应资质的检测人员或委托具有相应检验资质的检测机构进行的检验；监检是指业主或其代表委托具有相应检验资质的独立第三方检测机构进行的检验。钢结构焊接常用的检验方法有破坏性检验和非破坏性检验两种，可根据钢结构的性质和对焊缝质量的要求进行选择：对重要结构或要求焊缝金属强度与被焊金属强度的对接焊接等，必须采用较为精确的检验方法。焊缝的质量等级不同，其检验的方法和数量也不相同，可参见表 4-57 的规定。对于不同类型的焊接接头和不同的材料，可根据图纸要求或有关规定，选择一种或几种检验方法。

表 4-57　焊缝不同质量级别的检查方法

焊缝质量级别	检查方法	检查数量	备　　注
一级	外观检查	全部	有疑点时用磁粉复验
	超声波检查	全部	
	X 射线检查	抽查焊缝长度的 2%，至少应有一张底片	缺陷超出规范规定时，应加倍透照，如不合格，应 100% 的透照
二级	外观检查	全　部	
	超声波检查	抽查焊缝长度的 50%	有疑点时用 X 射线透照复验，如发现有超标缺陷，应用超声波全部检查
三级	外观检查	全部	

2. 检验程序

焊接检验的一般程序包括焊前检验、焊中检验和焊后检验。

(1)焊前检验。应至少包括下列内容：

1)按设计文件和相关标准的要求对工程中所用钢材、焊接材料的规格、型号(牌号)、材质、外观及质量证明文件进行确认；

2)焊工合格证及认可范围确认；

3)焊接工艺技术文件及操作规程审查；

4)坡口形式、尺寸及表面质量检查；

5)构件的形状、位置、错边量、角变形、间隙等检查；

6)焊接环境、焊接设备等条件确认；

7)定位焊缝的尺寸及质量认可；

8)焊接材料的烘干、保存及领用情况检查；

9)引弧板、引出板和衬垫板的装配质量检查。

(2)焊中检验。应至少包括下列内容：

1)实际采用的焊接电流、焊接电压、焊接速度、预热温度、层间温度及后热温度和时间等焊接工艺参数与焊接工艺文件的符合性检查；

2)多层多道焊焊道缺欠的处理情况确认；

3)采用双面焊清根的焊缝，应在清根后进行外观检查及规定的无损检测；

4)多层多道焊中焊层、焊道的布置及焊接顺序等检查。

(3)焊后检验。应至少包括下列内容：

1)焊缝的外观质量与外形尺寸检查；

2)焊缝的无损检测;

3)焊接工艺规程记录及检验报告审查。

3. 检验前准备与焊缝检验抽样

焊接检验前应根据结构所承受的荷载特性、施工详图及技术文件规定的焊缝质量等级要求编制检验和试验计划,由技术负责人批准并报监理工程师备案。检验方案应包括检验批的划分、抽样检验的抽样方法、检验项目、检验方法、检验时机及相应的验收标准等内容。

焊缝检验抽样方法应符合下列规定:

(1)焊缝处数的计数方法:工厂制作焊缝长度不大于 1 000 mm 时,每条焊缝应为 1 处;长度大于 1 000 mm 时,以 1 000 mm 为基准,每增加 300 mm 焊缝数量应增加 1 处;现场安装焊缝每条焊缝应为 1 处。

(2)检验批的确定:制作焊缝以同一工区(车间)按 300~600 处的焊缝数量组成检验批;多层框架结构可以每节柱的所有构件组成检验批;安装焊缝以区段组成检验批;多层框架结构以每层(节)的焊缝组成检验批。

(3)抽样检验除设计指定焊缝外,应采用随机取样方式取样,且取样中应覆盖到该批焊缝中所包含的所有钢材类别、焊接位置和焊接方法。

4. 外观检测

(1)一般规定。

1)所有焊缝应冷却到环境温度后方可进行外观检测。

2)外观检测采用目测方式,裂纹的检查应辅以 5 倍放大镜并在合适的光照条件下进行,必要时可采用磁粉探伤或渗透探伤检测,尺寸的测量应用量具、卡规。

3)栓钉焊接接头的焊缝外观质量应符合表 4-50 和表 4-51 的要求。外观质量检验合格后,进行打弯抽样检查,合格标准:当栓钉弯曲至 30°时,焊缝和热影响区不得有肉眼可见的裂纹,检查数量不应小于栓钉总数的 1%且不少于 10 个。

4)电渣焊、气电立焊接头的焊缝外观成型应光滑,不得有未熔合、裂纹等缺陷;当板厚小于 30 mm 时,压痕、咬边深度不应大于 0.5 mm;板厚不小于 30 mm 时,压痕、咬边深度不应大于 10 mm。

(2)承受静荷载结构焊接焊缝外观检测。

1)焊缝外观质量应满足表 4-58 的规定。

表 4-58 焊缝外观质量要求

检验项目	焊缝质量等级		
	一级	二级	三级
裂纹	不允许		
未焊满	不允许	≤0.2 mm+0.02t 且≤1 mm,每 100 mm 长度焊缝内未焊满累积长度≤25 mm	≤0.2 mm+0.04t 且≤2 mm,每 100 mm 长度焊缝内未焊满累积长度≤25 mm
根部收缩	不允许	≤0.2 mm+0.02t 且≤1 mm,长度不限	≤0.2 mm+0.04t 且≤2 mm,长度不限
咬边	不允许	深度≤0.05t 且≤0.5 mm,连续长度≤100 mm,且焊缝两侧咬边总长≤10%焊缝全长	深度≤0.1t 且≤1 mm,长度不限
电弧擦伤	不允许		允许存在个别电弧擦伤

检验项目	焊缝质量等级		
	一级	二级	三级
接头不良	不允许	缺口长度≤0.05t 且≤0.5 mm，每 1 000 mm 长度焊缝内不得超过 1 处	缺口深度≤0.1t 且≤1 mm，每 1 000 mm 长度焊缝内不得超过 1 处
表面气孔	不允许		每 50 mm 长度焊缝内允许存在直径≤0.4t 且≤3 mm 的气孔 2 个；孔距应≥6 倍孔径
表面夹渣	不允许		深≤0.2t，长≤0.5t 且≤20 mm

注：t 为母材厚度。

2）焊缝外观尺寸检测。对接与角接组合焊缝（图 4-49），加强角焊缝尺寸 h_k 不应小于 $t/4$ 且不应大于 10 mm，其允许偏差应为 $h_k{}^{+0.4}_0$。对于加强焊角尺寸也大于 8.0 mm 的角焊缝，其局部焊脚尺寸允许低于设计要求值 10 mm，但总长度不得超过焊缝长度的 10%；焊接 H 形梁腹板与翼缘板的焊缝两端在其两倍翼缘板宽度范围内，焊缝的焊脚尺寸不得低于设计要求值；焊缝余高应符合焊缝超声波检测的相关要求。对接焊缝与角焊缝余高及错边允许偏差应符合表 4-59 的规定。

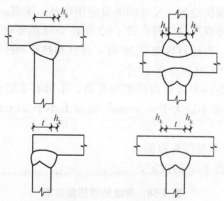

图 4-49 对接与角接组合焊缝

表 4-59 焊缝余高及错边允许偏差 mm

序号	项目	示意图	允许偏差	
			一、二级	三级
1	对接焊缝余高（C）		$B<20$ 时，C 为 0～3；$B≥20$ 时，C 为 0～4	$B<20$ 时，C 为 0～3.5；$B≥20$ 时，C 为 0～5
2	对接焊缝错边（Δ）		$\Delta<0.1t$ 且≤2.0	$\Delta<0.15t$ 且≤3.0

序号	项目	示意图	允许偏差	
			一、二级	三级
3	角焊缝余高(C)		$h_f \leq 6$ 时，C 为 0～1.5；$h_f > 6$ 时，C 为 0～3.0	

(3)需疲劳验算结构的焊缝外观质量检测。焊缝的外观质量应无裂纹、未熔合、夹渣、弧坑未填满及超过表 4-60 的规定缺陷。焊缝的外观尺寸应符合表 4-61 的规定。

表 4-60 焊缝外观质量要求

检验项目	焊缝质量等级		
	一级	二级	三级
裂纹	不允许		
未焊满	不允许		≤0.2 mm+0.02t 且≤1 mm，每 100 mm 长度焊缝内未焊满累积长度≤25 mm
根部收缩	不允许		≤0.2 mm+0.02t 且≤1 mm，长度不限
咬边	不允许	深度≤0.05t 且≤0.3 mm，连续长度≤100 mm，且焊缝两侧咬边总长≤10%焊缝全长	深度≤0.1t 且≤0.5 mm，长度不限
电弧擦伤	不允许		允许存在个别电弧擦伤
接头不良	不允许		缺口长度≤0.05t 且≤0.5 mm，每 1 000 mm 长度焊缝内不得超过 1 处
表面气孔	不允许		直径≤1.0 mm，每米不多于 3 个，间距不小于 20 mm
表面夹渣	不允许		深≤0.2t，长≤0.5t 且≤20 mm

注：1. t 为母材厚度。

2. 桥面板与弦杆角焊缝、桥面板侧的桥面板与 U 形肋角焊缝、腹板侧受拉区竖向加劲肋角焊缝的咬边缺陷应满足一级焊缝的质量要求。

表 4-61 焊缝外观尺寸要求 　　　　　　　　　　　　　　　　　　　mm

项目	焊缝种类	允许偏差
焊脚尺寸	主要角焊缝[①]（包括对接与角接组合焊缝）	$h_f{}^{+2.0}_{\ 0}$
	其他角焊缝	$h_f{}^{+2.0}_{-1.0}$[②]

项目	焊缝种类		允许偏差
焊缝高低差	角焊缝		任意 25 mm 范围高低差≤2.0 mm
余高	对接焊缝		焊缝宽度 b≤20 mm 时，≤2.0 mm 焊缝宽度 b>20 mm 时，≤3.0 mm
余高铲磨后	表面高度	横向对接焊缝	高于母材表面不大于 0.5 mm 低于母材表面不大于 0.3 mm
	表面粗糙度		不大于 50 μm

注：①主要角焊缝是指主要杆件的盖板与腹板的连接焊缝；
②手工焊角焊缝全长的 10% 允许 $h_f{}^{+3.0}_{-1.0}$。

5. 无损检测

焊缝无损探伤不但具有探伤速度快、效率高、轻便实用的特点，而且对焊缝内危险性缺陷（包括裂缝、未焊透、未熔合）检验的灵敏度较高，成本也低，只是探伤结果较难判定，受人为因素影响大，且探测结果不能直接记录存档。焊缝无损检测报告签发人员必须持有现行国家标准《无损检测 人员资格鉴定与认证》(GB/T 9445—2015)规定的 2 级或 2 级以上资格证书。

(1)承受静荷载结构焊接焊缝无损检测。无损检测应在外观检测合格后进行。Ⅲ、Ⅳ类钢材及焊接难度等级为 C、D 级时，应以焊接完成 24 h 后无损检测结果作为验收依据；钢材标称屈服强度不小于 690 MPa 或供货状态为调质状态时，应以焊接完成 48 h 后无损检测结果作为验收依据。对于设计要求全焊透的焊缝，其内部缺陷的检测应符合下列规定：

1)一级焊缝应进行 100% 的检测，其合格等级不应低于超声波检测要求中 B 级检验的 Ⅱ 级要求；

2)二级焊缝应进行抽检，抽检比例不应小于 20%，其合格等级不应低于超声波检测要求中 B 级检测的 Ⅲ 级要求；

3)三级焊缝应根据设计要求进行相关的检测。

(2)需疲劳验算结构的焊缝无损检测。无损检测应在外观检查合格后进行。

1)Ⅰ、Ⅱ类钢材及焊接难度等级为 A、B 级时，应以焊接完成 24 h 后检测结果作为验收依据，Ⅲ、Ⅳ类钢材及焊接难度等级为 C、D 级时，应以焊接完成 48 h 后的检查结果作为验收依据。

2)板厚不大于 30 mm(不等厚对接时，按较薄板计)的对接焊缝，除按规定进行超声波检测外，还应采用射线检测抽检其接头数量的 10% 且不少于 1 个焊接接头。

3)板厚大于 30 mm 的对接焊缝，除按规定进行超声波检测外，还应增加接头数量的 10% 且不少于 1 个焊接接头，按检验等级为 C 级、质量等级为不低于一级的超声波检测，检测时焊缝余高应磨平，使用的探头折射角应有一个为 45°，探伤范围应为焊缝两端各 500 mm。当焊缝长度大于 1 500 mm 时，中部应加探 500 mm。当发现超标缺陷时，应加倍检验。

4)用射线和超声波两种方法检验同一条焊缝，必须达到各自的质量要求，该焊缝方可判定为合格。

6. 超声波检测

超声波是一种人耳听不到的高频率在(20 kHz 以上)的声波。探伤超声波是利用由压电效应原理制成的压电材料超声换能器而获得的。用于建筑钢结构焊缝超声波探伤的主要波形是纵波和横波。超声波检测设备及工艺要求应符合现行国家标准《焊缝无损检测 超声检测 技术、检测等级和评定》(GB/T 11345—2013)的有关规定。

(1)一般规定。

1)对接及角接接头的检验等级应根据质量要求分为 A、B、C 三级，检验的完善程度 A 级最低，B 级一般，C 级最高，应根据结构的材质、焊接方法、使用条件及承受载荷的不同，合理选用检验级别。

2)对接及角接接头检验范围见图 4-50，A 级检验采用一种角度探头在焊缝的单面单侧进行检验，只对能扫查到的焊缝截面进行探测，一般不要求做横向缺陷的检验。当母材厚度大于 50 mm 时，不得采用 A 级检验。B 级检验采用一种角度探头在焊缝的单面双侧进行检验，受几何条件限制时，应在焊缝单面单侧采用两种角度探头(两角度之差大于 15°)进行检验。当母材厚度大于 100 mm 时，应采用双面双侧检验，受几何条件限制时，应在焊缝双面单侧采用两种角度探头(两角度之差大于 15°)进行检验，检验应覆盖整个焊缝截面。条件允许时，应做横向缺陷检验。C 级检验至少应采用两种角度探头在焊缝的单面双侧进行检验。同时应做两个扫查方向和两种探头角度的横向缺陷检验。当母材厚度大于 100 mm 时，应采用双面双侧检验。检查前应将对接焊缝余高磨平，以便探头在焊缝上做平行扫查。焊缝两侧斜探头扫查经过母材部分应采用直探头做检查。当焊缝母材厚度不小于 100 mm，或窄间隙焊缝母材厚度不小于 40 mm 时，应增加串列式扫查。

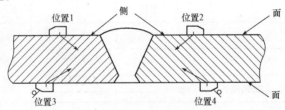

图 4-50　超声波检测位置

(2)承受静荷载结构焊接焊缝超声波检测。

1)检验灵敏度应符合表 4-62 的规定。

表 4-62　距离-波幅曲线

厚度/mm	判废线/dB	定量线/dB	评定线/dB
3.5~150	$\phi3\times40$	$\phi3\times40-6$	$\phi3\times40-14$

2)缺陷等级评定应符合表 4-63 的规定。

表 4-63　超声波检测缺陷等级评定

评定等级	检验等级		
	A	B	C
	板厚 t/mm		
	3.5~50	3.5~150	3.5~150
Ⅰ	$2/3t$；最小 8 mm	$t/3$；最小 6 mm，最大 40 mm	$t/3$；最小 6 mm，最大 40 mm
Ⅱ	$3/4t$；最小 8 mm	$2/3t$；最小 8 mm，最大 70 mm	$2/3t$；最小 8 mm，最大 50 mm
Ⅲ	$<t$；最小 16 mm	$3/4t$；最小 12 mm，最大 90 mm	$3/4t$；最小 12 mm，最大 75 mm
Ⅳ	超过Ⅲ级者		

3)当检测板厚在 3.5～8 mm 内时，其超声波检测的技术参数应按现行行业标准《钢结构超声波探伤及质量分级法》(JG/T 203—2007)执行。

4)焊接球节点网架、螺栓球节点网架及圆管 T、K、Y 节点焊缝的超声波探伤方法及缺陷分级应符合现行行业标准《钢结构超声波探伤及质量分级法》(JG/T 203—2007)的有关规定。

5)箱形构件隔板电渣焊焊缝无损检测，除应符合无损检测的相关规定外，还应按规定进行焊缝焊透宽度、焊缝偏移检测。

6)对超声波检测结果有疑义时，可采用射线检测验证。

7)下列情况之一宜在焊前用超声波检测 T 形、十字形、角接接头坡口处的翼缘板，或在焊后进行翼缘板的层状撕裂检测。

①发现钢板有夹层缺陷；

②翼缘板、腹板厚度不小于 20 mm 的非厚度方向性能钢板；

③腹板厚度大于翼缘板厚度且垂直于该翼缘板厚度方向的工作应力较大。

(3)需疲劳验算结构的焊缝外观质量检测。检测范围和检验等级应符合表 4-64 的规定。距离-波幅曲线及缺陷等级评定应符合表 4-65 和表 4-66 的规定。

表 4-64　焊缝超声波检测范围和检验等级

焊缝质量级别	探伤部位	板厚 t/mm	检验等级
一、二级横向对接焊缝	全长	$10 \leqslant t \leqslant 46$	B
	—	$46 < t \leqslant 80$	B(双面双侧)
二级纵向对接焊缝	焊缝两端各 1 000 mm	$10 \leqslant t \leqslant 46$	B
	—	$46 < t \leqslant 80$	B(双面双侧)
二级角焊缝	两端螺栓孔部位延长 500 mm，板梁主梁及纵、横梁跨中加探 1 000 mm	$10 \leqslant t \leqslant 46$	B(双面单侧)
	—	$46 < t \leqslant 80$	B(双面双侧)

表 4-65　超声波检测距离-波幅曲线灵敏度

焊缝质量等级		板厚 t/mm	判废线/dB	定量线/dB	评定线/dB
对接焊缝一、二级		$10 \leqslant t \leqslant 46$	$\phi 3 \times 40 - 6$	$\phi 3 \times 40 - 14$	$\phi 3 \times 40 - 20$
		$46 < t \leqslant 80$	$\phi 3 \times 40 - 2$	$\phi 3 \times 40 - 10$	$\phi 3 \times 40 - 16$
全焊透对接与角接组合焊缝一级		$10 \leqslant t \leqslant 80$	$\phi 3 \times 40 - 4$	$\phi 3 \times 40 - 10$	$\phi 3 \times 40 - 16$
			$\phi 6$	$\phi 3$	$\phi 2$
角焊缝二级	部分焊透对接与角接组合焊缝	$10 \leqslant t \leqslant 80$	$\phi 3 \times 40 - 4$	$\phi 3 \times 40 - 10$	$\phi 3 \times 40 - 16$
	贴角焊缝	$10 \leqslant t \leqslant 25$	$\phi 1 \times 2$	$\phi 1 \times 2 - 6$	$\phi 1 \times 2 - 12$
		$25 < t \leqslant 80$	$\phi 1 \times 2 + 4$	$\phi 1 \times 2 - 4$	$\phi 1 \times 2 - 10$

注：1. 角焊缝超声波检测采用铁路钢桥制造专用柱孔标准试块或其校准过的其他孔形试块。

　　2. $\phi 6$、$\phi 3$、$\phi 2$ 表示纵波探伤的平底孔参考反射体尺寸。

表 4-66 超声波检测缺陷等级评定

焊缝质量等级	板厚 t/mm	单个缺陷指示长度	多个缺陷的累计指示长度
对接焊缝一级	$10 \leqslant t \leqslant 80$	$t/4$，最小可为 8 mm	在任意 $9t$，焊缝长度范围不超过 t
对接焊缝二级	$10 \leqslant t \leqslant 80$	$t/2$，最小可为 10 mm	在任意 $4.5t$，焊缝长度范围不超过 t
全焊透对接与角接组合焊缝一级	$10 \leqslant t \leqslant 80$	$t/3$，最小可为 10 mm	—
角焊缝二级	$10 \leqslant t \leqslant 80$	$t/2$，最小可为 12 mm	—

注：1. 母材板厚不同时，按较薄板评定。
　　2. 缺陷指示长度小于 8 mm 时，按 5 mm 计。

7. 承受静荷载结构焊接焊缝的表面检测

出现下列情况之一应进行表面检测：

(1)设计文件要求进行表面检测。

(2)外观检测发现裂纹时，应对该批中同类焊缝进行 100％的表面检测。

(3)外观检测怀疑有裂纹缺陷时，应对怀疑的部位进行表面检测。

(4)检测人员认为有必要时。

铁磁性材料应采用磁粉检测表面缺陷。不能使用磁粉检测时，应采用渗透检测。

8. 其他检测

(1)射线检测。应符合现行国家标准《金属熔化焊焊接接头射线照相》(GB/T 3323—2005)的有关规定，射线照相的质量等级不应低于 B 级的要求。承受静荷载结构的焊接一级焊缝评定合格等级不应低于Ⅱ级的要求，二级焊缝评定合格等级不应低于Ⅲ级的要求；需疲劳验算结构的焊缝，内部质量等级不应低于Ⅱ级。

(2)磁粉检测应符合现行行业标准，合格标准应符合焊缝外观检测的有关规定。

(3)渗透检测应符合现行行业标准，合格标准应符合焊缝外观检测的有关规定。

9. 抽样检验结果判定

抽样检验应按下列规定进行结果判定：

(1)抽样检验的焊缝数不合格率小于 2％时，该批验收合格。

(2)抽样检验的焊缝数不合格率大于 5％时，该批验收不合格。

(3)批量验收不合格时，应对该批余下的全部焊缝进行检验。

(4)检验发现 1 处裂纹缺陷时，应加倍抽查。在加倍抽检焊缝中未再检查出裂纹缺陷时，该批验收合格；检验发现多于 1 处裂纹缺陷或加倍抽查又发现裂纹缺陷时，该批验收不合格，应对该批余下焊缝的全数进行检查。

(5)除第(4)条情况外，抽样检验的焊缝数不合格率为 2％～5％时，应加倍抽检，且必须在原不合格部位两侧的焊缝延长线各增加 1 处，在所有抽检焊缝中不合格率小于 3％时，该批验收合格，大于 3％时，该批验收不合格。

4.1.8 钢结构的焊接补强或加固

4.1.8.1 钢结构的焊接补强或加固方案设计

钢结构焊接补强和加固设计应符合现行国家标准《建筑结构加固工程施工质量验收规范》(GB 50550—2010)及《建筑抗震设计规范(2016 年版)》(GB 50011—2010)的有关规定。补强与加固的方案应由设计、施工和业主等各方共同研究确定。

编制补强与加固设计方案时，应具备下列技术资料：

（1）原结构的设计计算书和竣工图，当缺少竣工图时，应测绘结构的现状图；

（2）原结构的施工技术档案资料及焊接性资料，必要时，应在原结构构件上截取试件进行检测试验；

（3）原结构或构件的损坏、变形、锈蚀等情况的检测记录及原因分析，并应根据损坏、变形、锈蚀等情况确定构件（或零件）的实际有效截面；

（4）待加固结构的实际荷载资料。

钢结构焊接补强或加固设计，应考虑时效对钢材塑性的不利影响，不应考虑时效后钢材屈服强度的提高值。对于受气相腐蚀介质作用的钢结构构件，应根据所处腐蚀环境按现行国家标准《工业建筑防腐蚀设计规范》（GB 50046—2008）进行分类。当腐蚀削弱平均量超过原构件厚度的25%以及腐蚀削弱平均量虽未超过25%但剩余厚度小于5 mm时，应将钢材的强度设计值乘以相应的折减系数。

对于特殊腐蚀环境中钢结构焊接补强和加固问题，应做专门研究确定。

4.1.8.2　钢结构的焊接补强或加固方式

钢结构的焊接补强或加固，可按下列两种方式进行。

（1）卸载补强或加固：在需补强或加固的位置使结构或构件完全卸载，条件允许时，可将构件拆下进行补强或加固。

（2）负荷或部分卸载状态下进行补强或加固：在需补强或加固的位置上未经卸载或仅部分卸载状态下进行结构或构件的补强或加固。

4.1.8.3　钢结构的焊接补强或加固要求

1. 负荷状态下的焊接补强或加固

（1）负荷状态下进行补强与加固工作时，应卸除作用于待加固结构上的可变荷载和可卸除的永久荷载，还应根据加固时的实际荷载（包括必要的施工荷载），对结构、构件和连接进行承载力验算。当待加固结构实际有效截面的名义应力与其所用钢材的强度设计值之间的比值符合下列规定时，可直接进行补强或加固：

1)β不大于0.8（承受静态荷载或间接承受动态荷载的构件）；

2)β不大于0.4（直接承受动态荷载的构件）。

轻钢结构中的受拉构件严禁在负荷状态下进行补强或加固。

（2）在负荷状态下进行焊接补强或加固时，可根据具体情况采取必要的临时支护或合理的焊接工艺措施。

（3）负荷状态下焊接补强或加固施工应符合下列要求：

1)对结构最薄弱的部位或构件应先进行补强或加固。

2)加大焊缝厚度时，必须从原焊缝受力较小部位开始施焊。道间温度不应超过200 ℃，每道焊缝厚度不宜大于3 mm。

3)应根据钢材材质，选择相应的焊接材料和焊接方法。应采用合理的焊接顺序和小直径焊材以及小电流、多层多道焊接工艺。

4)焊接补强或加固的施工环境温度不宜低于10 ℃。

2. 有缺损构件的焊接补强或加固

对有缺损的构件应进行承载力评估。当缺损严重，影响结构安全时，应立即采取卸载、加固措施或对损坏构件及时更换；对一般缺损，可按下列方法进行焊接修复或补强：

（1）对于裂纹，应查明裂纹的起止点，在起止点分别钻直径为12～16 mm的止裂孔，彻底清除裂纹后，加工成侧边斜面角大于10°的凹槽，当采用碳弧气刨方法时，应磨掉渗碳层。预热温度宜为100 ℃～150 ℃，并应采用低氢焊接方法按全焊透对接焊缝要求进行。对承受动荷载的构件，应将补焊焊缝的表面磨平。

（2）对于孔洞，宜将孔边修整后采用加盖板的方法补强。

（3）构件的变形影响其承载能力或正常使用时，应根据变形的大小采取矫正、加固或更换构件等措施。

3. 焊接补强或加固要求

（1）原有结构的焊缝缺陷，应根据其对结构安全影响的程度，分别在卸载或负荷状态下补强或加固。

（2）角焊缝补强宜采用增加原有焊缝长度（包括增加端焊缝）或增加焊缝有效厚度的方法。当负荷状态下采用加大焊缝厚度的方法补强时，被补强焊缝的长度不应小于 50 mm。加固后的焊缝应力应符合下式要求：

$$\sqrt{\sigma_f^2 + \tau_f^2} \leqslant \eta \times f_f^w \tag{4-4}$$

式中 σ_f——角焊缝按有效截面（$h_e \times l_w$）计算垂直于焊缝长度方向的名义应力；

τ_f——角焊缝按有效截面（$h_e \times l_w$）计算沿长度方向的名义剪应力；

η——焊缝强度折减系数，可按表 4-67 采用；

f_f^w——角焊缝的抗剪强度设计值。

表 4-67 焊缝强度折减系数 η

被加固焊缝的长度/mm	≥600	300	200	100	50
η	1.0	0.9	0.8	0.65	0.25

（3）用于补强或加固的零件宜对称布置。加固焊缝宜对称布置，不宜密集、交叉，在高应力区和应力集中处，不宜布置加固焊缝。

（4）用焊接方法补强铆接或普通螺栓接头时，补强焊缝应承担全部计算荷载。

（5）摩擦型高强度螺栓连接的构件用焊接方法加固时，拴接、焊接两种连接形式的计算承载力的比值应在 1.0～1.5 范围内。

附：拓展知识

焊接从业单位与从业人员

1. 焊接从业单位

钢结构焊接工程设计、施工单位应具备与工程结构类型相应的资质。承担钢结构焊接工程的施工单位应符合下列规定。

（1）具有相应的焊接质量管理体系和技术标准。

（2）具有相应资格的焊接技术人员、焊接检验人员、无损检测人员、焊工、焊接热处理人员。

（3）具有与所承担的焊接工程相适应的焊接设备、检验和试验设备。

（4）检验仪器、仪表应经计量检定、校准合格且在有效期内。

（5）对承担焊接难度等级为 C 级和 D 级的施工单位，应具有焊接工艺实验室。

2. 焊接从业人员

（1）钢结构焊接工程相关人员的资格。

1）焊接技术人员。

①焊接技术人员（焊接工程师）应接受过专门的焊接技术培训，应具有相应的资格证书且有一年以上焊接生产或施工实践经验。大型重要的钢结构工程，焊接技术负责人应取得中级及以上技术职称并有五年以上焊接生产或施工实践经验。

②焊接技术负责人除应满足①规定外，还应具有中级以上技术职称。承担焊接难度等级为 C 级和 D 级焊接工程的施工单位，其焊接技术负责人应具有高级技术职称。

③焊接检验人员应接受过专门的技术培训，有一定的焊接实践经验和技术水平，并具有检验人员上岗资格证。

④无损检测人员必须由专业机构考核合格，其资格证应在有效期内，并按考核合格项目及权限从事无损检测和审核工作。承担焊接难度等级为C级和D级焊接工程的无损检测审核人员应具备现行国家标准《无损检测人员资格鉴定与认证》(GB/T 9445—2008)中的3级资格要求。

⑤焊工应按所从事钢结构的钢材种类、焊接节点形式、焊接方法、焊接位置等要求进行技术资格考试，并取得相应的资格证书，其施焊范围不得超越资格证书的规定。严禁无证上岗。

⑥焊接热处理人员应具备相应的专业技术。用电加热设备加热时，其操作人员应经过专业培训。

2)焊接质量检验人员应接受过焊接专业的技术培训，并应经岗位培训取得相应的质量检验资格证书。

3)焊缝无损检测人员应取得国家专业考核机构颁发的等级证书，并应按证书合格项目及权限从事焊缝无损检测工作。

(2)钢结构焊接工程相关人员的职责。

1)焊接技术人员负责组织进行焊接工艺评定，编制焊接工艺方案及技术措施和焊接作业指导书或焊接工艺卡，处理施工过程中的焊接技术问题。

2)焊接检验人员负责对焊接作业进行全过程的检查和控制，出具检查报告。

3)无损检测人员应按设计文件或相应规范规定的探伤方法进行检测。

4)焊工应按照焊接工艺文件的要求施工。

5)焊接热处理人员应按照热处理作业指导书及相应的操作规程进行作业。

(3)钢结构焊接工程相关人员的安全、健康及作业环境应遵守国家现行安全健康相关标准的规定。

4.2　螺栓连接

螺栓连接可分为普通螺栓连接和高强度螺栓连接两种。螺栓连接具有易于安装、施工进度和质量容易保证、方便拆装维护的优点，其缺点是因开孔对构件截面有一定削弱，有时在构造上还须增设辅助连接件，故用料增加，构造较烦琐；螺栓连接需制孔，拼装和安装时需对孔，工作量增加，且对制造的精度要求较高，但螺栓连接仍是钢结构连接的重要方式之一。

4.2.1　螺栓连接常用材料

4.2.1.1　普通螺栓

按照普通螺栓的形式，可将其分为六角头螺栓、双头螺栓和地脚螺栓等。

1. 六角头螺栓

按照制造质量和产品等级，六角头螺栓可分为A、B、C三个等级，其中，A、B级为精制螺栓，C级为粗制螺栓。在钢结构螺栓连接中，除特别注明外，一般均为C级粗制螺栓。

六角头螺栓的特点及应用如下：

(1)A级螺栓统称为精制螺栓，B级螺栓统称为半精制螺栓。A级和B级螺栓用毛坯在车床上切削加工而成，螺栓直径应和螺栓孔径一样，并且不允许在组装的螺栓孔中有"错孔"现象，螺栓杆和螺栓孔之间空隙甚小；适用于拆装式结构，或连接部位需传递较大剪力的重要结构的安装中。

（2）C 级螺栓统称为粗制螺栓，由未经加工的圆杆压制而成。C 级螺栓直径较螺栓孔径小 1.0～2.0 mm，二者之间存在着较大空隙，承受剪力相对较差，只允许在承受钢板间的摩擦阻力限度内使用，或在钢结构安装中做临时固定之用。对于重要的连接，采用粗制螺栓连接时，须另加特殊支托（牛腿或剪力板）来承受剪力。

另外，还可根据支承面大小及安装位置尺寸将其分为大六角头与六角头两种；也可根据其性能等级，将其分为 3.6、4.6、4.8 等 10 个等级。

2. 双头螺栓与地脚螺栓

双头螺栓一般称作螺栓，多用于连接厚板和不便使用六角螺栓连接的地方，如混凝土屋架、屋面梁悬挂单轨梁吊挂件等。地脚螺栓预埋在基础混凝土中，可分为一般地脚螺栓、直角地脚螺栓、锤头螺栓、锚固地脚螺栓 4 种。

（1）一般地脚螺栓和直角地脚螺栓，是在浇制混凝土基础时预埋在基础之中用以固定钢柱的。

（2）锤头螺栓是基础螺栓的一种特殊形式，是在混凝土基础浇灌时将特制模箱（锚固板）预埋在基础内，用以固定钢柱的。

（3）锚固地脚螺栓是在已成型的混凝土基础上借用钻机制孔后，再用浇注剂固定基础的一种地脚螺栓。这种螺栓适用于房屋改造工程，对原基础不用破坏，而且定位准确、安装快速、省工省时。

3. 普通螺栓、锚栓或铆钉连接计算

在普通螺栓或铆钉受剪连接中，每个普通螺栓或铆钉的承载力设计值应取受剪和承压承载力设计值中的较小者。

普通螺栓受剪承载力设计值：

$$N_v^b = n_v \frac{\pi d^2}{4} f_v^b \tag{4-5}$$

普通螺栓承压承载力设计值：

$$N_c^b = d \sum t f_c^b \tag{4-6}$$

式中　n_v——受剪面数目；

　　　d——螺杆直径；

　　　$\sum t$——在不同受力方向中一个受力方向承压构件总厚度的较小值；

　　　f_v^b, f_c^b——螺栓的抗剪和承压强度设计值；

在普通螺栓杆轴向方向受拉的连接中，每个普通螺栓的承载力设计值应按下列公式计算：

$$N_t^b = \frac{\pi d_e^2}{4} f_t^b \tag{4-7}$$

式中　d_e——普通螺栓在螺纹处的有效直径；

　　　f_t^b——普通螺栓的抗拉强度设计值；

同时承受剪力和杆轴方向拉力的普通螺栓，应符合下列公式的要求：

$$\sqrt{\left(\frac{N_v}{N_v^b}\right)^2 + \left(\frac{N_t}{N_t^b}\right)^2} \leqslant 1 \tag{4-8}$$

式中　N_v, N_t——某个普通螺栓所承受的剪力和拉力；

　　　N_v^b, N_t^b——一个普通螺栓抗剪、抗拉和承压承载力设计值。

4.2.1.2　高强度螺栓

高强度螺栓按受力状态可分为摩擦型和承压型。实际上是设计计算方法上有区别，摩擦型高强度螺栓以板层间出现滑动作为承载能力极限状态；承压型高强度螺栓以板层间出现滑动作

为正常使用极限状态，而以连接破坏作为承载能力极限状态。摩擦型高强度螺栓并不能充分发挥螺栓的潜能。在实际应用中，对十分重要的结构或承受动力荷载的结构，尤其是荷载引起反向应力时，应采用摩擦型高强度螺栓，此时可把未发挥的螺栓潜能作为安全储备。除此以外的地方应采用承压型高强度螺栓连接以降低造价。

高强度螺栓按施工工艺可分为大六角高强度螺栓和扭剪型高强度螺栓。大六角高强度螺栓属于普通螺钉的高强度级，而扭剪型高强度螺栓则是大六角高强度螺栓的改进型，为了更好施工。高强度螺栓的施工必须先初拧后终拧，初拧高强度螺栓需用冲击型电动扳手或扭矩可调电动扳手；而终拧高强度螺栓有严格的要求，终拧扭剪型高强度螺栓必须用扭剪型电动扳手，终拧扭矩型高强度螺栓必须用扭矩型电动扳手。大六角强螺栓由一个螺栓、一个螺母、两个垫圈组成。扭剪型高强度螺栓由一个螺栓、一个螺母、一个垫圈组成。

高强度螺栓摩擦型连接在设计计算时，在受剪连接中，每个高强度螺栓的承载力设计值应按下式计算：

$$N_v^b = k_1 k_2 n_f \mu P \tag{4-9}$$

式中　N_v^b——一个高强度螺栓的抗剪承载力设计值；

k_1——系数，对冷弯薄壁型钢结构（板厚≤6mm）时取 0.8；其他情况取 0.9；

k_2——孔型系数，标准孔取 1.0；大圆孔取 0.85；内力与槽孔长向垂直时取 0.7；内力与槽孔长向平行时取 0.6；

n_f——传力摩擦面数目；

μ——摩擦面的抗滑移系数，按表 4-68 和表 4-69 取值；

P——一个高强度螺栓的预拉力，按表 4-70 取值。

表 4-68　钢材摩擦面的抗滑移系数

连接处构件接触面的处理方法		构件的钢号			
		Q235 钢	Q345 钢	Q390 钢	Q420 钢
普通钢结构	喷砂(丸)后涂无机富锌漆	0.35	0.40		0.40
	喷砂(丸)	0.45	0.50		0.50
	喷砂(丸)后生赤锈	0.45	0.50		0.50
	钢丝刷清除浮锈或未经处理的干净轧制面	0.30	0.35		0.40
冷弯薄壁型钢结构	喷砂(丸)	0.40	0.40	/	/
	热轧钢材轧制面清除浮锈	0.30	0.35	/	/
	冷轧钢材轧制面清除浮锈	0.25	/	/	/

注：1. 钢丝刷除锈方向应与受力方向垂直。
　　2. 当连接构件采用不同钢号时，按相应较低的取值。
　　3. 采用其他方法处理时，其处理工艺及抗滑移系数值均需要试验确定。

表 4-69　涂层连接面的抗滑移系数

表面处理要求	涂装方法及涂层厚度	涂层类别	抗滑系数 μ
抛丸除锈，达到 Sa2 1/2 级	喷涂或手工涂刷，50～75 μm	醇酸铁红	0.15
		聚氨酯富锌	
		环氧富锌	
	喷涂成手工涂刷，50～75 μm	无机富锌	0.35
		水性无机富锌	
	喷涂，30～60 μm	锌加(ZINA)	0.45
	喷涂，80～120 μm	防滑防锈硅酸锌漆 (HES-2)	

注：当设计要求使用其他涂层(热喷铝、镀锌等)时，其钢材表面处理要求、涂层厚度及抗滑移系数均需由试验确定。

表 4-70　一个高强度螺栓的预拉力设计值 P　　　　　　　　　　kN

螺栓的性能等级	螺栓公称直径/mm					
	M16	M20	M22	M24	M27	M30
8.8 级	80	125	150	175	230	280
10.9 级	100	155	190	225	290	355

在螺栓杆轴方向受拉的连接中，每个高强度螺栓的承载力设计值：

$$N_t^b = 0.8P \tag{4-10}$$

当高强度螺栓摩擦型连接同时承受摩擦面间的剪力和螺栓杆轴方向的外拉力时，其承载力按下式计算：

$$\frac{N_v}{N_v^b} + \frac{N_t}{N_t^b} \leqslant 1 \tag{4-11}$$

式中　N_v，N_t——某个高强度螺栓所承受的剪力和拉力；

　　　N_v^b，N_t^b——一个高强度螺栓的抗剪、抗拉承载力设计值。

高强度螺栓承压型连接，承压型连接的高强度螺栓预拉力 P 应与摩擦型连接高强度螺栓相同。连接处构件接触面应清除油污及浮锈。在抗剪连接中，每个承压型连接高强度螺栓的承载力设计值的计算方法与普通螺栓相同，但当计算剪切面在螺纹处时，其受剪承载力设计值应按螺纹处的有效截面面积进行计算。在杆轴受拉的连接中，每个承压型连接高强度螺栓的承载力设计值的计算方法与普通螺栓相同。

高强度螺栓从外形上可分为高强度大六角头螺栓和扭剪型高强度螺栓两种，具体规定如下：

(1)高强度大六角头螺栓(性能等级 8.8S 和 10.9S)连接副的材质、性能等应分别符合现行国家标准《钢结构用高强度大六角头螺栓》(GB/T 1228—2006)、《钢结构用高强度大六角螺母》(GB/T 1229—2006)、《钢结构用高强度垫圈》(GB/T 1230—2006)、《钢结构用高强度大六角头螺栓、大六角螺母、垫圈技术条件》(GB/T 1231—2006)的规定。

(2)扭剪型高强度螺栓(性能等级 10.9S)连接副的材质、性能等应符合现行国家标准《钢结构用扭剪型高强度螺栓连接副》(GB/T 3632—2008)的规定。

(3)当高强度螺栓的性能等级为 8.8S 时，热处理后硬度为 21～29 HRC；性能等级为 10.9 级时，热处理后硬度为 32～36 HRC。

(4)高强度螺栓不允许存在任何淬火裂纹；螺栓表面要进行发黑处理。

(5)高强度螺栓连接摩擦面应平整、干燥，表面不得有氧化皮、毛刺、焊疤、油漆和油污等。

(6)高强度螺栓制造厂应将制造螺栓的材料取样，经与螺栓制造中相同的热处理工艺处理后，制成试件进行拉伸试验，其结果应符合表4-71的规定。当螺栓的材料直径≥16 mm时，根据用户要求，制造厂还应增加常温冲击试验，其结果应符合表4-71的规定。

表4-71　高强度螺栓力学性能

性能等级	抗拉强度 R_m /MPa	规定非比例延伸强度 $R_{p0.2}$ /MPa	断后伸长率 A /%	断后收缩率 Z /%	冲击吸收功 A_{KU2} /J
			不小于		
10.9S	1 040～1 240	940	10	42	47
8.8S	830～1 030	660	12	45	63

(7)高强度螺栓抗拉极限承载力应符合表4-72的规定。

表4-72　高强度螺栓抗拉极限承载力

公称直径 d /mm	公称应力截面面积 A_s /mm²	抗拉极限承载力/kN	
		10.9S	8.8S
12	84	84～95	68～83
14	115	115～129	93～113
16	157	157～176	127～154
18	192	192～216	156～189
20	245	245～275	198～241
22	303	303～341	245～298
24	353	353～397	286～347
27	459	459～516	372～452
30	561	561～631	454～552
33	694	694～780	562～663
36	817	817～918	662～804
39	976	976～1 097	791～960
42	1 121	1 121～1 260	908～1 103
45	1 306	1 306～1 468	1 058～1 285
48	1 473	1 473～1 656	1 193～1 450
52	1 758	1 758～1 976	1 424～1 730
56	2 030	2 030～2 282	1 644～1 998
60	2 362	2 362～2 655	1 913～2 324

（8）高强度螺栓的允许偏差应符合表 4-73 的规定。

表 4-73　高强度螺栓的允许偏差　　　　　　　　　　　　　mm

公称直径	12	16	20	(22)	24	(27)	30
允许偏差	±0.43		±0.52			±0.84	

4.2.1.3　螺母

在建筑钢结构中，螺母的性能等级分为 4、5、6、8、9、10、12 等，其中 8 级（含 8 级）以上螺母与高强度螺栓匹配，8 级以下螺母与普通螺栓匹配。表 4-74 为螺母与螺栓性能等级相匹配的参照表。

表 4-74　螺母与螺栓性能等级相匹配的参照表

螺母性能等级	相匹配的螺栓性能等级		螺母性能等级	相匹配的螺栓性能等级	
	性能等级	直径范围/mm		性能等级	直径范围/mm
4	3.6、4.6、4.8	>16	9	8.8	16<直径≤39
5	3.6、4.6、4.8	≤16		9.8	≤16
	5.6、5.8	所有的直径	10	10.9	所有的直径
6	6.8	所有的直径			
8	8.8	所有的直径	12	12.9	≤39

螺母的螺纹应和螺栓相一致，一般应为粗牙螺纹（除非特殊注明用细牙螺纹）；螺母的机械性能主要是螺母的保证应力和硬度，其值应符合《紧固件机械性能　螺母》（GB/T 3098.2—2015）的规定。

选用的应与相匹配的螺栓性能等级一致，当拧紧螺母达到规定程度时，不允许发生螺纹脱扣现象。为此，可选用柱接结构用六角螺母及相应的拴接结构用大六角头螺栓、平垫圈，使连接副能防止因超拧而引起螺纹脱扣。

4.2.1.4　垫圈

根据垫圈的形状和使用功能，钢结构螺栓连接常用的垫圈为圆平垫圈，一般放置于紧固螺栓头及螺母的支承面下，用以增加螺栓头及螺母的支承面，同时防止被连接件表面损伤。

方形垫圈一般置于地脚螺栓头及螺母支承面下，用以增加支承面及遮盖较大的螺栓孔眼。

斜垫圈主要用于工字钢、槽钢翼缘倾斜面的垫平，使螺母支承面垂直于螺杆，避免紧固时造成螺母支承面和被连接的倾斜面局部接触，以确保栓连安全。为防止螺栓拧紧后因动载作用产生振动和松动，可依靠垫圈的弹性功能及斜口摩擦面来防止螺栓松动，一般用于有动荷载（振动）或经常拆卸的结构连接处。

4.2.2　普通螺栓连接施工

4.2.2.1　施工技术准备

普通螺栓连接施工前，应熟悉图纸，掌握设计对普通紧固件的技术要求，熟悉施工详图，核实普通紧固件连接的孔距、钉距以及排列方式。如有问题，应及时反馈给设计部门，还要分规格统计所需的普通紧固件数量。

4.2.2.2 普通螺栓的选用

1. 螺栓的破坏形式

螺栓的可能破坏形式如图 4-51 所示。

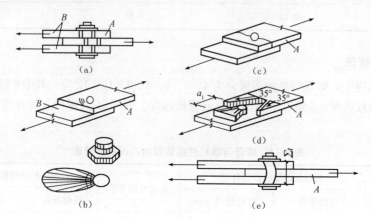

图 4-51 螺栓的破坏形式

(a)螺杆被剪断；(b)被连接板被挤压破坏；(c)被连接板被拉(压)破坏；
(d)被连接板被剪破坏——拉豁；(e)栓杆受弯破坏

2. 螺栓直径的确定

螺栓直径的确定应由设计人员按等强度原则参照《钢结构设计规范》(GB 50017—2003)通过计算确定，但对某一个工程来讲，螺栓直径规格应尽可能少，有的还需要适当归类，以便于施工和管理。一般情况下，螺栓直径应与被连接件的厚度相匹配。表 4-75 为不同的连接厚度所推荐选用的螺栓直径。

表 4-75 不同的连接厚度所推荐选用的螺栓直径 mm

连接件厚度	4～6	5～8	7～11	10～14	13～21
推荐螺栓直径	12	16	20	24	27

3. 螺栓长度的确定

连接螺栓的长度应根据连接螺栓的直径和厚度确定。螺栓长度是指螺栓头内侧到尾部的距离，一般为 5 mm 进制，可按下式计算：

$$L=\delta+m+nh+C \tag{4-12}$$

式中 δ——被连接件的总厚度(mm)；

m——螺母厚度(mm)；

n——垫圈个数；

h——垫圈厚度(mm)；

C——螺纹外露部分长度(2～3 丝扣为宜，$\leqslant$5 mm)(mm)。

4. 螺栓间距的确定

螺栓的布置应使各螺栓受力合理，同时要求各螺栓尽可能远离形心和中性轴，以便充分和均衡地利用各个螺栓的承载能力。螺栓间的间距确定，既要考虑螺栓连接的强度与变形等要求，又要考虑便于装拆的操作要求，各螺栓间及螺栓中心线与机件之间应留有扳手操作空间。螺栓的最大、最小容许距离见表 4-76。

表 4-76　螺栓的最大、最小容许距离

名称	位置和方向			最大容许距离（取两者的较小值）	最小容许距离
中心间距	外排（垂直内力方向或顺内力方向）			$8d_0$ 或 $12t$	$3d_0$
	中间排	垂直内力方向		$16d_0$ 或 $42t$	
		顺内力方向	构件受压力	$12d_0$ 或 $18t$	
			构件受拉力	$16d_0$ 或 $24t$	
	沿对角线方向			—	
中心至构件边缘距离	顺内力方向			$4d_0$ 或 $8t$	$2d_0$
	切割边或自动手工气割边				$1.5d_0$
	轧制边、自动气割或锯割边				

注：1. d_0 为螺栓的孔径，t 为外层较薄板件的厚度。
　　2. 钢板边缘与刚性构件（如角钢、槽钢等）相连的螺栓的最大间距，可按中间排的数值采用。

4.2.2.3　螺栓孔加工

螺栓连接前，需对螺栓孔进行加工，可根据连接板的大小采用钻孔或冲孔加工。冲孔一般只用于较薄钢板和非圆孔的加工，而且要求孔径一般不小于钢板的厚度。

(1)钻孔前，将工件按图样要求画线，检查后打样冲眼。冲眼应打大些，使钻头不易偏离中心。在工件孔的位置划出孔径圆和检查圆，并在孔径圆上及其中心冲出小坑。

(2)当螺栓孔要求较高、叠板层数较多、同类孔距也较多时，可采用钻模钻孔或预钻小孔，再在组装时扩孔的方法。预钻小孔直径的大小取决于叠板的层数，当叠板少于5层时，预钻小孔的直径一般小于3 mm；当叠板层数大于5层时，预钻小孔直径应小于6 mm。

(3)当使用精制螺栓(A、B级螺栓)时，其螺栓孔的加工应谨慎钻削，尺寸精度不低于IT13～IT11级，表面粗糙度不大于 Ra 12.5 μm，或按基准孔(H12)加工，重要场合宜经铰削成孔，以保证配合要求。

普通螺栓(C级)的配合孔，可应用钻削成型。但其内孔表面粗糙度 Ra 值不应大于25 μm，其允许偏差应符合相关规定。

4.2.2.4　螺栓装配与紧固

普通螺栓可采用普通扳手紧固，螺栓紧固应使被连接件接触面、螺栓头和螺母与构件表面密贴。普通螺栓紧固应从中间开始，对称向两边进行，大型接头宜采用复拧。

普通螺栓作为永久性连接螺栓时，紧固连接应符合下列规定：

(1)螺栓头和螺母侧应分别放置平垫圈，螺栓头侧放置的垫圈不应多于2个，螺母侧放置的垫圈不应多于1个。

(2)承受动力荷载或重要部位的螺栓连接，设计有防松动要求时，应采取有防松动装置的螺母或弹簧垫圈，弹簧垫圈应放置在螺母侧。

(3)对工字钢、槽钢等有斜面的螺栓连接，宜采用斜垫圈。

(4)同一个连接接头螺栓数量不应少于2个。

(5)螺栓紧固后，外露丝扣不应少于2扣，紧固质量检验可采用锤敲检验。

4.2.3 高强度螺栓连接施工

4.2.3.1 高强度螺栓连接施工设计指标

(1)承压型高强度螺栓连接的强度设计值应按表4-77采用。

表4-77 承压型高强度螺栓连接的强度设计值　　　　　　　　N/mm²

螺栓的性能等级、构件钢材的牌号和连接类型		抗拉强度 f_t^b	抗剪强度 f_v^b	承压强度 f_c^b
承压型连接	高强度螺栓连接副 8.8S	400	250	—
	10.9S	500	310	—
	连接处构件 Q235	—	—	470
	Q345	—	—	590
	Q390	—	—	615
	Q420	—	—	655

(2)高强度螺栓连接摩擦面抗滑移系数 μ 的取值应符合表4-78和表4-79的规定。

表4-78 钢材摩擦面的抗滑移系数

连接处构件接触面的处理方法		构件的钢号			
		Q235	Q345	Q390	Q420
普通钢结构	喷砂(丸)	0.45	0.50		0.50
	喷砂(丸)后生赤锈	0.45	0.50		0.50
	钢丝刷清除浮锈或未经处理的干净轧制表面	0.30	0.35		0.40
冷弯薄壁型钢结构	喷砂(丸)	0.40	0.45	—	—
	热轧钢材轧制表面清除浮锈	0.30	0.35	—	—
	冷轧钢材轧制表面清除浮锈	0.25	—	—	—

注：1. 钢丝刷除锈方向应与受力方向垂直；
　　2. 当连接构件采用不同钢号时，μ 应按相应的较低值取值；
　　3. 采用其他方法处理时，其处理工艺及抗滑移系数值均应经试验确定。

表4-79 涂层摩擦面的抗滑移系数 μ

涂层类型	钢材表面处理要求	涂层厚度/μm	抗滑移系数
无机富锌漆	Sa2$\frac{1}{2}$	60～80	0.40*
锌加底漆(ZINGA)		80～120	0.45
防滑防锈硅酸锌漆			0.45
聚氨酯富锌底漆或醇酸铁红底漆	Sa2 及以上	60～80	0.15

注：1. 当设计要求使用其他涂层(热喷铝、镀锌等)时，其钢材表面处理要求、涂层厚度以及抗滑移系数均应经试验确定。
　　2. *当连接板材为 Q235 钢时，对于无机富锌漆涂层，抗滑移系数 μ 值取 0.35。
　　3. 锌加底漆(ZINGA)、防滑防锈硅酸锌漆不应采用手工涂刷的施工方法。

(3)各种高强度螺栓的预拉力设计取值应按表 4-80 采用。

表 4-80　各种高强度螺栓的预拉力 P　　　　　　　kN

螺栓的性能等级	螺栓公称直径/mm						
	M12	M16	M20	M22	M24	M27	M30
8.8S	45	80	125	150	175	230	280
10.9S	55	100	155	190	225	290	355

(4)高强度螺栓连接的极限承载力值应符合现行国家标准《建筑抗震设计规范(2016 年版)》(GB 50011—2010)的有关规定。

4.2.3.2　施工准备

(1)施工前应按设计文件和施工图的要求编制工艺规程和安装施工组织设计(或施工方案)，并认真贯彻执行。在设计图、施工图中均应注明所用的高强度螺栓连接副的性能等级、规格、连接形式、预拉力、摩擦面抗滑移等级以及连接后的防锈要求。高强度螺栓的有关技术参数已按有关规定进行复验合格；抗滑移系数试验也合格。

(2)检查螺栓孔的孔径尺寸，孔边毛刺必须彻底清理干净。

(3)高强度螺栓连接副的质量，必须达到技术条件的要求，不符合技术条件的产品不得使用。因此，每个制造批必须由制造厂出具质量保证书。

(4)高强度螺栓连接副运到工地后，必须进行有关的力学性能检验，合格后方准使用。

1)运到工地的大六角头高强度螺栓连接副应及时检验其螺栓荷载、螺母保证荷载、螺母及垫圈硬度、连接副的扭矩系数平均值和标准偏差，合格后方可使用。

2)运到工地的扭剪型高强度螺栓连接副应及时检验其螺栓荷载、螺母保证荷载、螺母及垫圈硬度、连接副的紧固轴力平均值和变异系数。

(5)大六角头高强度螺栓施工前，应按出厂批复验高强度螺栓连接副的扭矩系数，每批复验 5 套。5 套扭矩系数的平均值应为 0.11～0.15，其标准偏差应不大于 0.010。

(6)扭剪型高强度螺栓施工前，应按出厂批复验高强度螺栓连接副的紧固轴力，每批复验 5 套。5 套紧固轴力的平均值和变异系数应符合表 4-81 的规定，变异系数可用下式计算：

$$变异系数 = \frac{标准偏差}{紧固轴力的平均值} \times 100\% \qquad (4-13)$$

表 4-81　扭剪型高强度螺栓的紧固轴力

螺栓直径 d/mm		16	20	24
每批紧固轴力的平均值	公称	109	170	245
	最大	120	186	270
	最小	99	154	222
紧固轴力变异系数		≤10%		

4.2.3.3　高强度螺栓孔加工

高强度螺栓孔应采用钻孔，如用冲孔工艺，会使孔边产生微裂纹，降低钢结构疲劳强度，还会使钢板表面局部不平整，所以，必须采用钻孔工艺。一般高强度螺栓连接是靠板面摩擦传力，为使板层密贴，有良好的面接触，孔边应无飞边、毛刺。

1. 一般要求

(1)画线后的零件在剪切或钻孔加工前后，均应认真检查，以防止画线、剪切、钻孔过程中，零件的边缘和孔心、孔距尺寸产生偏差；零件钻孔时，为防止产生偏差，可采用以下方法进行钻孔：

1）相同对称零件钻孔时，除可选用较精确的钻孔设备进行钻孔外，还应用统一的钻孔模具来钻孔，以达到其互换性。

2）对每组相连的板束钻孔时，可将板束按连接的方式、位置，用电焊临时点焊，一起进行钻孔；拼装连接时，可按钻孔的编号进行，可防止每组构件孔的系列尺寸产生偏差。

（2）零部件小单元拼装焊接时，为防止孔位移产生偏差，可将拼装件在底样上按实际位置进行拼装；为防止焊接变形使孔位移产生偏差，应在底样上按孔位选用画线或挡铁、插销等方法限位固定。

（3）为防止零件孔位偏差，对钻孔前的零件变形应认真矫正；钻孔及焊接后的变形在矫正时均应避开孔位及其边缘。

2. 孔的分组

（1）在节点中连接板与一根杆件相连接的孔划为一组。

（2）接头处的孔，通用接头与半个拼接板上的孔为一组；阶梯接头与两接头之间的孔为一组。

（3）两相邻节点或接头间的连接孔为一组，但不包括上述（1）、（2）两项所指的孔。

（4）受弯构件翼缘上，每米长度内的孔为一组。

3. 孔径的选配

高强度螺栓制孔时，其孔径的大小可参照表 4-82 进行选配。

表 4-82　高强度螺栓孔径选配表　　　　　　　　　　　　　　　mm

螺栓公称直径	12	16	20	22	24	27	30
螺栓孔直径	13.5	17.5	22	24	26	30	33

4. 螺栓孔距

零件的孔距要求应按设计执行。高强度螺栓安装时，还应注意两孔间的距离允许偏差，可参照表 4-83 所列数值来控制。

表 4-83　螺栓孔距允许偏差　　　　　　　　　　　　　　　mm

螺栓孔孔距范围	≤500	501～1 200	1 201～3 000	≥3 000
同一组内任意两孔间距离	±1.0	±1.5	—	—
相邻两组的端孔间距离	±1.5	±2.0	±2.5	±3.0

注：1. 在节点中连接板与一根杆件相连的所有螺栓孔为一组。
　　2. 对接接头在拼接板一侧的螺栓孔为一组。
　　3. 两相邻节点或接头间的螺栓孔为一组，但不包括上述两项所规定的螺栓孔。
　　4. 受弯构件翼缘上，每米长度范围内的螺栓孔为一组。

5. 螺栓孔位移处理

高强度螺栓孔位移时，应先用不同规格的孔量规分次进行检查。第一次用比孔公称直径小 1.0 mm 的量规检查，应通过每组孔数 85%；第二次用比螺栓公称直径大 0.2～0.3 mm 的量规检查，应全部通过；对二次不能通过的孔应经主管设计同意后，方可采用扩孔或补焊后重新钻孔来处理。扩孔或补焊后再钻孔应符合以下要求：

（1）扩孔后的孔径不得大于原设计孔径 2.0 mm。

(2)补孔时应用与原孔母材相同的焊条(禁止用钢块等填塞焊)补焊，每组孔中补焊重新钻孔的数量不得超过 20%，处理后均应作出记录。

4.2.3.4 摩擦面处理

高强度螺栓摩擦面因板厚公差、制造偏差或安装偏差等产生的接触面间隙应按表 4-84 的规定处理。

表 4-84 接触面间隙处理

项目	示意图	处理方法
1		当 Δ<1.0 mm 时不予处理
2	磨斜面	当 Δ=1.0~3.0 mm 时，将厚板一侧磨成 1：10 缓坡，使间隙小于 1.0 mm
3		当 Δ>3.0 mm 时加垫板，垫板厚度不小于 3 mm，最多不超过三层，垫板材质和摩擦面处理方法应与构件相同

高强度螺栓连接处的摩擦面可根据设计抗滑移系数的要求选择处理工艺，抗滑移系数应符合设计要求。采用手工砂轮打磨时，打磨方向应与受力方向垂直，且打磨范围不应小于螺栓孔径的 4 倍。

经表面处理后的高强度螺栓连接摩擦面，应符合下列规定：

(1)连接摩擦面应保持干燥、清洁，不应有飞边、毛刺、焊接飞溅物、焊疤、氧化铁皮、污垢等；

(2)经处理后的摩擦面应采取保护措施，不得在摩擦面上作标记；

(3)摩擦面采用生锈处理方法时，安装前应以细钢丝刷垂直于构件受力方向除去摩擦面上的浮锈。

在高强度螺栓连接中，摩擦面的状态对连接接头的抗滑移承载力有很大的影响。为了使接触摩擦面处理后达到规定摩擦系数要求，首先应采用合理的施工工艺。钢结构工程中，常用的处理方法见表 4-85。

表 4-85 钢结构工程中常用的摩擦面处理方法

序号	方法	具体内容
1	喷砂(丸)法	应选用干燥的石英砂，粒径为 1.5~4.0 mm；压缩空气的压力为 0.4~0.6 MPa；喷枪喷口直径为 ϕ10 mm；喷嘴距离钢材表面 100~150 mm；加工处理后的钢材表面应以露出金属光泽或灰白色为宜
2	酸洗处理加工法	酸洗处理加工过程是经过酸洗—中和—清洗检验，具体工艺参数如下： (1)硫酸浓度 18%(质量分数)，内加少量硫脲；温度为 70 ℃~80 ℃；停留时间为 30~40 min，其停留时间不能过长，否则酸洗过度，钢材厚度减薄。 (2)中和使用石灰水，温度为 60 ℃左右，钢材放入停留 1~2 min 提起，然后继续放入水槽中 1~2 min，再转入清洗工序。 (3)清洗的水温为 60 ℃左右，清洗 2~3 次。 (4)最后用酸度(pH)试纸检查中和清洗程度，应达到无酸、无锈和洁净为合格

序号	方法	具体内容
3	砂轮打磨 处理加工	一般用手提式电动砂轮，打磨方向应与构件受力方向垂直，打磨的范围应按接触面全部进行，最小的打磨范围不少于4倍螺栓直径(4d)；砂轮片的规格为40号，打磨用力应均匀，不应在钢材表面磨出明显的划痕
4	钢丝刷 处理加工	采用圆形钢丝刷安装在手提式电动砂轮机上，其操作方法与砂轮打磨处理加工法相同；小型零件还可用手持钢丝刷进行打磨处理

4.2.3.5 高强度螺栓连接副的组成

高强大六角头螺栓连接副应由一个螺栓、一个螺母和两个垫圈组成，扭剪型高强度螺栓连接副由一个螺栓、一个螺母和一个垫圈组成，使用组合应符合表4-86的规定。

表4-86 高强度螺栓连接副的使用组合

螺栓	螺母	垫圈
10.9S	10H	35～45 HRC
8.8S	8H	35～45 HRC

4.2.3.6 高强度螺栓长度确定

高强度螺栓长度应以螺栓连接副终拧后外露2～3扣丝为标准计算，可按下列公式计算。选用的高强度螺栓公称长度应取修约后的长度，应根据计算出的螺栓长度l按修约间隔5 mm进行修约。

$$l=l'+\Delta l \tag{4-14}$$

$$\Delta l=m+ns+3p \tag{4-15}$$

式中　l'——连接板层总厚度；

　　　Δl——附加长度，或按表4-87选取；

　　　m——高强螺母公称厚度；

　　　n——垫圈个数，扭剪型高强度螺栓为1，高强度大六角头螺栓为2；

　　　s——高强垫圈公称厚度，当采用大圆孔或槽孔时，高强垫圈公称厚度按实际厚度取值；

　　　p——螺纹的螺距。

表4-87 高强度螺栓附加长度 Δl　　　　　　　　　　　　　　mm

高强度螺栓种类	螺栓规格						
	M12	M16	M20	M22	M24	M27	M30
高强度大六角头螺栓	23	30	35.5	39.5	43	46	50.5
扭剪型高强度螺栓	—	26	31.5	34.5	38	41	45.5

4.2.3.7 高强度螺栓的安装与紧固

1. 安装螺栓和冲钉数量要求

高强度螺栓安装时，应先使用安装螺栓和冲钉。在每个节点上穿入的安装螺栓和冲钉数量应根据安装过程所承受的荷载计算确定，并应符合下列规定：

(1)不应少于安装孔总数的1/3；

(2)安装螺栓不应少于 2 个；

(3)冲钉穿入数量不宜多于安装螺栓数量的 30%；

(4)不得用高强度螺栓兼作安装螺栓。

2. 高强度螺栓安装

高强度螺栓应在构件安装精度调整后进行拧紧。高强度螺栓安装应符合下列规定：

(1)扭剪型高强度螺栓安装时，螺母带圆台面的一侧应朝向垫圈有倒角的一侧；

(2)大六角头高强度螺栓安装时，螺栓头下垫圈有倒角的一侧应朝向螺栓头，螺母带圆台面的一侧应朝向垫圈有倒角的一侧。

高强度螺栓现场安装时，应能自由穿入螺栓孔，不得强行穿入。螺栓不能自由穿入时，可采用铰刀或锉刀修整螺栓孔，不得采用气割扩孔，扩孔数量应征得设计单位同意，修整后或扩孔后的孔径不应超过螺栓直径的 1.2 倍。

3. 高强度螺栓连接副施拧

高强度螺栓连接副的初拧、复拧、终拧宜在 24 h 内完成。

(1)高强大六角头螺栓连接副施拧。高强大六角头螺栓连接副施拧可采用扭矩法或转角法。施工时应符合下列规定：

1)施工用的扭矩扳手使用前应进行校正，其扭矩相对误差不得大于 ±5%；校正用的扭矩扳手，其扭矩相对误差不得大于 ±3%；

2)施拧时，应在螺母上施加扭矩；

3)施拧应分为初拧和终拧，大型节点应在初拧和终拧间增加复拧。初拧扭矩可取施工终拧扭矩的 50%，复拧扭矩应等于初拧扭矩。终拧扭矩应按下式计算：

$$T_c = kP_c d \tag{4-16}$$

式中　T_c——施工终拧扭矩(N·m)；

　　　k——高强度螺栓连接副的扭矩系数平均值，取 0.110~0.150；

　　　P_c——高强大六角头螺栓施工预拉力，可按表 4-88 选用；

　　　d——高强度螺栓公称直径(mm)。

表 4-88　高强大六角头螺栓施工预拉力　　　　　　　　　　　　kN

螺栓性能等级	螺栓公称直径/mm						
	M12	M16	M20	M22	M24	M27	M30
8.8S	50	90	140	165	195	255	310
10.9S	60	110	170	210	250	320	390

4)采用转角法施工时，初拧(复拧)后连接副的终拧角度应符合表 4-89 的要求。

表 4-89　初拧(复拧)后连接副的终拧角度

螺栓长度 l	螺母转角	连接状态
$l \leqslant 4d$	1/3 圈(120°)	
$4d < l \leqslant 8d$ 或 200 mm 及以下	1/2 圈(180°)	连接形式为一层芯板加两层盖板
$8d < l \leqslant 12d$ 或 200 mm 及以上	2/3 圈(240°)	

注：1. d 为螺栓公称直径。

　　2. 螺母的转角为螺母与螺栓杆间的相对转角。

　　3. 当螺栓长度 l 超过螺栓公称直径 d 的 12 倍时，螺母的终拧角度应由试验确定。

5)初拧或复拧后应对螺母涂画有颜色的标记。

(2)扭剪型高强度螺栓连接副应施拧。扭剪型高强度螺栓连接副应采用专用电动扳手施拧，施拧应分为初拧和终拧。大型节点宜在初拧和终拧间增加复拧。初拧扭矩值应按上述"(1)"的计算值的50%计取，其中 k 取 0.13，也可按表 4-90 选用，复拧扭矩应等于初拧扭矩。

表 4-90 扭剪型高强度螺栓初拧(复拧)扭矩值   N·m

螺栓公称直径	M16	M20	M22	M24	M27	M30
初拧(复拧)扭矩	115	220	300	390	560	760

终拧应以拧掉螺栓尾部梅花头为准，少数不能用专用扳手进行终拧的螺栓，可按上述"(1)"的方法终拧，扭矩系数 k 应取 0.13。

初拧或复拧后应对螺母涂画有颜色的标记。

4. 高强度螺栓连接点螺栓紧固

高强度螺栓连接点螺栓群初拧、复拧和终拧应采用合理的施拧顺序。高强度螺栓和焊接混用的连接节点，当设计文件无规定时，宜按先螺栓紧固后焊接的施工顺序操作。

4.2.4 螺栓连接检验

(1)高强大六角头螺栓连接用扭矩法施工紧固时，应进行下列质量检查：

1)应检查终拧颜色标记，并应用 0.3 kg 重小锤敲击螺母，对高强度螺栓进行逐个检查；

2)终拧扭矩应按节点数 10%抽查，且不应少于 10 个节点；对每个被抽查节点，应按螺栓数 10%抽查，且不应少于 2 个螺栓；

3)检查时，应先在螺杆端面和螺母上画一直线，然后将螺母拧松约 60°；再用扭矩扳手重新拧紧，使两线重合，测得此时的扭矩应为 $0.9T_{ch} \sim 1.1T_{ch}$。T_{ch} 可按下式计算：

$$T_{ch} = kPd \tag{4-17}$$

式中 T_{ch}——检查扭矩(N·m)；

P——高强度螺栓设计预拉力(kN)；

k——扭矩系数。

4)发现有不符合规定时，应再扩大 1 倍检查；仍有不合格时，则整个节点的高强度螺栓应重新施拧；

5)扭矩检查宜在螺栓终拧 1 h 以后、24 h 之前完成，检查用的扭矩扳手，其相对误差不得大于±3%。

(2)高强大六角头螺栓连接转角法施工紧固，应进行下列质量检查：

1)应检查终拧颜色标记，同时应用约 0.3 kg 重小锤敲击螺母，对高强度螺栓进行逐个检查；

2)终拧转角应按节点数抽查 10%，且不应少于 10 个节点；对每个被抽查节点应按螺栓数抽查 10%，且不应少于 2 个螺栓；

3)应在螺杆端面和螺母相对位置画线，然后全部卸松螺母，再按规定的初拧扭矩和终拧角度重新拧紧螺栓，测量终止线与原终止线画线间的角度，应符合表 4-85 的要求，误差在±30°者应为合格；

4)发现有不符合规定时，应再扩大 1 倍数量检查；仍有不合格时，则整个节点的高强度螺栓应重新施拧；

5)转角检查宜在螺栓终拧 1 h 以后、24 h 之前完成。

(3)扭剪型高强度螺栓终拧检查，应以目测尾部梅花头拧断为合格。不能用专用扳手拧紧的扭剪型高强度螺栓，应按上述"(1)"的规定进行质量检查。

(4)螺栓球节点网架总拼完成后，高强度螺栓与球节点应紧固连接。螺栓拧入螺栓球内的螺纹长度不应小于螺栓直径的1.1倍，连接处不应出现有间隙、松动等未拧紧情况。

4.2.5 螺栓防松措施

1. 普通螺栓防松措施

一般螺纹连接均具有自锁性，在受静载和工作温度变化不大时，不会自行松脱。但在冲击、振动或变荷载作用下，以及在工作温度变化较大时，这种连接有可能松动，以致影响工作，甚至发生事故。为了保证连接安全可靠，对螺纹连接必须采取有效的防松措施。

常用的防松措施有增大摩擦力、机械防松和不可拆三大类。

(1)增大摩擦力的防松措施。其措施是使拧紧的螺纹之间不因外载荷变化而失去压力，因而始终有摩擦阻力防止连接松脱。增大摩擦力的防松措施有安装弹簧垫圈和使用双螺母等。

(2)机械防松措施。此类防松措施是利用各种止动零件，阻止螺纹零件的相对转动来实现的。机械防松较为可靠，故应用较多。常用的机械防松措施有开口销与槽形螺母、止退垫圈与圆螺母、止动垫圈与螺母、串联钢丝等。

(3)不可拆防松措施。利用点焊、点铆等方法把螺母固定在螺栓或被连接件上，或者把螺钉固定在被连接件上，以达到防松的目的。

2. 高强度螺栓防松措施

(1)垫放弹簧垫圈时，可在螺母下面垫一开口弹簧垫圈，螺母紧固后，在上下轴向产生弹性压力，可起到防松作用。为防止开口垫圈损伤构件表面，可在开口垫圈下面垫一平垫圈。

(2)在紧固后的螺母上面，增加一个较薄的副螺母，使两螺母之间产生轴向压力，同时也能增加螺栓、螺母凹凸螺纹的咬合自锁长度，达到相互制约而不使螺母松动。使用副螺母防松的螺栓，在安装前应计算螺栓的准确长度，待防松副螺母紧固后，应使螺栓伸出副螺母的长度不少于2个螺距。

(3)对永久性螺栓，可将螺母紧固后，用电焊将螺母与螺栓的相邻位置对称点焊3～4处，或将螺母与构件相点焊。

4.3 铆钉连接

利用铆钉将两个以上的零部件(一般是金属板或型钢)连接为一个整体的连接方法称为铆接。铆钉连接需要先在构件上开孔，用加热的铆钉进行铆合，有时也可用常温的铆钉进行铆合，但需要较大的铆合力。铆钉连接由于费钢费工，现在很少采用。但是，因铆钉连接传力可靠，韧性和塑性较好，质量易于检查，故对经常受动力荷载作用、荷载较大和跨度较大的结构，有时仍然采用铆接结构。

4.3.1 铆接的种类及其连接形式

1. 铆接的种类

铆接有强固铆接、密固铆接和紧密铆接三种，现分述如下：

(1)强固铆接。这种铆接要求能承受足够的压力和抗剪力，但对铆接处的密封性能要求较低。如桥梁、起重机吊壁、汽车底盘等，均属于强固铆接。

(2)密固铆接。这种铆接除要求承受足够的压力和抗剪力外，还要求在铆接处密封性能好，在一定压力作用下，液体或气体均不能渗漏。如锅炉、压缩空气罐等高压容器的铆接，都属于密封铆接。目前，这种铆接几乎被焊接所代替。

（3）紧密铆接。这种铆接的金属构件，不能承受大的压力和剪力，但对铆接处要求具有高度的密封性，以防泄漏。如水箱、气罐、油罐等容器，即属于紧密铆接。目前，这种铆接更为少用，同样被焊接代替。

2. 铆接的连接形式

在钢结构铆接施工中，常见的连接方式有三种，即搭接、对接和角接。

（1）搭接。搭接是将板件边缘对搭在一起，用铆钉加以固定连接的结构形式，如图 4-52 所示。

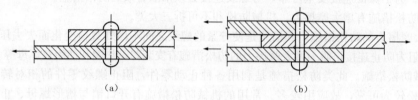

图 4-52　搭接形式

(a)单剪切铆接法；(b)双剪切铆接法

（2）对接。将两块要连接的板条置于同一平面，利用盖板把板件铆接在一起。这种连接可分为单盖板式和双盖板式两种对接形式，如图 4-53 所示。

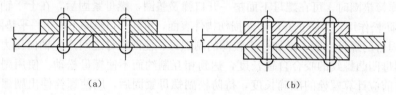

图 4-53　对接形式

(a)单盖板式；(b)双盖板式

（3）角接。两块板件互相垂直或按一定角度用铆钉固定连接，用这种方式连接时，要在角接外利用搭接件——角钢。角接时，板件上的角钢接头有一侧角钢连接或两侧角钢连接两种形式，如图 4-54 所示。

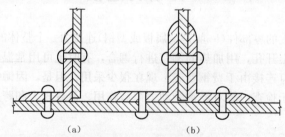

图 4-54　角接形式

(a)一侧角钢连接；(b)两侧角钢连接

3. 铆接的计算

在铆钉受剪连接中，每个铆钉的承载力设计值应取受剪承载力和承压承载力设计值中的较小者。

铆钉受剪承载力设计值：

$$N_v^b = n_v \frac{\pi d_0}{4} f_v \tag{4-18}$$

铆钉承压承载力设计值：

$$N_c^r = d_0 \sum t f_c^r \qquad (4\text{-}19)$$

式中　n_v——受剪面数目；

　　　d_0——铆钉孔直径；

　　　$\sum t$——在不同受力方向中一个受力方向承压构件总厚度的较小值；

　　　f_v^r，f_c^r——铆钉的抗剪和承压强度设计值。

在锚栓或铆钉杆轴向方向受拉的连接中，每个锚栓或铆钉的承载力设计值应按下列公式计算：

锚栓：

$$N_t^a = \frac{\pi d_e^2}{4} f_t^a \qquad (4\text{-}20)$$

铆钉：

$$N_t^r = \frac{\pi d_0^2}{4} f_t^r \qquad (4\text{-}21)$$

式中　d_e——螺栓或锚栓在螺纹处的有效直径；

　　　f_t^a，f_t^r——锚栓和铆钉的抗拉强度设计值。

4.3.2　铆接参数的确定

1. 铆钉的直径

铆接时，铆钉直径的大小和铆钉中心距离，应根据结构件的受力情况和需要强度确定。确定铆钉直径时，应以板件厚度为准。板件的厚度应满足下列要求：

(1)板件搭接铆焊时，如厚度接近，可按较厚钢板的厚度计算。

(2)厚度相差较大的板件铆接，可以较薄板件的厚度为准。

(3)板料与型材铆接时，以两者的平均厚度确定。

板料的总厚度(指被铆件的总厚度)不应超过铆钉直径的 5 倍。铆钉直径与板料厚度的关系，见表 4-91。铆杆直径与钉孔直径之间的关系，见表 4-92。

表 4-91　铆钉直径与板料厚度的关系　　　　　　　　mm

板料厚度	5～6	7～9	9.5～12.5	13～18	19～24	25 以上
铆钉直径	10～12	14～18	20～22	24～27	27～30	20～36

表 4-92　铆钉直径与钉孔直径之间的关系　　　　　　　　mm

铆钉直径 d		2	2.5	3	3.5	4	5	6	8	10
钉孔直径 d_0	精装配	2.1	2.6	3.1	3.6	4.1	5.2	6.2	8.2	10.3
	粗装配	2.2	2.7	3.4	3.9	4.5	5.5	6.5	8.5	11
铆钉直径 d		12	14	16	18	22	24	27		30
钉孔直径 d_0	精装配	12.4	14.5	16.5	—	—	—	—		—
	粗装配	13	15	17	19	23.5	25.5	28.5		32

2. 铆钉杆的长度

铆钉杆的长度应根据被铆接件总厚度、铆钉孔直径与铆钉工艺过程等因素来确定。钢结构铆接施工时，常用铆钉杆长度应选择以下公式计算求得：

半圆头铆钉： $l = 1.5d + 1.1t$

半沉头铆钉： $l = 1.1d + 1.1t$

沉头铆钉： $l = 0.8d + 1.1t$

式中 l——铆钉杆长度(mm)；

d——铆钉直径(mm)；

t——被铆接件总厚度(mm)。

确定铆钉杆长度后，应通过试验进行检验。

3. 铆钉排列位置

在构件连接处，铆钉的排列形式是以连接件的强度为基础的。铆钉的排列形式有单排、双排和多排三种。采用双排或多排铆钉连接时，又可分为平行式排列和交错式排列。排列时，铆钉的钉距、排距和边距应符合设计规定。铆钉的钉距是指在一排铆钉中，相邻两个铆钉中心的距离。铆钉单行或双行排列时，其钉距 $S \geqslant 3d$（d 为铆钉杆直径）。铆钉交错式排列时，其对角距离 $c \geqslant 3.5d$，见图4-55。为了使板件相互连接严密，应使相邻两个铆钉孔中心的最大距离 $S \leqslant 8d$ 或 $S \leqslant 12t$（t 为板料单件厚度）。铆钉的排距是指相邻两排铆钉孔中心的距离，用 a 表示，一般 $a \geqslant 3d$。铆钉排列时，外排铆钉中心至工件边缘的距离 $l_1 \geqslant 1.5d$，如图4-55(a)所示。为使板边在铆接后不翘起来（两块板接触紧密），应使铆钉中心到板边的最大距离 l 和 l_1 小于或等于 $4d$，l 和 l_1 小于或等于 $8t$。

各种型钢铆接时，若型钢面宽度 b 小于 100 mm，可用一排铆钉，如图4-55(b)所示。图中应使 $a_1 \geqslant 1.5d + t_1$，$a_2 = b - 1.5d$。

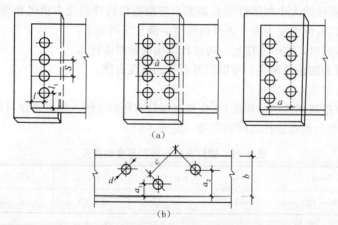

图 4-55 铆钉排列的尺寸关系

(a)$l_1 \geqslant 1.5d$；(b)$b < 100$ mm

4.3.3 铆接施工

4.3.3.1 冷铆施工

钢结构冷铆施工，是指铆钉在常温状态下进行的铆接。其施工要求如下：

(1)铆钉应具有良好的塑性。铆钉冷铆前，应先进行清除硬化、提高塑性的退火处理。

(2)用铆钉枪冷铆时，铆钉直径一般不超过 13 mm。用铆接机冷铆时，铆钉最大直径不能超过 25 mm。用手工冷铆时，铆钉直径通常小于 8 mm。

(3)手工冷铆时，首先将铆钉穿入被铆件的孔中，然后用顶把顶住铆钉头，压紧被铆件接头处，用手锤锤击伸出钉孔部分的铆钉杆端头，使其形成钉头，最后将窝头绕铆钉轴线倾斜转动，直至得到理想的铆钉头。

（4）在镦粗钉杆形成钉头时，锤击次数不宜过多，否则，材质将出现冷作硬化现象，致使钉头产生裂纹。

4.3.3.2 热铆施工

热铆是指将铆钉加热后的铆接。铆钉加热后，铆钉材质的硬度降低、塑性提高，铆钉头成型较容易，主要适用于铆钉材质的塑性较差或直径较大、铆接力不足的情况下。

1. 修整钉孔

（1）铆接前，应将铆接件各层板之间的钉孔对齐。

（2）在构件装配中，由于加工误差，常出现部分钉孔不同心的现象，铆接前需用矫正冲或铰刀修整钉孔。

另外，也需要用铰刀对在预加工中因质量要求较高而留有余量的孔径进行扩孔修整。

（3）铰孔需依据孔径选定铰刀，铰刀装卡在风钻或电钻上。铰孔时，先开动风钻或电钻，再逐渐把铰刀垂直插入钉孔内进行铰孔。在操作时，要防止钻头歪斜而损坏铰刀或将孔铰偏。

（4）在铰孔过程中，应先铰没拧螺栓的钉孔，铰完后拧入螺栓，然后再将原螺栓卸掉进行铰孔。需修整的钉孔应一次铰完。

2. 铆钉加热

（1）铆钉的加热温度取决于铆钉的材质和施铆方法。用铆钉枪铆接时，铆钉需加热到1 000 ℃～1 100 ℃；用铆接机铆接时，加热温度为650 ℃～670 ℃。

（2）铆钉的终铆温度应在450 ℃～600 ℃。终铆温度过高，会降低钉杆的初应力；终铆温度过低，铆钉会发生蓝脆现象。因此，热铆铆钉时，要求在允许温度间迅速完成。

（3）铆钉加热用加热炉位置应尽可能接近铆接现场，如用焦炭炉时，焦炭粒度要均匀，且不宜过大。铆钉在炉内要有秩序地摆放，钉与钉之间相隔适当距离。

（4）当铆钉烧至橙黄色（900 ℃～1 100 ℃）时，改为缓火焖烧，使铆钉内外受热均匀，即可取出进行铆接。绝不能用过热和加热不足的铆钉，以免影响产品质量。

（5）在加热铆钉过程中，烧钉钳应经常浸入水中冷却，避免烧化钳口。

3. 接钉与穿钉

（1）加热后的铆钉在传递时，操作者需要熟练掌握扔钉技术，扔钉要做到准和稳。

（2）当接钉者向烧钉者索取热钉时，可用穿钉钳在接钉桶上敲几下，给烧钉者发出扔钉的信号。

（3）接钉时，应将接钉桶顺着铆钉运动的方向后移一段距离，使铆钉落在接钉桶内时冲击力得到缓解，避免铆钉滑出桶外。

（4）穿钉动作要求迅速、准确，争取铆钉在要求的温度下铆接。接钉后，快速用穿钉钳夹住靠铆钉头的一端，并在硬物上敲掉铆钉上的氧化皮，再将铆钉穿入钉孔内。

4. 顶钉

顶钉是铆钉穿入钉孔后，用顶把顶住铆钉头的操作。顶钉的好坏，将直接影响铆接质量。不论用手顶把还是用气顶把，顶把上的窝头形状、规格都应与预制的铆接头相符。

用手顶把顶钉时，应使顶把与顶头中心成一条直线。开始顶时要用力，待钉杆镦粗胀紧钉孔不能退出时，可减小顶压力，并利用顶把的颠动反复撞击钉头，使铆接更加紧密。

在铆接钉杆呈水平位置的铆接时，如果采用抱顶把顶钉，则需要采取严格的安全措施，防止窝头和活塞飞出伤人。

5. 热铆操作

（1）热铆开始时，铆钉枪风量要小些，待钉杆镦粗后，加大风量，逐渐将钉杆外伸端打成钉头形状。

（2）如果出现钉杆弯曲、钉头偏斜时，可将铆钉枪对应倾斜适当角度进行矫正；钉头正位后，再将铆钉枪略微倾斜绕钉头旋转一周，迫使钉头周边与被铆接表面严密接触。注意铆钉枪不要过分倾斜，以免窝头磕伤被铆件的表面。

（3）发现窝头或铆钉枪过热时，应及时更换备用的窝头或铆钉枪。窝头可以放到水中冷却。

（4）为了保证质量，压缩空气的压力不应低于0.5 MPa。

（5）为了防止铆件侧移，最好沿铆接件的全长，对称地先铆几颗铆钉，起定位作用，然后再铆其他铆钉。

（6）铆接时，铆钉枪的开关应灵活可靠，禁止碰撞。经常检查铆钉枪与风管接头的螺纹连接是否松动，如发现松动，应及时紧固，以免发生事故。每天铆接结束时，应将窝头和活塞卸掉，妥善保管，以备再用。

4.3.4　铆接检验

铆钉质量检验采用外观检验和敲打两种方法，外观检查主要检验外观瑕疵；敲击法检验用0.3 kg的小锤敲打铆钉的头部，用以检验铆钉的铆合情况。铆钉头不得有丝毫跳动，铆钉的钉杆应填满钉孔，钉杆和钉孔的平均直径误差不得超过0.4 mm，其同一截面的直径误差不得超过0.6 mm。对于有缺陷的铆钉，应予以更换，不得采用捻塞、焊补或加热再铆等方法进行修整。铆成的铆钉和外形的偏差超过表4-93的规定时，不得采用捻塞、焊补或加热再铆等方法整修有缺陷的铆钉，应予以作废，进行更换。

表 4-93　铆钉的允许偏差

项次	偏差名称	示　意　图	允许偏差值	偏差原因	检查方法
1	铆钉头的周围全部与被铆板不密贴		不允许	（1）铆钉头和钉杆在连接处有凸起部分； （2）铆钉头未顶紧	（1）外观检查； （2）用厚度为0.1 mm的塞尺检查
2	铆钉头刻伤		$a \leqslant 2$ mm	铆接不良	外观检查
3	铆钉头的周围部分与被铆板不密贴		不允许	顶把位置歪斜	（1）外观检查； （2）用厚度为0.1 mm的塞尺检查
4	铆钉头偏心		$b \leqslant \dfrac{d}{10}$	铆接不良	外观检查

项次	偏差名称	示 意 图	允许偏差值	偏差原因	检查方法
5	铆钉头裂纹		不允许	(1)加热过度; (2)铆钉钢材质量不良	外观检查
6	铆钉头周围不完整		$a+b\leqslant\dfrac{d}{10}$	(1)钉杆长度不够; (2)铆钉头顶压不正	外观检查并用样板检查
7	铆钉头过小		$a+b\leqslant\dfrac{d}{10}$ $c\leqslant\dfrac{d}{20}$	铆模过小	外观检查并用样板检查
8	埋头不密贴		$a\leqslant\dfrac{d}{10}$	(1)划边不准确; (2)钉杆过短	外观检查
9	埋头凸出		$a\leqslant0.5$ mm	钉杆过长	外观检查
10	铆钉头周围有正边		$a\leqslant3$ mm 0.5 mm$\leqslant b\leqslant3$ mm	钉杆过长	外观检查
11	铆模刻伤钢材		$b\leqslant0.5$ mm	铆接不良	外观检查
12	铆钉头表面不平		$a\leqslant0.3$ mm	(1)铆钉钢材质量不良; (2)加热过度	外观检查

项次	偏差名称	示 意 图	允许偏差值	偏差原因	检查方法
13	铆钉歪斜		板叠厚度的 3‰，但不得 大于 3 mm	扩孔不正确	(1)外观检查； (2)测量相邻铆钉的 中心距离
14	埋头凹进		$a \leqslant 0.5$ mm	钉杆过短	外观检查
15	埋头钉周围有 部分或全部缺边		$a \leqslant \dfrac{d}{10}$	(1)钉杆过短； (2)划边不准确	外观检查

4.4　栓焊并用连接

栓焊并用连接接头是在接头中一个连接部位，同时以摩擦型高强度螺栓连接和贴角焊缝连接，并共同承受同一剪力作用的连接。其连接构造如图 4-56 所示。栓焊并用连接的施工顺序宜为先高强度螺栓紧固，后实施焊接。采用栓焊并用连接时，高强度螺栓直径和焊缝尺寸应相互匹配，栓和焊各自的抗剪承载力设计值均不宜小于总抗剪承载力的 1/3。

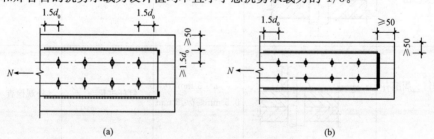

(a)　　　　　　　　　　　　(b)

图 4-56　栓焊并用连接接头

(a)高强度螺栓与侧焊缝并用；(b)高强度螺栓与侧焊缝及端焊缝并用

在实际工程中，栓焊并用连接的抗剪承载力设计值分别按下式计算：

(1)高强度螺栓与侧焊缝并用连接：

$$N_{ub} = N_{fs} + 0.75N_{bv} \tag{4-22}$$

(2)高强度螺栓与侧焊缝及端焊缝并用连接：

$$N_{ub} = 0.85N_{fs} + N_{fe} + 0.25N_{bv} \tag{4-23}$$

式中　N_{ub}——栓焊并用连接抗剪承载力设计值；

　　　N_{fs}——侧焊缝抗剪承载力设计值；

N_{fe}——端焊缝抗剪承载力设计值;

N_{bv}——高强度螺栓摩擦型连接抗滑移承载力设计值。

在施工中应该注意,当栓焊并用连接采用先栓后焊的施工工序时,应在焊接 24 h 后对离焊缝 100 mm 范围内的高强度螺栓补拧,补拧扭矩应为施工终拧扭矩值。高强度螺栓摩擦型连接不宜与垂直应力方向的贴角焊缝(端焊缝)单独并用连接。

本章小结

焊缝连接是现代钢结构最主要的连接方法,其是通过电弧产生高温,将构件连接边缘及焊条金属熔化,冷却后凝成一体,形成牢固连接。钢结构工程中,常用的焊接材料有焊条、焊丝、焊料、焊剂及焊钉等。螺栓连接可分为普通螺栓连接和高强度螺栓连接两种。利用铆钉将两个以上的零部件(一般是金属板或型钢)连接为一个整体的连接方法称为铆接。铆钉连接需要先在构件上开孔,用加热的铆钉进行铆合,有时也可用常温的铆钉进行铆合,但需要较大的铆合力。

思考与练习

1. 常用的焊接材料有哪些?
2. 从事钢结构焊接工程的人员应满足哪些资格要求?
3. 常用的焊接方法有哪些? 对各自的优点与缺点进行分析。
4. 简述免予焊接工艺评定的范围。
5. 如何进行焊接变形控制?
6. 如何进行焊后应力的消除?
7. 如何进行焊缝无损检测?
8. 常用的螺栓连接材料有哪些?
9. 螺栓的破坏形式有哪几种?
10. 如何确定普通螺栓的长度? 如何确定高强度螺栓的长度?
11. 钢结构工程高强度螺栓连接中常用的摩擦面处理方法有哪些?
12. 普通螺栓的防松措施有哪些?
13. 铆接施工中,如何确定铆钉的长度?
14. 如何进行热铆施工?

模块 5　钢结构加工制作

学习目标

通过本模块的学习，熟悉钢结构加工工艺准备；掌握钢零件、钢部件的加工技术及质量要求，钢结构制作准备、工艺、流程、涂装、成品及半成品管理以及运输和装卸要求，钢构件组装与预拼装的方式、方法，钢结构加工制作常见问题的通病现象及防治措施。

能力目标

能够根据钢结构施工图进行钢结构预拼装、零件及部件的加工；对钢结构加工制作过程中常见的质量问题，具备进行分析并采取合适处理方法的能力。

5.1　钢结构加工生产准备

零件及部件加工前，应熟悉设计文件和施工详图，应做好各道工序的工艺准备，并应结合加工的实际情况，编制加工工艺文件。

5.1.1　审查施工图

1. 图纸审查的目的

审查图纸是指检查图纸设计的深度能否满足施工的要求，核对图纸上构件的数量和安装尺寸，检查构件之间有无矛盾等。同时对图纸进行工艺审核，即审查技术上是否合理，制作上是否便于施工，图纸上的技术要求按加工单位的施工水平能否实现等。此外，还要合理划分运输单元。

如果由加工单位自己设计施工详图，制图期间又已经过审查，则审图程序可相应简化。

2. 图纸审查的内容

工程技术人员对图纸进行审查的主要内容如下：

(1)设计文件是否齐全。设计文件包括设计图、施工图、图纸说明和设计变更通知单等。

(2)构件的几何尺寸是否齐全。

(3)相关构件的尺寸是否正确。

(4)节点是否清楚，是否符合国家标准。

(5)标题栏内构件的数量是否符合工程总数。

(6)构件之间的连接形式是否合理。

(7)加工符号、焊接符号是否齐全。

(8)结合本单位的设备和技术条件考虑，能否满足图纸上的技术要求。

(9)图纸的标准化是否符合国家规定等。

5.1.2　备料

(1)备料时，应根据施工图纸材料表算出各种材质、规格的材料净用量，再加一定数量的损耗，编制材料预算计划。

（2）提出材料预算时，需根据使用长度合理订货，以减少不必要的拼接和损耗。

对拼接位置有严格要求的起重机梁翼缘和腹板等，配料时要与桁架的连接板搭配使用，即优先考虑翼缘板和腹板，将割下的余料做成小块连接板。小块连接板不能采用整块钢板切割，否则计划需用的整块钢板就可能不够用，而翼缘和腹板割下的余料则没有用处。

（3）使用前应核对每一批钢材的质量保证书，必要时应对钢材的化学成分和力学性能进行复验，以保证符合钢材的损耗率。

工程预算一般按实际所需加 10% 提出材料需用量。如果技术要求不允许拼接，其实际损耗还需增加。

（4）使用前，应核对来料的规格、尺寸和重量，并仔细核对材质。如需进行材料代用，必须经设计部门同意，并将图纸上所有的相应规格和有关尺寸进行修改。

5.1.3　编制工艺规程

钢结构零部件的制作是一个严密的流水作业过程，指导这个过程的除生产计划外，主要是工艺规程。工艺规程是钢结构制作中的指导性技术文件，一经制订，必须严格执行，不得随意更改。

1. 工艺规程的编制要求

（1）在一定的生产规模和条件下编制的工艺规程，不但能保证图样的技术要求，而且能更可靠、更顺利地实现这些要求，即工艺规程应尽可能依靠工装设备，而不是依靠劳动者技巧来保证产品质量和产量的稳定性。

（2）所编制的工艺规程要保证在最佳经济效果下，达到技术条件的要求。因此，对于同一产品，应考虑比较不同的工艺方案，从中选择最好的方案，力争做到以最少的劳动量、最短的生产周期、最低的材料和能源消耗，生产出质量可靠的产品。

（3）所编制的工艺规程，既要满足工艺、经济条件，又要保证使用最安全的施工方法，并尽量减轻劳动强度，减少流程中的往返性。

2. 工艺规程的内容

（1）成品技术要求。

（2）为保证成品达到规定的标准而需要制订的措施如下：

1）关键零件的精度要求、检查方法和使用的量具、工具。

2）主要构件的工艺流程、工序质量标准、为保证构件达到工艺标准而采用的工艺措施（如组装次序、焊接方法等）。

3）采用的加工设备和工艺装备。

5.1.4　施工工艺准备

5.1.4.1　划分工号

根据产品的特点、工程量的大小和安装施工进度，将整个工程划分成若干个生产工号（或生产单元），以便分批投料，配套加工，配套出成品。

生产工号的划分应遵循以下几点：

（1）在条件允许的情况下，同一张图纸上的构件宜安排在同一生产工号中加工。

（2）相同构件或特点类似、加工方法相同的构件宜放在同一生产工号中加工。如按钢柱、钢梁、桁架、支撑分类划分工号进行加工。

（3）对于工程量较大的工程，划分生产工号时要考虑安装施工的顺序，先安装的构件要优先安排工号进行加工，以保证顺利安装的需要。

（4）同一生产工号中的构件数量不要过多，可与工程量统筹考虑。

5.1.4.2 编制工艺流程表

从施工详图中摘出零件，编制出工艺流程表（或工艺过程卡）。加工工艺过程由若干个顺序排列的工序组成，工序内容是根据零件加工的性质而定的，工艺流程表就是反映这个过程的工艺文件。

工艺流程表的具体格式随各厂而不同，但所包含的内容基本相同，其中有零件名称、件号、材料牌号、规格、件数、工序号、工序名称和内容、所用设备和工艺装备名称及编号、工时定额等。除上述内容外，关键零件要标注加工尺寸和公差，重要工序要画出工序图等。

5.1.4.3 编制零件流水卡和工艺卡

根据工程设计图纸和技术文件提出的构件成品要求，确定各加工工序的精度要求和质量要求，结合单位的设备状态和实际加工能力、技术水平，确定各个零件下料、加工的流水顺序，即编制出零件流水卡。

零件流水卡是编制工艺卡和配料的依据。一个零件的加工制作工序是由零件加工的性质确定的，工艺卡是具体反映这些工序的工艺文件，是直接指导生产的文件。工艺卡所包含的内容一般为：确定各工序所采用的设备；确定各工序所采用的工装模具；确定各工序的技术参数、技术要求、加工余量、加工公差和检验方法及标准，以及确定材料定额和工时定额等。

5.1.4.4 工艺装备的制作

工艺装备的生产周期较长，因此，要根据工艺要求提前做好准备，争取先行安排加工，以确保使用。工艺装备的设计方案取决于生产规模的大小、产品结构形式和制作工艺的过程等。

工艺装备的制作是关系到保证钢结构产品质量的重要环节。因此，工艺装备的制作要满足以下要求：

（1）工装夹具的使用要方便，操作容易，安全可靠。

（2）结构要简单、加工方便、经济合理。

（3）容易检查构件尺寸和取放构件。

（4）容易获得合理的装配顺序和精确的装配尺寸。

（5）方便焊接位置的调整，并能迅速散热，以减少构件变形。

（6）减少劳动量，提高生产率。

5.1.4.5 工艺性试验

工艺性试验一般可分为焊接性试验、摩擦面的抗滑移系数试验两类。

1. 焊接性试验

钢材可焊性试验、焊材工艺性试验、焊接工艺评定试验等均属焊接性试验，而焊接工艺评定试验是各工程制作时最常遇到的试验。

焊接工艺评定是焊接工艺的验证，属于生产前的技术准备工作，是衡量制造单位是否具备生产能力的一个重要的基础技术资料。焊接工艺评定对提高劳动生产率、降低制造成本、提高产品质量、做好焊工技能培训是必不可少的，未经焊接工艺评定的焊接方法、技术参数不能用于工程施工。

焊接接头的力学性能试验以拉伸和冷弯为主，冲击试验按设计要求确定。冷弯以面弯和背弯为主，有特殊要求时应做侧弯试验。每个焊接位置的试件数量一般为：拉伸、面弯、背弯及侧弯各两件；冲击试验九件（焊缝、熔合线、热影响区各三件）。

2. 摩擦面的抗滑移系数试验

当钢结构件的连接采用高强度螺栓摩擦连接时，应对连接面进行喷砂、喷丸等方法的技术处理，使其连接面的抗滑移系数达到设计规定的数值。还需对摩擦面进行必要的检验性试验，以求得对摩擦面处理方法是否正确、可靠的验证。

抗滑移系数试验可按工程量每 200 t 为一批，不足 200 t 的可视为一批。每批三组试件由制作厂进行试验，另备三组试件供安装单位在吊装前进行复验。

对构造复杂的构件，必要时应在正式投产前进行工艺性试验。工艺性试验可以是单工序，也可以是几个工序或全部工序；可以是个别零部件，也可以是整个构件，甚至是一个安装单元或全部安装构件。

通过工艺性试验获得的技术资料和数据是编制技术文件的重要依据，试验结束后应将试验数据纳入工艺文件，用以指导工程施工。

5.1.5　加工场地布置

在布置钢结构零部件加工场地时，不仅要考虑产品的品种、特点和批量、工艺流程、产品的进度要求、每班的工作量和要求的生产面积、现有的生产设置和起重运输能力，还应满足下列要求：

（1）按流水顺序安排生产场地，尽量减少运输量，避免倒流水。

（2）根据生产需要合理安排操作面积，以保证安全操作，并要保证材料和零件有所需的堆放场地。此外，还需要保证成品顺利运出。

（3）加工设备之间要留有一定的间距作为工作平台和堆放材料、工件等用。

（4）便于供电、供气、照明线路的布置等。

5.2　钢零件及钢部件加工

5.2.1　钢结构放样与号料

放样和号料应根据施工详图和工艺文件进行，并应按要求预留余量。

5.2.1.1　钢结构放样

放样是钢结构制作工艺中的第一道工序。只有放样尺寸精确，才能避免以后各道加工工序的累积误差，保证整个工程的质量。

1. 钢材放样操作

（1）放样作业人员应熟悉整个钢结构加工工艺，了解工艺流程及加工过程，以及需要的机械设备性能及规格。

（2）放样应从熟悉图纸开始，首先看清楚施工技术要求，逐个核对图纸之间的尺寸和相互关系，并校对图样各部分尺寸。

1）如果图样标注不清，与有关标准有出入或有疑问，而自己不能解决时，应与有关部门联系，妥善解决，以免产生错误。

2）如发现图样设计不合理，需变动图样上的主要尺寸或发生材料代用时，应与有关部门联系并取得一致意见，并在图样上注明更改内容和更改时间，填写技术变更核定（洽商）单等签证。

（3）放样时，以 1∶1 的比例在样板台上弹出大样。当大样尺寸过大时，可分段弹出。对一些三角形构件，如只对其节点有要求，可以缩小比例弹出样子，但应注意精度。

（4）用作计量长度依据的钢盘尺，应经授权的计量单位计量，且附有偏差卡片。使用时，按偏差卡片的记录数值校对其误差数。

(5)放样结束，应进行自检。检查样板是否符合图纸要求，核对样板加工数量。本工序结束后报专职检验人员检验。

2. 样板、样杆的允许偏差

样板的尺寸一般应小于设计尺寸 0.5～1.0 mm，因画线工具沿样板边缘画线时增加距离，这样正负值相抵，可减小误差。

样板、样杆制作尺寸的允许偏差见表 5-1。

表 5-1　样板、样杆制作尺寸的允许偏差

项　　目		允许偏差
样板	长　　度/mm	0 −0.5
	宽　　度/mm	5.0 −0.5
	两对角线长度差/mm	1.0
样杆	长　　度/mm	±1.0
	两最外排孔中心线距离/mm	±1.0
	同组内相邻两孔中心线距离/mm	±0.5
	相邻两组端孔间中心线距离/mm	±1.0
	加工样板的角度/(′)	±20

5.2.1.2　钢材号料

钢材号料是指根据施工图样的几何尺寸、形状制成样板，利用样板或计算出的下料尺寸，直接在板料或型钢表面上画出构件形状的加工界线。

钢材号料的工作内容一般包括：检查核对材料；在材料上画出切割、铣、刨、弯曲、钻孔等加工位置；打冲孔；标注出构件的编号等。

1. 号料方法

为了合理使用和节约原材料，应最大限度地提高原材料的利用率，一般常用的号料方法有集中号料法、套料法、统计计算法和余料统一号料法等。

(1)集中号料法。由于钢材的规格多种多样，为减少原材料的浪费，提高生产效率，应把同厚度的钢板零件和相同规格的型钢零件，集中在一起进行号料，这种方法称为集中号料法。

(2)套料法。在号料时，精心安排板料零件的形状位置，把同厚度的各种不同形状的零件和同一形状的零件进行套料，这种方法称为套料法。

(3)统计计算法。统计计算法是在型钢下料时采用的一种方法。号料时应将所有同规格型钢零件的长度归纳在一起，先把较长的排出来，再算出余料的长度，然后把和余料长度相同或略短的零件排上，直至整根料被充分利用为止。这种先进行统计安排再号料的方法，称为统计计算法。

(4)余料统一号料法。将号料后剩下的余料按厚度、规格与形状基本相同的集中在一起，把较小的零件放在余料上进行号料，此法称为余料统一号料法。

2. 钢材号料操作

(1)钢材号料前，操作人员必须了解钢材的钢号、规格，并检查其外观质量。

(2)号料的原材料必须摆平放稳，不宜过于弯曲。

(3)不同规格、不同钢号的零件应分别号料，号料应依据先大后小的原则依次进行，且应考

虑设备的可切割加工性。

(4)带圆弧形的零件,不论是剪切还是气割,都不应紧靠在一起进行号料,必须留有间隙,以利于剪切或气割。

(5)当钢板长度不够需要焊接接长时,在接缝处必须注明坡口形状及大小,在焊接和矫正后再画线。

3. 钢材号料的允许偏差

钢材号料的允许偏差见表 5-2。

表 5-2　钢材号料的允许偏差　　　　　　　　　　　　　　　　mm

项　　目	允许偏差
零件外形尺寸	±1.0
孔　　距	±0.5

5.2.2　钢材的切割下料

5.2.2.1　钢材的切割方法

钢材的切割下料应根据钢材的截面形状、厚度及切割边缘的质量要求而采用不同的切割方法。目前,常用的切割方法有机械切割、气割、等离子切割三种。

1. 机械切割

(1)剪板机、型钢冲剪机。切割速度快、切口整齐、效率高,适用于薄钢板、压型钢板、冷弯檩条的切割。

(2)无齿锯。切割速度快,可切割不同形状的各类型钢、钢管和钢板,切口不光洁,噪声大,适于锯切精度要求较低的构件或下料留有余量,最后还需精加工的构件。

(3)砂轮锯。切口光滑,生刺较薄易清除,噪声大,粉尘多,适用于切割薄壁型钢及小型钢管,切割材料的厚度不宜超过 4 mm。

(4)锯床。切割精度高,适于切割各类型钢及梁、柱等型钢构件。

2. 气割

(1)自动切割。切割精度高,速度快,在其数控气割时可省去放样、画线等工序而直接切割,适于钢板切割。

(2)手工切割。设备简单,操作方便,费用低,切口精度较差,能够切割各种厚度的钢材。

3. 等离子切割

等离子切割温度高,冲刷力大,切割边质量好,变形小,可以切割任何高熔点金属,特别是不锈钢、铝、铜及其合金等。

5.2.2.2　钢材的切割操作

1. 机械切割

(1)切割前,将钢板表面清理干净。

(2)切割时,应有专人指挥、控制操纵机构。

(3)切割过程中,由于切口附近金属受剪力作用而发生挤压、弯曲变形,由此使该区域的钢材发生硬化。当被切割的钢板厚度小于 25 mm 时,一般硬化区域宽度为 1.5～2.5 mm。因此,在制造重要的结构件时,需将硬化区的宽度刨削除掉或者进行热处理。

(4)碳素结构钢在环境温度低于-20 ℃、低合金结构钢在环境温度低于-15 ℃时,不得进行剪切、冲孔。

（5）采用机械剪切时，剪切钢材质量的允许偏差见表 5-3。

表 5-3　机械剪切的允许偏差　　　　　　　　　　　　　mm

项　　目	允许偏差
零件宽度、长度	±3.0
边缘缺棱	1.0
型钢端部垂直度	2.0

2. 气割

钢材气割前，应正确选择工艺参数（如割嘴型号、氧气压力、气割速度和预热火焰的能率等）。工艺参数的选择主要是根据气割机械的类型和可切割的钢板厚度而定。

（1）钢材气割时，应先点燃割炬，随即调整火焰。火焰的大小应根据工件的厚薄调整适当，然后进行切割。

（2）当预热钢板的边缘略呈红色时，将火焰局部移出边缘线以外，同时慢慢打开切割氧气阀门。如果预热的红点在氧流中被吹掉，应开大切割氧气阀门。当有氧化铁渣随氧流一起飞出时，证明已割透，这时即可进行正常切割。

（3）若遇到切割必须从钢板中间开始，应在钢板上先割出孔，再沿切割线进行切割。

（4）在切割过程中，有时因嘴头过热或氧化铁渣的飞溅，使割炬嘴头堵住或乙炔供应不及时，嘴头鸣爆并发生回火现象，这时应迅速关闭预热氧气和切割炬。

（5）切割临近终点时，嘴头应略向切割前进的反方向倾斜，以利于钢板的下部提前割透，使收尾时割缝整齐。当到达终点时，应迅速关闭切割氧气阀门，并将割炬抬起，再关闭乙炔阀门，最后关闭预热氧阀门。

（6）钢材气割质量允许偏差应符合表 5-4 的规定。

表 5-4　气割的允许偏差　　　　　　　　　　　　　　mm

项　　目	允许偏差	项　　目	允许偏差
零件宽度、长度	±3.0	割纹深度	0.3
切割面平面度	0.05t 且不大于 2.0	局部缺口深度	1.0

注：t 为切割面厚度。

5.2.3　钢构件成形和矫正

5.2.3.1　钢材成形

1. 钢材热加工

把钢材加热到一定温度后进行的加工方法统称钢材热加工。

（1）加热方法。热加工常用的加热方法有以下两种：

1）利用乙炔火焰进行局部加热。该方法加热简便，但是加热面积较小。

2）放在工业炉内加热。其虽然没有第一种方法简便，但是加热面积很大，并且可以根据结构件的大小来砌筑工业炉。

（2）加热温度。热加工是一个比较复杂的过程，其工作内容是弯制成形和矫正等工序在常温下所达不到的。温度能够改变钢材的力学性能，既能变硬也能变软。

热加工时所要求的加热温度，对于低碳钢一般都在 1 000 ℃～1 100 ℃。热加工终止温度不应低于 700 ℃，加热温度过高，加热时间过长，都会引起钢材内部组织的变化，破坏原材料材质的力学性能。当加热温度在 500 ℃～550 ℃时，钢材产生蓝脆性。在这个温度范围内，严禁锤打和弯曲，否则容易使钢材断裂。钢材加热的温度可从加热时所呈现的颜色来判断。

(3)型钢热加工。手工热弯型钢的变形与机械冷弯型钢的变形一样，都是通过外力的作用，使型钢沿中性层内侧发生压缩的塑性变形和沿中性层外侧发生拉伸的塑性变形。这样便产生了钢材的弯曲变形。

对那些不对称的型材构件，加热后在自由冷却过程中，由于截面不对称，表面散热速度不同，散热快的部分先冷却，散热慢的部分在冷却收缩过程中受到先冷却钢材的阻力，收缩的数值也就不同。

(4)钢板热加工。在钢结构的构件中，那些具有复杂形状的弯板，完全用冷加工的方法很难加工成形，一般都是先冷加工出一定的形状，再采用热加工的方法弯曲成形。将一张只有单向曲度的弯板加工成双重曲度弯板，就是使钢板的纤维重新排列的过程。如果板边的纤维收缩，便成为同向双曲线板；如果板的中间部分纤维收缩，就成为异向双曲板；如果使其一边纤维收缩，另一边纤维伸长，便成为"喇叭口"式的弯板。

2. 钢材冷加工

钢材在常温下进行加工制作的方法统称冷加工。冷加工绝大多数是利用机械设备和专用工具进行的。冷加工与热加工相比具有较多的优越性，其设备简单，操作方便，节约材料及燃料，钢材的力学性能改变较小，所以，冷加工更容易满足设计和施工的要求，而且可以提高工作效率。

(1)冷加工类型。

1)作用于钢材单位面积上的外力超过材料的屈服强度而小于其极限强度，不破坏材料的连续性，但使其产生永久变形，如加工中的辊、压、折、轧、矫正等。

2)作用于钢材单位面积上的外力超过材料的极限强度，促使钢材产生断裂，如冷加工中的剪、冲、刨、铣、钻等。

(2)冷加工原理。根据冷加工的要求使钢材产生弯曲和断裂。在微观角度上，钢材产生永久变形是以其内部晶格的滑移形式进行的。外力作用后，晶格沿着结合力最差的晶界部位滑移，使晶粒与晶面产生弯曲或歪曲。

(3)冷加工温度。低温中的钢材，其韧性和延伸性均相应较小，极限强度和脆性相应较大。若此时进行冷加工受力，钢材易产生裂纹，因此，应注意低温时不宜进行冷加工。对于普通碳素结构钢，在工作地点温度低于-20 ℃时，或低合金结构钢在工作地点温度低于-15 ℃时，都不允许进行剪切和冲孔；当普通碳素结构钢在工作地点温度低于-16 ℃时，或低合金结构钢在工作地点温度低于-12 ℃时，不允许进行冷矫正和冷弯曲加工。

5.2.3.2 弯曲成形

弯曲成形是指根据构件形状的需要，利用加工设备和一定的工具、模具把板材或型钢弯制成一定形状的工艺方法。

1. 弯曲分类

在钢结构制造中，用弯曲方法加工构件的种类非常多，可根据构件的技术要求和已有的设备条件进行选择。工程中，常用的分类方法及其适用范围如下。

(1)按钢构件的加工方法，弯曲可分为压弯、滚弯和拉弯三种。压弯适用于一般直角弯曲（V 形件）、双直角弯曲（U 形件），以及其他适宜弯曲的构件；滚弯适用于滚制圆筒形构件及其他弧形构件；拉弯主要用于将长条板材拉制成不同曲率的弧形构件。

(2)按构件的加热程度分类，弯曲可分为冷弯和热弯两种。冷弯是在常温下进行弯制加工，它适用于一般薄板、型钢等的加工。热弯是将钢材加热至 950 ℃～1 100 ℃，在模具上进行弯制加工，它适用于厚板及较复杂形状构件、型钢等的加工。

2. 弯曲半径

钢材弯曲过程中，弯曲件的圆角半径不宜过大，也不宜过小。过大时因回弹影响，构件精度不易保证；过小则容易产生裂纹。根据实践经验，钢板最小弯曲半径在经退火和不经退火时较合理的推荐数值见表5-5。

表5-5　钢板最小弯曲半径

图　　示	板　　材	弯曲半径(R)	
		经退火	不经退火
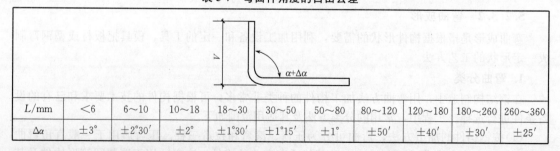	钢 Q235、15、30	$0.5t$	t
	钢 A5、35	$0.8t$	$1.5t$
	钢 45	t	$1.7t$
	铜	—	$0.8t$
	铝	$0.2t$	$0.8t$

一般薄板材料弯曲半径 R 可取较小数值，$R \geqslant t$（t 为板厚）。厚板材料弯曲半径 R 应取较大数值，$R = 2t$（t 为板厚）。

3. 弯曲角度

弯曲角度是指弯曲件的两翼夹角，它会影响构件材料的抗拉强度。

(1)当弯曲线和材料纤维方向垂直时，材料具有较大的抗拉强度，不易发生裂纹。

(2)当材料纤维方向和弯曲线平行时，材料的抗拉强度较差，容易发生裂纹，甚至断裂。

(3)在双向弯曲时，弯曲线应与材料纤维方向成一定的夹角。

(4)随着弯曲角度的缩小，应考虑将弯曲半径适当增大。一般弯曲件长度自由公差的极限偏差和角度的自由公差推荐数值见表5-6和表5-7。

表5-6　弯曲件自由公差的长度尺寸的极限偏差　　　　　　　mm

长度尺寸		3～6	6～18	18～50	50～120	120～260	260～500
材料厚度	<2	±0.3	±0.4	±0.6	±0.8	±1.0	±1.5
	2～4	±0.4	±0.6	±0.8	±1.2	±1.5	±2.0
	>4	—	±0.8	±1.0	±1.5	±2.0	±2.5

表5-7　弯曲件角度的自由公差

L/mm	<6	6～10	10～18	18～30	30～50	50～80	80～120	120～180	180～260	260～360
$\Delta\alpha$	±3°	±2°30′	±2°	±1°30′	±1°15′	±1°	±50′	±40′	±30′	±25′

5.2.3.3　钢构件矫正

矫正是指通过外力或加热作用制造新的变形，去抵消已经发生的变形，使材料或构件平直或达到一定几何形状要求，从而符合技术标准的一种工艺方法。

矫正可采用机械矫正、加热矫正、混合矫正等方法。

1. 机械矫正

机械矫正是在矫正机上进行的钢材矫正方法，使用时应根据矫正机的技术性能和实际使用情况进行选择。

型钢的机械矫正是在型钢矫直机上进行的，如图 5-1 所示。型钢矫直机的工作力有侧向水平推力和垂直向下压力两种。两种型钢矫直机的工作部分都是由两个支承和一个推撑构成的。推撑可伸缩运动，伸缩距离可根据需要进行控制，两个支承固定在机座上，可按型钢弯曲程度来调整两支承点之间的距离，一般较大弯距离则大，较小弯距离则小。在矫直机的支承、推撑之间的下平面至两端，一般安设数个带轴承的转动轴或滚筒支架设施，便于矫正较长的型钢时，来回移动省力。

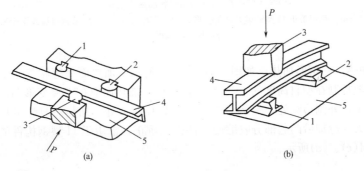

图 5-1 型钢的机械矫正
(a)撑直机矫直角钢；(b)撑直机(或压力机)矫直工字钢
1、2—支承；3—推撑；4—型钢；5—平台

2. 加热矫正

加热矫正又称为火焰矫正，是指用氧-乙炔焰或其他气体的火焰对部件或构件变形部位进行局部加热，利用金属热胀冷缩的物理性能，钢材受热冷却时产生很大的冷缩应力来矫正变形。

加热方式有点状加热、线状加热和三角形加热三种。

(1)点状加热。点状加热加热点呈小圆形，直径一般为 10～30 mm，点距为 50～100 mm，呈梅花状布局，加热后"点"的周围向中心收缩，使变形得到矫正，如图 5-2 所示。点状的加热适用于矫正板料的局部弯曲或凹凸不平。

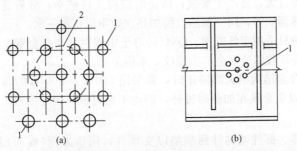

图 5-2 火焰加热的点状加热方式
(a)点状加热布局；(b)用点状加热矫正起重机梁腹板变形
1—点状加热点；2—梅花形布局

(2)线状加热。线状加热加热带的宽度不大于工件厚度的 0.5～2.0 倍。由于加热后上下两面存在较大的温差，加热带长度方向产生的收缩量较小，横向收缩量较大，因而产生不同收缩

使钢板变直，但加热红色区的厚度不应超过钢板厚度的一半，常用于 H 型钢构件翼板角变形的矫正，如图 5-3 所示。

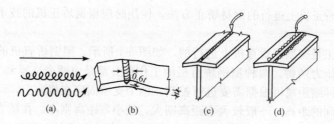

图 5-3　火焰加热的线状加热方式
(a)线状加热方式；(b)用线状加热矫正板变形；
(c)用单加热带矫正 H 型钢梁翼缘角变形；(d)用双加热带矫正 H 型钢梁翼缘角变形
t—板材的厚度

(3)三角形加热。三角形加热，如图 5-4(a)、(b)所示。加热面呈等腰三角形，加热面的高度与底边宽度一般控制在型材高度的 1/5～2/3 范围内，加热面应在工件变形凸出的一侧，三角顶在内侧，底在工件外侧边缘处，一般对工件凸起处加热数处，加热后收缩量从三角形顶点起沿等腰边逐渐增大，冷却后凸起部分收缩使工件得到矫正，常用于 H 型钢构件的拱变形和旁弯的矫正，如图 5-4(c)、(d)所示。

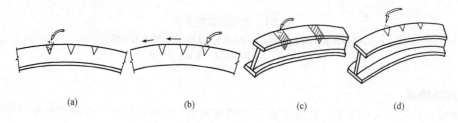

图 5-4　火焰加热的三角形加热方式
(a)、(b)角钢、钢板的三角形加热方式；(c)、(d)用三角形加热矫正 H 型钢梁拱变形和旁弯曲变形

　　火焰加热温度一般为 700 ℃左右，不应超过 900 ℃，加热应均匀，不得有过热、过烧现象；当火焰矫正厚度较大的钢材时，加热后不得用凉水冷却；对低合金钢必须缓慢冷却，因为水冷使钢材表面与内部温差过大，易产生裂纹；矫正时应将工件垫平，分析变形原因，正确选择加热点、加热温度和加热面积等，同一加热点的加热次数不应超过三次。

　　火焰矫正变形一般只适用于低碳钢、Q345；对于中碳钢、高合金钢、铸铁和有色金属等脆性较大的材料，由于冷却收缩变形会产生裂纹，不得采用。

　　低碳钢和普通低合金结构钢火焰矫正时，常采用 600 ℃～800 ℃的加热温度。一般加热温度不宜超过 850 ℃，以免金属在加热时过热，但也不能过低，因温度过低时矫正效率不高。

3. 混合矫正

　　混合矫正法是将零、部件或构件两端垫以支承件，用压力压(或顶)其凸出变形部位使其矫正。常用机械有撑直机、压力机等，如图 5-5(a)所示；或用小型千斤顶或加横梁配合热烤对构件成品进行顶压矫正，如图 5-5(b)、(c)所示；对小型钢材弯曲可用弯轨器，将两个弯钩钩住钢材，用转动丝杆顶压凸弯部位矫正，如图 5-5(d)所示。较大的工件可采用螺旋千斤顶代替丝杆顶正。对成批型材可采取在现场制作支架，以千斤顶作动力进行矫正。

　　混合矫正法适用于对型材、钢构件、工字梁、起重机梁、构架或结构件进行局部或整体变形矫正。但是，当普通碳素钢温度低于－16 ℃时，低合金结构钢温度低于－12 ℃时，不宜采用此法矫正，以免产生裂纹。

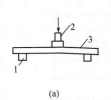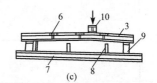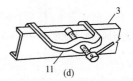

图 5-5　混合矫正法

(a)单头撑直机矫正(平面)；(b)用千斤顶配合热烤矫正

(c)用横梁加荷配合热烤矫正；(d)用弯轨器矫正

1—支承块；2—压力机顶头；3—弯曲型钢；4—液压千斤顶；5—烤枪

6—加热带；7—平台；8—标准平板；9—支座；10—加荷横梁；11—弯轨器

4. 钢材矫正的允许偏差

(1)矫正后的钢材表面不应有明显的凹痕和损伤，表面划痕深度不得大于 0.5 mm，且不得超过钢材厚度允许负偏差的 1/2。

(2)型钢冷矫正和冷弯曲的最小曲率半径和最大弯曲矢高，应符合表 5-8 的规定。

表 5-8　冷矫正和冷弯曲的最小曲率半径和最大弯曲矢高　　　　　　　　mm

钢材类别	图　　例	对应轴	矫正		弯曲	
			r	f	r	f
钢板扁钢		$x-x$	$50t$	$\dfrac{l^2}{400t}$	$25t$	$\dfrac{l^2}{200t}$
		$y-y$ (仅对扁钢轴线)	$100b$	$\dfrac{l^2}{800b}$	$50b$	$\dfrac{l^2}{400b}$
角钢		$x-x$	$90b$	$\dfrac{l^2}{720b}$	$45b$	$\dfrac{l^2}{360b}$
槽钢		$x-x$	$50h$	$\dfrac{l^2}{400h}$	$25h$	$\dfrac{l^2}{200h}$
		$y-y$	$90b$	$\dfrac{l^2}{720b}$	$45b$	$\dfrac{l^2}{360b}$
工字钢		$x-x$	$50h$	$\dfrac{l^2}{400h}$	$25h$	$\dfrac{l^2}{200h}$
		$y-y$	$50b$	$\dfrac{l^2}{400b}$	$25b$	$\dfrac{l^2}{200b}$

注：r 为曲率半径，f 为弯曲矢高，l 为弯曲弦长，t 为钢板厚度。

(3)钢材矫正后的允许偏差应符合表 5-9 的规定。

表 5-9　钢材矫正后的允许偏差　　　　　　　　　　　　　　　　　mm

项　目		允许偏差	图　例
钢板的局部平面度	$t \leqslant 14$	1.5	
	$t > 14$	1.0	
型钢弯曲矢高		$l/1~000$ 且不应大于 5.0	
角钢肢的垂直度		$b/100$ 且双肢拴接 角钢的角度不得大于 90°	
槽钢翼缘对腹板的垂直度		$b/80$	
工字钢、H 型钢翼缘对腹板的垂直度		$b/100$ 且不大于 2.0	

（4）钢管弯曲成形的允许偏差应符合表 5-10 的规定。

表 5-10　钢管弯曲成形的允许偏差　　　　　　　　　　　　　　　　mm

项　目	允许偏差
直径	$\pm d/200$ 且 $\leqslant \pm 5.0$
构件长度	± 3.0
管口圆度	$d/200$ 且 $\leqslant 5.0$
管中间圆度	$d/100$ 且 $\leqslant 8.0$
弯曲矢高	$l/1~500 \leqslant 5.0$

注：d 为钢筋直径。

5.2.4　钢构件边缘加工

在钢结构制造中，为了保证焊缝质量和工艺性焊透以及装配的准确性，不仅需将钢板边缘刨成或铲成坡口，还需要将边缘刨直或铣平。

5.2.4.1　加工部位

钢结构制造中，常需要做边缘加工的部位主要包括以下几个：

（1）起重机梁翼缘板、支座支承面等具有工艺性要求的加工面。

（2）设计图样中有技术要求的焊接坡口。

（3）尺寸精度要求严格的加颈板、隔板、腹板及有孔眼的节点板等。

5.2.4.2　加工方法

1.铲边

对加工质量要求不高、工作量不大的边缘加工，可以采用铲边。铲边有手工和机械铲边两种。手工铲边的工具有手锤和手铲等，机械铲边的工具有风动铲锤和铲头等。

一般手工铲边和机械铲边的构件，其铲线尺寸与施工图样尺寸要求不得相差 1 mm。铲边后的棱角垂直误差不得超过弦长的 1/3 000，且不得大于 2 mm。

2.刨边

对钢构件边缘刨边主要是在刨边机上进行的，常用的刨边机具为 B81120A 型刨边机。

钢构件刨边加工有直边和斜边两种。钢构件刨边加工的余量随钢材的厚度、钢板的切割方法而不同，一般刨边加工余量为 2~4 mm。

3.铣边

有些构件的端部可采用铣边（端面加工）的方法代替刨边。铣边是为了保持构件（如起重机梁、桥梁等接头部分，钢柱或塔架等的金属抵承部位）的精度，能使其力由承压面直接传至底板支座，以减小连接焊缝的焊脚尺寸。这种铣削加工，一般是在端面铣床或铣边机上进行的。

端面铣削也可在铣边机上进行加工，铣边机的结构与刨边机相似，但加工时用盘形铣刀代替刨边机走刀箱上的刀架和刨刀，其生产效率较高。

5.2.4.3　边缘加工质量

（1）钢构件边缘加工的质量标准见表 5-11。

表 5-11　钢构件边缘加工的质量标准

加工方法	宽度、长度/mm	直线度/mm	坡度/(°)	对角差（四边加工）/mm
刨边	±1.0	L/3 000，且不得大于 2.0	+2.5	2
铣边	±1.0	0.30	—	1

（2）钢构件刨、铣加工的允许偏差见表 5-12。

表 5-12　钢构件刨、铣加工的允许偏差　　　　　　　　　　mm

项　　目	允　许　偏　差	项　　目	允　许　偏　差
零件宽度、长度	±1.0	加工面垂直度	$0.025t$，且不应大于 0.5
加工边直线度	$l/3 000$，且不应大于 2.0	加工面表面粗糙度	$\sqrt[50]{}$
相邻两边夹角	±6′	—	—

注：l 为构件长度；t 为构件厚度。

5.2.5　钢构件制孔

1.制孔方法

钢结构制作中，常用的加工方法有钻孔、冲孔、铰孔、扩孔等，施工时，可根据不同的技术要求合理选用。

（1）钻孔。钻孔是钢结构制作中普遍采用的方法，能用于任何规格的钢板、型钢的孔加工。

1）构件钻孔前应进行试钻，经检查认可后方可正式钻孔。

2)用划针和钢尺在构件上划出孔的中心和直径，并在孔的圆周（90°位置）上打 4 个冲眼，作钻孔后检查用。孔中心的冲眼应大而深，在钻孔时作为钻头定心用。

3)钻制精度要求高的精制螺栓孔或板叠层数多、长排连接、多排连接的群孔，可借助钻模卡在工件上制孔。使用钻模厚度一般为 15 mm 左右，钻套内孔直径比设计孔径大 0.3 mm。

4)为提高工效，也可将同种规格的板件叠合在一起钻孔，但必须卡牢或点焊固定。但是重叠板厚度不应超过 50 mm。

5)对于成对或成副的构件，宜成对或成副钻孔，以便构件组装。

（2）冲孔。冲孔是在冲孔机（冲床）上进行的，一般只能在较薄的钢板或型钢上冲孔。

1)冲孔的直径应大于板厚，否则易损坏冲头。冲孔下模上平面孔的孔径应比上模的冲头直径大 0.8～1.5 mm。

2)构件冲孔时，应装好冲模，检查冲模之间间隙是否均匀一致，并用与构件相同的材料试冲，经检查质量符合要求后，再进行正式冲孔。

3)大批量冲孔时，应按批抽查孔的尺寸及孔的中心距，以便及时发现问题，及时纠正。

4)环境温度低于 −20 ℃时禁止冲孔。

（3）铰孔。铰孔是用铰刀对已经粗加工的孔进行精加工，以提高孔的光洁度和精度。

铰孔时工件要夹正，铰刀的中心线必须与孔的中心保持一致；手铰时用力要均匀，转速为 20～30 r/min，进刀量大小要适当，并且要均匀，可将铰削余量分为两三次铰完，铰削过程中要加适当的冷却润滑液，铰孔退刀时仍然要顺转。铰刀用后要擦干净，涂上机油，刀刃勿与硬物磕碰。

（4）扩孔。扩孔是用麻花钻或扩孔钻将工件上原有的孔进行全部或局部扩大，主要用于构件的拼装和安装，如叠层连接板孔，常先把零件孔钻成比设计小 3 mm 的孔，待整体组装后再行扩孔，以保证孔眼一致，孔壁光滑，或用于钻直径 30 mm 以上的孔，先钻成小孔，后扩成大孔，以减小钻端阻力，提高工效。

用麻花钻扩孔时，由于钻头进刀阻力很小，极易切入金属，引起进刀量自动增大，从而导致孔面粗糙并产生波纹。所以，用时须将其后角修小，用切削刃外缘吃刀，可避免横刃引起的不良影响，从而切屑少且易排除，提高孔的表面光洁度。

2. 制孔质量检验

（1）螺栓孔周边应无毛刺、破裂、喇叭口和凹凸的痕迹，切屑应清除干净。

（2）对于高强度螺栓，应采用钻孔。地脚螺栓孔与螺栓间的间隙较大，当孔径超过 50 mm 时，可采用火焰割孔。

（3）A、B 级螺栓孔（I 类孔）应具有 H12 的精度，孔壁表面粗糙度 Ra 不应大于 12.5 μm，其孔直径的允许偏差应符合表 5-13 的规定。A、B 级螺栓孔的直径应与螺栓公称直径相等。

表 5-13　A、B 级螺栓孔直径的允许偏差　　　　　　　　mm

序　号	螺栓公称直径、螺栓孔直径	螺栓公称直径允许偏差	螺栓孔直径允许偏差	检查数量	检验方法
1	10～18	0.00 −0.21	+0.18 0.00	按钢构件数量抽查 10%，且不应少于三件	用游标深度尺或孔径量规检查
2	18～30	0.00 −0.21	+0.21 0.00		
3	30～50	0.00 −0.25	+0.25 0.00		

(4)C 级螺栓孔(Ⅱ类孔)，孔壁表面粗糙度 Ra 不应大于 25 μm，其允许偏差应符合表 5-14 的规定。

表 5-14　C 级螺栓孔的允许偏差　　　　　　　　　　　mm

项　目	允许偏差	检查数量	检验方法
直　径	+1.0 0.0	按钢构件数量抽查 10%，且不应少于 3 件	用游标深度尺或孔径量规检查
圆　度	2.0		
垂直度	0.03t，且不应大于 2.0		

注：t 为钻孔材料厚度。

5.3　钢构件组装与预拼装

5.3.1　钢构件组装施工

钢结构零、部件的组装是指遵照施工图的要求，把已经加工完成的各零件或半成品等钢构件采用装配的手段组合成为独立的成品。

1. 钢构件的组装分类

根据特性以及组装程度，钢构件可分为部件组装、组装、预总装。

(1)部件组装是装配最小单元的组合，它一般是由两个或两个以上的零件按照施工图的要求装配成为半成品的结构部件。

(2)组装也称为拼装、装配、组立，是把零件或半成品按照施工图的要求装配成为独立的成品构件。

(3)预总装是根据施工总图的要求把相关的两个以上成品构件，在工厂制作场地上，按其各构件的空间位置总装起来。其目的是客观地反映出各构件的装配节点，以保证构件安装质量。目前，这种装配方法已广泛应用在高强度螺栓连接的钢结构构件制造中。

2. 部件拼接

(1)焊接 H 型钢的翼缘板拼接缝和腹板拼接缝的间距，不应小于 200 mm。翼缘板拼接长度不应小于 600 mm；腹板拼接宽度不应小于 300 mm，长度不应小于 600 mm。

(2)箱形构件的侧板拼接长度不应小于 600 mm，相邻两侧板拼接的间距不应小于 200 mm；侧板在宽度方向不宜拼接，当宽度超过 2 400 mm 确需拼接时，最小拼接宽度不应小于板宽的 1/4。

(3)当设计无特殊要求时，用于次要构件的热轧型钢可采用直口全熔焊接拼接，其拼接长度不应小于 600 mm。

(4)钢管接长每个节间宜为一个接头，最短接长长度应符合下列规定：

1)当钢管直径 $d \leqslant 500$ mm 时，不应小于 500 mm。

2)当钢管直径 $500 < d \leqslant 1\,000$ mm 时，不应小于直径 d。

3)当钢管直径 $d > 1\,000$ mm 时，不应小于 1 000 mm。

4)当钢管采用卷制方式加工成形时，可有若干个接头，但最短接长长度应符合 1)～3)的要求。

(5)钢管接长时，相邻管节或管段的纵向焊缝应错开，错开的最小距离(沿弧长方向)不应小于钢管壁厚的 5 倍，且不应小于 200 mm。

(6)部件拼接焊缝应符合设计文件的要求，当设计无特殊要求时，应采用全熔透等强对接焊接。

3. 构件组装

(1)构件组装宜在组装平台、组装支承架或专用设备上进行，组装平台及组装支承架应有足够的强度和刚度，并应便于构件的装卸、定位。在组装平台或组装支承架上应画出构件的中心线、端面位置线、轮廓线和标高线等基准线。

(2)构件组装可采用地样法、仿形复制装配法、胎模装配法和专用设备装配法等方法；组装时可采用立装、卧装等方式。

(3)构件组装间隙应符合设计和工艺文件要求，当设计和工艺文件无规定时，组装间隙不应大于 2.0 mm。

(4)焊接构件组装时应预设焊接收缩量，并应对各部件进行合理的焊接收缩量分配。重要或复杂构件宜通过工艺性试验确定焊接收缩量。

(5)设计要求起拱的构件，应在组装时按规定的起拱值进行起拱，起拱允许偏差为起拱值的 0～10%，且不应大于 10 mm。设计未要求但施工工艺要求起拱的构件，起拱允许偏差不应大于起拱值的 ±10%，且不应大于 ±10 mm。

(6)桁架结构组装时，杆件轴线交点偏移不应大于 3 mm。

(7)吊车梁和吊车桁架组装、焊接完成后不应允许下挠。吊车梁的下翼缘和重要受力构件的受拉面不得焊接工装夹具、临时定位板、临时连接板等。

(8)拆除临时工装夹具、临时定位板、临时连接板等，严禁用锤敲落，应在距离构件表面 3～5 mm 处采用气割切除，对残留的焊疤应打磨平整，且不得损伤母材。

(9)构件端部铣平后顶紧接触面应有 75% 以上的面积密贴，应用 0.3 mm 的塞尺检查，其塞入面积应小于 25%，边缘最大间隙不应大于 0.8 mm。

4. 构件端部加工

(1)构件端部加工应在构件组装、焊接完成并经检验合格后进行。构件的端面铣平加工可用端铣床加工。

(2)构件的端部铣平加工应符合下列规定：

1)应根据工艺要求预先确定端部铣削量，铣削量不应小于 5 mm。

2)应按设计文件及现行国家标准《钢结构工程施工质量验收规范》(GB 50205—2001)的有关规定，控制铣平面的平面度和垂直度。

5. 构件矫正

(1)构件外形矫正应采取先总体后局部、先主要后次要、先下部后上部的顺序。

(2)构件外形矫正可采用冷矫正和热矫正。当设计有要求时，矫正方法和矫正温度应符合设计文件要求；当设计文件无要求时，应按前述的有关规定。

5.3.2 钢构件预拼装施工

5.3.2.1 构件预拼装要求

(1)钢构件预拼装比例应符合施工合同和设计要求，一般按实际平面情况预装 10%～20%。

(2)拼装构件一般应设拼装工作台，如在现场拼装，则应放在较坚硬的场地上用水平仪找平。

(3)钢构件预拼装地面应坚实，胎架强度、刚度必须经设计计算确定，各支承点的水平精度可用已计量检验的各种仪器逐点测定调整。

(4)各支承点的水平度应符合下列规定：

1)当拼装总面积为 300~1 000 m² 时，允许偏差小于或等于 2 mm。

2)当拼装总面积为 1 000~5 000 m² 时，允许偏差小于 3 mm。单构件支承点不论柱、梁、支撑，应不少于两个支承点。

(5)拼装时，构件全长应拉通线，并在构件有代表性的点上用水平尺找平，符合设计尺寸后用电焊点固焊牢。对刚性较差的构件，翻身前要进行加固，构件翻身后也应进行找平，否则构件焊接后无法矫正。

(6)在胎架上预拼装时，不得对构件动用火焰、锤击等，各杆件的重心线应交汇于节点中心，并应完全处于自由状态。

(7)预拼装钢构件控制基准线与胎架基线必须保持一致。

(8)高强度螺栓连接预拼装时，使用冲钉直径必须与孔径一致，每个节点要多于三只，临时普通螺栓数量一般为螺栓孔的 1/3。对孔径进行检测，试孔器必须垂直自由穿落。

(9)所有需要进行预拼装的构件制作完毕后，必须经专业质检员验收，并应符合质量标准的要求。相同构件可以互换，但不得影响构件整体几何尺寸。

(10)构件在制作、拼装、吊装中所用的钢尺应统一，且必须经计量检验，并相互核对，测量时间在早晨日出前、下午日落后最佳。

5.3.2.2 螺栓孔检查与修补

1. 螺栓孔检查

除工艺要求外，板叠上所有螺栓孔、铆钉孔等应采用量规检查，其通过率应符合下列规定。

(1)用比孔的直径小 1.0 mm 的量规检查，应通过每组孔数的 85%；用比螺栓公称直径大 0.2~0.3 mm 的量规检查，应全部通过。

(2)量规不能通过的孔，应经施工图编制单位同意后，方可扩钻或补焊后重新钻孔。扩钻后的孔径不得大于原设计孔径 2.0 mm；补孔应制订焊补工艺方案并经过审查批准，用与母材强度相应的焊条补焊，不得用钢块填塞。

2. 螺栓孔修补

在施工过程中，修孔现象时有发生，当错孔在 3.0 mm 以内时，一般都用铣刀铣孔或铰刀铰孔，其孔径扩大不超过原孔径的 1.2 倍；当错孔超过 3.0 mm 时，一般都用焊条焊补堵孔，并修磨平整，不得凹陷。

目前，各制作单位大多采用模板钻机，如果发现错孔，则一组孔均错，因此，制作单位可根据节点的重要程度来确定采取焊补孔或更换零部件。特别强调不得在孔内填塞钢块，否则会造成严重后果。

5.3.2.3 构件拼装方法

钢构件拼装方法有平装法、立拼法和利用模具拼装法三种。

1. 平装法

平装法适用于拼装跨度较小、构件相对刚度较大的钢结构，如长 18 m 以内的钢柱、跨度 6 m 以内的天窗架及跨度 21 m 以内的钢屋架的拼装。

该拼装方法操作方便，不需要稳定加固措施，也不需要搭设脚手架。焊缝焊接大多数为平焊缝；焊接操作简易，不需要技术水平很高的焊接工人，焊缝质量易于保证，而且校正及起拱方便、准确。

2. 立拼法

立拼法主要适用于跨度较大、侧向刚度较差的钢结构，如 18 m 以上钢柱、跨度 9 m 及 12 m 窗架、24 m 以上钢屋架以及屋架上的天窗架。

该拼装法可一次拼装多榀，块体占地面积小，不用铺设或搭设专用拼装操作平台或枕木墩，节省材料和工时。但需搭设一定数量的稳定支架，块体校正、起拱较难，钢构件的连接节点及预制构件的连接件的焊接立缝较多，增加了焊接操作的难度。

3. 利用模具拼装法

模具是指符合工件几何形状或轮廓的模型（内模或外模）。对于成批的板材结构和型钢结构，应尽量采用模具拼装法。利用模具来拼装组焊钢结构，具有产品质量好、生产效率高的特点。

5.4　钢结构加工制作质量通病与防治

5.4.1　钢零件及钢部件加工质量通病与防治

5.4.1.1　放样偏差

1. 质量通病现象

放样尺寸不精确，导致后续步骤或者工序累积误差。

2. 预防治理措施

（1）放样环境。放样台是专门用来放样的，放样台分为木质地板和钢质地板，也可在装饰好的室内地坪上进行。木质放样台应设置于室内，光线要充足，干湿度要适宜，放样平台表面应保持平整、光洁。木地板放样台应刷上淡色无光漆，并注意防火。钢质地板放样台，一般刷上黏白粉或白油漆，这样可以划出易于辨别的线条，以表示不同的结构形状，使放样台上的图面清晰，不致混乱。如果在地坪上放样，也可根据实际情况采用弹墨线的方法。日常则需保护台面（如不许在其上进行对活、击打、矫正工作等）。

（2）放样准备。放样前，应校对图纸各部尺寸有无不符之处，与土建和其他安装工程分部有无矛盾。图纸标注不清，与有关标准有出入或有疑问，自己不能解决时，应与有关部门联系，妥善解决，以免产生错误。如发现图纸设计不合理，需变动图纸上的主要尺寸或发生材料代用时，应与有关部门联系并取得一致意见，并在图纸上注明更改内容和更改时间，填写技术变更核定（洽商）单等签证。

（3）放样操作。应注意用油毡纸或马粪纸壳材料制作样板时引起温度和湿度变化所造成的误差。

（4）样板标注。样板制出后，必须在上面注明图号、零件名称、件数、位置、材料牌号、规格及加工符号等内容，以便使下料工作有序进行。同时，应妥善保管样板，防止折叠和锈蚀，以便进行校核，查出原因。

（5）加工余量。为了保证产品质量，防止由于下料不当造成废品，样板应注意适当预放加工余量，一般可根据不同的加工量按下列数据进行：

1）自动气割切断的加工余量为 3 mm。

2）手工气割切断的加工余量为 4 mm。

3）气割后需铣端或刨边者，其加工余量为 4～5 mm。

4）剪切后无须铣端或刨边的加工余量为零。

5）对焊接结构零件的样板，除放出上述加工余量外，还须考虑焊接零件的收缩量。一般沿焊缝长度纵向收缩率为 0.03%～0.2%；沿焊缝宽度横向收缩，每条焊缝为 0.03～0.75 mm；加强肋的焊缝引起的构件纵向收缩，每肋每条焊缝为 0.25 mm。加工余量和焊接收缩量应根据组合工艺中的拼装方法、焊接方法及钢材种类、焊接环境等决定。

(6)节点放样及制作。焊接球节点和螺栓球节点由专门工厂生产，一般只需按规定要求进行验收，而焊接钢板节点，一般都根据各工程单独制造。焊接钢板节点放样时，先按图纸用硬纸剪成足尺样板，并在样板上标出杆件及螺栓中心线，钢板即按此样板下料。

制作时，钢板相互间先根据设计图纸用电焊点上，然后以角尺及样板为标准，用锤轻击逐渐校正，使钢板间的夹角符合设计要求，检查合格后再进行全面焊接。为了防止焊接变形，带有盖板的节点，在点焊定位后，可用夹紧器夹紧，再全面施焊。同时施焊时，应严格控制电流并分皮焊接，例如，用 $\phi 4$ 的焊条，电流控制在 210 A 以下，当焊缝高度为 6 mm 时，分成两皮焊接。

5.4.1.2 下料偏差

1. 质量通病现象

钢材下料尺寸与实际尺寸有偏差。

2. 预防治理措施

(1)准备好下料的各种工具，如各种量尺、手锤、中心冲、划规、划针和凿子及上面提到的剪、冲、锯、割等。

(2)检查对照样板及计算好的尺寸是否符合图纸的要求。如果按图纸的几何尺寸直接在板料上或型钢上下料，应仔细检查计算下料尺寸是否正确，防止错误和由于错误造成的废品。

(3)发现材料上有疤痕、裂纹、夹层及厚度不足等缺陷时，应及时与有关部门联系，研究决定后再下料。

(4)钢材有弯曲和凹凸不平时，应先矫正，以减小下料误差。对于材料的摆放，两型钢或板材边缘之间至少有 50~100 mm 的距离以便画线。对于规格较大的型钢和钢板放、摆料要有起重机配合进行，可提高工效并保证安全。

(5)角钢及槽钢弯折料长计算，角钢、槽钢内煨直角切口计算，焊接收缩量预留计算等必须严格，不能出现误差。

5.4.1.3 气割下料偏差

1. 质量通病现象

气割的金属材料不适合气割；气割时火焰大小控制不当，导致气割下料出现偏差。

2. 预防治理措施

(1)合理选择气割条件。氧-乙炔气割是根据某种金属被加热到一定温度时在氧气流中能够剧烈燃烧氧化的原理，用割炬来进行切割的。

金属材料只有满足下列条件，才能进行气割。

1)金属材料的燃点必须低于其熔点。这是保证切割在燃烧过程中进行的基本条件；否则，切割时金属先熔化变为熔割过程，会使割口过宽，而且不整齐。

2)燃烧生成的金属氧化物的熔点，应低于金属本身的熔点，同时流动性要好；否则，就会在割口表面形成固态氧化物，阻碍氧气流与下层金属的接触，使切割过程不能正常进行。

3)金属燃烧时应能放出大量的热，而且金属本身的导热性要低。这是为了保证下层金属有足够的预热温度，使切割过程能连续进行。

满足上述条件的金属材料有纯铁、低碳钢、中碳钢和普通低合金钢。而铸铁、高碳钢、高合金钢及铜、铝等有色金属及其合金，均难以进行氧-乙炔气割。

(2)手工气割操作控制。

1)气割前的准备。

①首先检查工作场地是否符合安全要求，然后将工件垫平。工件下面应留有一定的空隙，以利于氧化铁渣的吹出。工件下面的空间不能密封，否则可能会在气割时引起爆炸。工件表面的油污和铁锈要加以清除。

②检查切割氧气流线的方法是点燃割炬，将预热火焰调整适当，然后打开切割氧阀门，观察切割氧流线的形状。切割氧流线应为笔直而清晰的圆柱体，并有适当的长度，这样才能使工件切口表面光滑干净，宽窄一致。如果风线形状不规则，应关闭所有阀门，用透针或其他工具修整割嘴的内表面，使之光滑。

2)气割操作。气割操作时，首先点燃割炬，随即调整火焰。火焰的大小，应根据工件的厚薄调整适当，然后进行切割。

开始切割，预热钢板的边缘略呈红色时，将火焰局部移出边缘线以外，同时慢慢打开切割氧气阀门。如果预热的红点在氧流中被吹掉，则应开大切割氧气阀门。当有氧化铁渣随氧流一起飞出时，证明已割透，这时即可进行正常切割。

若切割必须从钢板中间开始，要在钢板上先割出孔，再按切割线进行切割。割孔时，首先预热要割孔的地方，如图5-6(a)所示；然后将割嘴提起离钢板15 mm左右，如图5-6(b)所示；再慢慢开启切割氧阀门，并将割嘴稍侧倾并旁移，使溶渣吹出，如图5-6(c)所示，直至将钢板割穿，再沿切割线切割，如图5-6(d)所示。

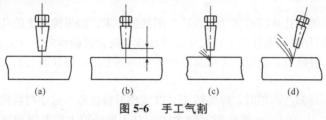

图5-6　手工气割
(a)预热；(b)上提；(c)吹渣；(d)切割

在切割过程中，有时因嘴头过热或氧化铁渣的飞溅，割炬嘴头被堵住或乙炔供应不及时，嘴头产生鸣爆并发生回火现象。这时应迅速关闭预热氧气和切割炬。如果嘴头仍然发出"嘶嘶"声，说明割炬内回火尚未熄灭，这时应再迅速将乙炔阀门关闭或者迅速拔下割炬上的乙炔气管，使回火的火焰气体排出。处理完毕，应先检查割炬的射吸能力，然后方可重新点燃割炬。

切割临近终点时，嘴头应略向切割前进的反方向倾斜，以利于钢板的下部提前割透，使收尾时割缝整齐。当到达终点时，应迅速关闭切割氧气阀门，并将割炬抬起，再关闭乙炔阀门，最后关闭预热氧阀门。

5.4.1.4　边缘加工偏差

1. 质量通病现象

钢起重机梁翼缘板的边缘、钢柱脚和肩梁承压支承面以及其他要求刨平顶紧的部位、焊接对接口、焊接坡口的边缘、尺寸要求严格的加劲板、隔板腹板和有孔眼的节点板，以及由于切割下料产生硬化的边缘或采用气割、等离子弧切割方法切割下料产生有害组织的热影响区，一般均需边缘加工进行刨边、刨平或刨坡口。边缘加工偏差过大。

2. 预防治理措施

当用气割方法切割碳素钢和低合金钢焊接坡口时，对屈服强度小于400 N/mm²的钢材，应将坡口熔渣、氧化层等清除干净，并将影响焊接质量的凹凸不平处打磨平整；对屈服强度大于或等于400 N/mm²的钢材，应将坡口表面及热影响区用砂轮打磨去除淬硬层。

当用碳弧气刨方法加工坡口或清焊根时，刨槽内的氧化层、淬硬层、顶碳或铜迹必须彻底打磨干净。

5.4.1.5　卷边缺陷

1. 质量通病现象

(1)外形缺陷。卷弯圆柱形筒身时，常见的外形缺陷有过弯、锥形、鼓形、束腰、歪斜和棱角等缺陷。其原因如下：

1)过弯：轴辊调节过量。

2)锥形：上下辊的中心线不平行。

3)鼓形：轴辊发生弯曲变形。

4)束腰：上下辊压力和顶力太大。

5)歪斜：板料没有对中。

6)棱角：预弯过大或过小。

(2)表面压伤。卷板时，钢板或轴辊表面的氧化皮及黏附的杂质会造成板料表面的压伤。尤其在热卷或热矫时，氧化皮与杂质对板料的压伤更为严重。

(3)卷裂。板料在卷弯时，变形太大、材料的冷作硬化，以及应力集中等因素，会使材料的塑性降低而造成裂纹。

2. 预防治理措施

(1)矫正棱角的方法可采用三辊或四辊卷板机进行。

(2)表面压伤的预防应注意以下几点：

1)在冷卷前必须清除板料表面的氧化皮，并涂上保护涂料。

2)热卷时宜采用中性火焰，缩短高温度下板料停留的时间，并采用防氧涂料等办法，尽量减少氧化皮的产生。

3)卷板设备必须保持干净，轴辊表面不得有锈皮、毛刺、棱角或其他硬性颗粒。

4)卷板时应不断吹扫内外侧剥落的氧化皮，矫圆时应尽量减少反转次数等。

5)非铁金属、不锈钢和精密板料卷制时，最好固定专用设备，并将轴辊磨光，消除棱角和毛刺等，必要时用厚纸板或专用涂料保护工作表面。

(3)卷裂的防治措施。

1)对变形率大和脆性的板料，需进行正火处理。

2)对缺口敏感性大的钢种，最好将板料预热到150 ℃～200 ℃后卷制。

3)板料的纤维方向，不应与弯曲线垂直。

4)对板料的拼接缝必须修磨至光滑平整。

5.4.2 钢构件组装施工质量通病与防治

5.4.2.1 焊缝连接组装错误

1. 质量通病现象

没有根据测量结果及现场情况确定焊接顺序；焊接时不用引弧板；钢柱焊接时只有一名焊工施焊等。

2. 预防治理措施

(1)应确定合理的焊接顺序，平面上应以中部对称向四周扩展；根据钢柱的垂直度偏差确定焊接顺序，对钢柱的垂直度进一步校正。

(2)应加设长度大于3倍焊缝厚度的引弧板，并且材质应与母材一致或通过试验选用。

(3)焊接前应将焊缝处的水分、脏物、铁锈、油污、涂料清除干净。

(4)钢柱焊接时，应由两名焊工在相互对称位置以相同速度同时施焊。

5.4.2.2 顶紧接触面紧贴面积不够

1. 质量通病现象

顶紧接触面紧贴面积没有达到顶紧接触面的75%。

2. 预防治理措施

按接触面的数量抽查 10%，且不应少于 10 个。

用 0.3 mm 塞尺检查，塞入面积应小于 25%，边缘间隙不应大于 0.8 mm。钢构件之间要平整，钢构件不能有变形。

5.4.2.3 轴线交点错位过大

1. 质量通病现象

桁架结构杆件轴线交点错位过大。

2. 预防治理措施

按构件数抽查 10%，且应不少于 3 个，每个抽查构件按节点数抽查 10%，且不应少于 3 个节点。用尺量检查，桁架结构杆件轴线交点错位的允许偏差不得大于 3.0 mm。

桁架结构杆件组装时，严格按顺序组装。杆件之间的轴线要严格按照图纸对准。

5.4.3 钢构件预拼装施工质量通病与防治

5.4.3.1 预拼装变形

1. 质量通病现象

钢构件预拼装时发生变形。

2. 预防治理措施

严格按钢构件预拼装的工艺要求进行钢构件预拼装施工，不得马虎大意。

5.4.3.2 起拱不准确

1. 质量通病现象

构件起拱数值大于或小于设计数值。

2. 预防治理措施

(1)在制造厂进行预拼装，严格按照钢结构构件制作允许偏差进行检验，如拼接点处角度有误，应及时处理。

(2)在小拼过程中，应严格控制累积偏差，注意采取措施消除焊接收缩量的影响。

(3)钢屋架或钢梁拼装时应按规定起拱，根据施工经验可适当增加施工起拱。

(4)根据拼装构件重量，对支顶点或支承架要经计算确定，否则焊后如造成永久变形则无法处理。

5.4.3.3 拼装焊接变形

1. 质量通病现象

拼装构件焊接后翘曲变形。

2. 预防治理措施

(1)焊条的材质、性能应与母材相符，均应符合设计要求。焊材的选用原则是，焊条与焊接母材应等强，或焊条的强度略高于被焊母材的强度，以防止焊缝金属与母材金属的强度不等使焊后构件产生过大的应力而造成变形。

(2)拼装支承的平面应保证其水平度，并应符合支承的强度要求，不会使构件因自重失稳下坠，造成拼装构件焊接处的弯曲变形。

(3)焊接过程中应采用正确的焊接规范，防止在焊缝及热影响区产生过大的受热面积，使焊后造成较大的焊接应力，导致构件变形。

(4)焊接时还应采取相应的防变形措施，常用的防止变形的措施如下：

1)焊接较厚构件在不降低结构条件下，可采用焊前预热或退火来提高塑性，降低焊接残余应力的变形。

2)遵循正确的焊接顺序。

3)构件加固法：将焊件于焊前用刚性较大的夹具临时加固，增加刚性后，再进行焊接。但这种方法只适用于塑性较好的低碳钢结构钢和低合金结构钢一类的焊接构件，不适用于高强结构钢一类的脆裂敏感性较强的焊接构件，否则易增加应力，产生裂纹。

4)反变形法：根据施工经验或以试焊件的变形为依据，采取使构件间焊接变形向反方向作适量变形，以达到消除焊接变形的目的。

5.4.3.4　拼装后扭曲

1. 质量通病现象

构件拼装后全长扭曲超过允许值。

2. 预防治理措施

(1)从号料到剪切，对钢材及剪切后的零、构件应作认真检查。对于变形的钢材及剪切后的零、构件应矫正合格，以防止以后各道工序积累变形。

(2)拼装时应选择合理的装配顺序。一般的原则是先将整体构件适当地分成几个部件，分别进行小单元部件的拼装，将这些拼装和焊完的部件予以矫正后，再拼成大单元整体。这样可使某些不对称或收缩大的构件焊缝能自由收缩和进行矫正，而不影响整体结构的变形。拼装时还应注意以下事项：

1)拼装前，应按设计图的规定尺寸，认真检查拼装零、构件的尺寸是否正确。

2)拼装底样的尺寸一定要符合拼装半成品构件的尺寸要求，构件焊接点的收缩量应接近焊后实际变化尺寸要求。

3)拼装时，为防止构件在拼装过程中产生过大的应力变形，应使零件的规格或形状均符合规定的尺寸和样板要求；同时，在拼装时不应采用较大的外力强制组对，以防止构件焊后产生过大的约束应力而发生变形。

4)构件组装时，为使焊接接头均匀受热以消除应力和减少变形，应做到对接间隙、坡口角度、搭接长度和 T 形贴角连接的尺寸正确，其形状、尺寸的要求，应按设计及确保质量的经验做法进行。

5)坡口加工的形式、角度、尺寸应按设计施工图的要求进行。

5.4.3.5　跨度不准确

1. 质量通病现象

构件跨度值大于或小于设计值。

2. 预防治理措施

(1)由于构件制作偏差，起拱与跨度值发生矛盾时，应先满足起拱数值。为保证起拱和跨度数值准确，必须严格按照《钢结构工程施工质量验收规范》(GB 50205—2001)检查构件制作尺寸的精确度。

(2)小拼构件偏差必须在中拼时消除。

(3)构件在制作、拼装、吊装中所用的钢尺应统一。

(4)为防止跨度不准确，在制造厂应采用试拼办法解决。

▶ **本章小结**

钢结构加工生产准备工作包括：施工图的审查；加工材料的准备；钢结构零、部件制作工艺规程的编制；施工工艺的准备；⑤结构零、部件加工场地的布置。钢零件及钢部件加工工艺包括：钢结构的放样与号料；钢材的切割下料；钢构件矫正和成形；钢构件边缘加工；钢构件制孔等。钢构件组装常采用地样组装法和胎模组装法；钢构件预拼装主要采用平装法、立拼法和利用模具拼装法三种。

思考与练习

1. 钢结构设计图的内容一般包括哪些？
2. 钢结构设计图与钢结构施工详图有何区别？
3. 钢结构施工详图的内容主要包括哪几个方面？
4. 审查图纸的目的是什么？
5. 钢结构零、部件加工场地应满足哪些要求？
6. 发现图样设计不合理，该如何处理？
7. 钢材热加工的温度有何要求？
8. 钢材弯曲过程中，为何弯曲件的圆角半径不宜过大，也不宜过小？
9. 钢构件的组装可分为哪几类？
10. 构件组装的常用方法有哪几种？
11. 构件外形矫正先后顺序是如何规定的？
12. 构件拼装方法有哪些？这些方法各自的适用范围是如何规定的？

模块 6　钢结构安装

学习目标

通过本模块的学习，了解钢结构安装常用机具设备，钢结构安装前应做的准备工作；熟悉钢柱、钢吊车梁、钢屋架、多层及高层钢结构的安装过程；掌握钢结构安装工艺操作内容、安装质量控制及质量通病防治措施。

能力目标

能够按要求完成钢梁、钢柱、钢屋架等钢结构构件的安装。

6.1　钢结构安装常用机具设备简介

6.1.1　塔式起重机

1. 塔式起重机的类型

塔式起重机是把吊臂、平衡臂等结构和起升、变幅等机构安装在金属塔身上的一种起重机，其特点是提升高度高、工作半径大、工作速度快、吊装效率高等。塔式起重机按有无行走机构，分为固定式和移动式；按其回转形式，分为上回转和下回转；按其变幅方式，分为水平臂架小车变幅和动臂变幅；按其安装形式，分为自升式、整体快速装拆式和拼装式。拼装式塔式起重机因装拆工作量大已经被淘汰。目前，应用最广的是下回转、快速装拆、轨道式塔式起重机和能够一机四用(轨道式、固定式、附着式和内爬式)的自升式塔式起重机。QTZ100 型塔式起重机外形图如图 6-1 所示。自升式塔式起重机结构示意图如图 6-2 所示。

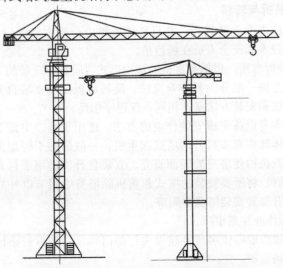

图 6-1　QTZ100 型塔式起重机外形图

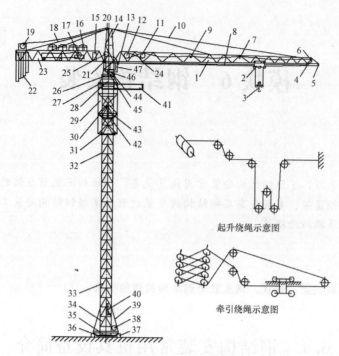

图6-2 自升式塔式起重机结构示意图

1—吊臂;2—变幅小车;3—吊钩滑轮;4、6—导向滑轮;5、13—止挡及变幅限位装置;

7、9—导向滑轮;8—起升钢丝绳;10—吊臂拉绳;11—小车牵引机构;12—导向滑轮及张紧装置;

14—塔尖;15—电控室;16—平衡臂护身栏;17—平衡重移动机构;18—平衡臂拉绳;

19—起升机构;20、21、24—导向滑轮;22—平衡重;23—平衡臂;25—导向及张紧装置;

26—回转机构;27—承座;28—过渡节;29—顶升套架;30—空气开关;31—顶升套架固定器;

32—塔身标准节;33—塔身基础节;34—塔身底节;35—水母底架;36—水母底架支座;

37—大车行走机构;38—电缆卷筒;39—底架斜撑;40—升降梯;41—引进小车;42—顶升横梁;

43—液压顶升系统及液压顶升油缸;44—转台;45—旋转机构;46—集电环;47—司机室

2. 塔式起重机的技术性能及起重特性

本部分内容请参考有关塔式起重机技术手册。

3. 塔式起重机的装拆与转移

塔式起重机的拆装应由专业队进行,并且必须取得由行政主管部门颁发的装拆资格证书。塔式起重机的拆装应有技术和安全人员在场监护。

(1)塔式起重机的装拆方法。根据起重机的结构形式、质量和现场的具体情况,确定塔式起重机的安装方法。安装方法一般分为整体自立法、旋转起扳法和立装自升法三种。一般,同一台塔式起重机的拆除方法和安装方法基本相同,仅程序相反。

整体自立法是利用本身设备完成安装作业的方法,适用于轻、中型下回转塔式起重机。旋转起扳法适用于需要解体转移而非自升的塔式起重机,一般借助于轻型汽车起重机,在工地上进行组装,利用自身起升机构使塔身旋转而直立。立装自升法适用于自升式塔式起重机,主要做法为用其他起重机(辅机)将所要安装的塔式起重机除塔身中间节以外的全部部件立装于安装位置,然后用本身的自升装置安装塔身中间节。

(2)塔式起重机装拆作业注意事项。

1)起重机的装拆必须由取得住房城乡建设主管部门颁发的装拆资格证书的专业队进行,并应有技术和安全人员在场监护。

2)起重机装拆前,应按出厂有关规定编制装拆作业方法、质量要求和安全技术措施,经企业技术负责人审批后，作为装拆作业技术方案，并向全体作业人员交底。

3)起重机的装拆作业应在白天进行。遇大风、浓雾和雨雪等恶劣天气时，应停止作业。

4)起重机的金属结构、轨道及所有电气设备的金属外壳，应有可靠的接地装置，接地电阻不应大于 4 Ω。

5)指挥人员应熟悉装拆作业方案，遵守装拆工艺和操作规程，使用明确的指挥信号进行指挥。所有参与装拆作业的人员都应听从指挥，发现指挥信号不清或有错误时，应停止作业，待联系信号清楚后再进行。

6)采用高强度螺栓连接的结构，应使用原厂制造的连接螺栓。自制螺栓应有质量合格的试验证明，否则不得使用。连接螺栓时，应采用扭矩扳手或专用扳手，并应按装配技术要求拧紧。

7)在装拆上回转、小车变幅的起重臂时，应根据出厂说明书的装拆要求进行，并应保持起重机的平衡。

8)装拆人员在进入工作现场时，应穿戴安全保护用品，高处作业时应系好安全带，熟悉并认真执行装拆工艺和操作规程，当发现异常情况或疑难问题时，应及时向技术负责人反映，不得自行其是，应防止处理不当而造成事故。

9)起重机安装过程中，必须分阶段进行技术检验。整机安装完毕后，应进行整机技术检验和调整，各机构动作应正确、平稳、无异响，制动可靠，各安全装置应灵敏有效；在无荷载情况下，塔身和基础平面的垂直度允许偏差为 4/1 000，经分阶段及整机检验合格后，应填写检验记录，经技术负责人审查签证后，方可交付使用。

10)安装起重机时，必须将大车行走缓冲止挡器和限位开关碰块安装牢固，并应将各部位的栏杆、平台、扶杆、护圈等安全防护装置装齐。

11)在装拆作业过程中，遇天气剧变、突然停电、机械故障等意外情况，短时间不能继续作业时，必须使已装拆的部位达到稳定状态并固定牢靠，经检查确认无隐患后，方可停止作业。

12)在拆除因损坏或其他原因而不能用正常方法拆卸的起重机时，必须按照技术部门批准的安全拆卸方案进行。

(3)塔式起重机的转移。塔式起重机转移前，要按照与安装相反的顺序，采用相似的方法，将塔身降下或解体，然后进行整体拖运或解体运输。转移前，应充分了解运行路线情况，根据实际情况采取相应的安全措施。转运过程中，应随时检查，如有异常，应及时处理。采用整机拖运的下回转式塔式起重机，轻型的大多采用全挂式拖运方式，中型及重型的则多采用半挂式拖运方式。拖运的牵引车可利用载重汽车或平板拖车的牵引车；自升式塔式起重机及 TQ60/80 型等上回转塔式起重机都必须解体运输。用平板拖车运输时，以汽车起重机配合装卸。

4. 塔式起重机顶升接高与降落、附着及内爬升

(1)顶升接高与降落。根据顶升接高方式的不同，可分为三种不同形式，即上顶升加节接高、中顶升加节接高和下顶升加节接高(图 6-3)。

上顶升加节接高的工艺是由上向下插入标准节，多用于俯仰变幅的动臂式自升式塔式起重机。

中顶升加节接高的工艺是由塔身一侧引入标准节，可适用于不同形式的臂架，内爬、外附均可，而且顶升时无须松开附着装置，应用面比较广。

下顶升加节接高的优点是人员在下部操作，安全方便；缺点是顶升重量大，顶升时附着装置必须松开。

自升式塔式起重机的顶升接高系统由顶升套架、引进轨道及小车、液压顶升机组三部分组成。其顶升接高的步骤如下：

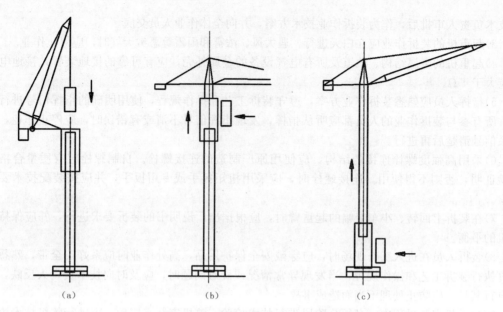

图 6-3　三种不同接高方式示意图

(a)上顶升加节接高；(b)中顶升加节接高；(c)下顶升加节接高

1)回转起重臂使其朝向与引进轨道一致并加以锁定。吊运一个标准节到摆渡小车上，并将过渡节与塔身标准节相连的螺栓松开，准备顶升[图 6-4(a)]。

2)开动液压千斤顶，将塔机上部结构包括顶升套架等上升到超过一个标准节的高度，然后用定位销将套架固定，则塔式起重机上部结构的重量就会通过定位销传送到塔身[图 6-4(b)]。

3)液压千斤顶回缩，形成引进空间，此时将装有标准节的摆渡小车开到引进空间内[图 6-4(c)]。

4)利用液压千斤顶稍微提起待接高的标准节，退出摆渡小车，然后将待接高的标准节平稳地落在下面的塔身上，并用螺栓连接[图 6-4(d)]。

5)拔出定位销，下降过渡节，并与已接高的塔身连成整体[图 6-4(e)]。

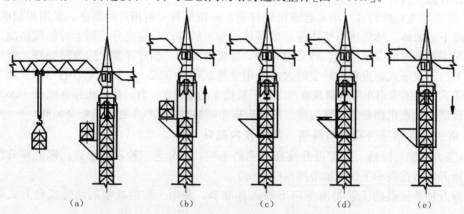

图 6-4　自升式塔式起重机顶升接高过程

(a)准备状态；(b)顶升塔顶；
(c)推入塔身标准节；(d)安装塔身标准节；(e)塔顶与塔身连成整体

塔身降落与顶升方法相似，仅程序相反。

(2)附着。自升式塔式起重机的塔身接高到规定的独立高度后，必须使用附着装置将塔身与建筑物相连接(锚固)，以减少塔身的自由高度，保持塔机的稳定性，减小塔身内力，提高起重能力。附着装置由附着框架、附着杆和附着支座等组成，如图6-5所示。

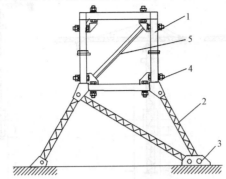

图6-5 附着装置的构造图

1—附着框架；2—附着杆；3—附着支座；4—顶紧螺栓；5—加强撑

塔式起重机的附着应按使用说明书的规定进行，一般应注意以下几点：

1）根据建筑施工总高度、建筑结构特点及施工进度要求制订附着方案。

2）起重机附着的建筑物，其附着点的受力强度应满足起重机的设计要求。附着杆系的布置方式、相互间距和附着距离等，应按出厂使用说明书的规定执行。有变动时，应另行设计。

3）装设附着框架和附着杆件，应采用经纬仪测量塔身垂直度，并应采用附着杆进行调整，在最高附着点以下垂直度允许偏差为2/1 000。

4）在附着框架和附着支座布设时，附着杆倾斜角不得超过10°。

5）附着框架宜设置在塔身标准节连接处，箍紧塔身。塔架对角处在无斜撑时应加固。

6）塔身顶升接高到规定附着间距时，应及时增设与建筑物的附着装置。塔身高出附着装置的自由端高度，应符合出厂规定。

7）起重机作业过程中，应经常检查附着装置，发现松动或异常情况时，应立即停止作业，故障未排除，不得继续作业。

8）拆卸起重机时，应随着降落塔身的进程拆卸相应的附着装置。严禁在落塔之前先拆附着装置。

9）遇有六级及以上大风时，严禁安装或拆卸附着装置。

10）附着装置的安装、拆卸、检查和调整，均应有专人负责。操作人员在工作时应系安全带和戴安全帽，并应遵守高处作业有关安全操作的规定。

11）轨道式起重机作附着式使用时，应提高轨道基础的承载能力和切断行走机构的电源，并应设置阻挡行走轮移动的支座。

12）应对布设附着支座的建筑物构件进行强度验算（附着荷载的取值，一般塔机使用说明书均有规定），如强度不足，须采取加固措施。构件在布设附着支座处应加配钢筋并适当提高混凝土的强度等级。安装附着装置时，附着支座处的混凝土强度必须达到设计要求。附着支座须固定牢靠，其与建筑物构件之间的空隙应嵌塞紧密。

（3）内爬升。内爬升式塔式起重机是一种安装在建筑物内部（电梯井或特设空间）的结构上，依靠爬升机构随建筑物向上建造而向上爬升的起重机。一般每隔两个楼层爬升一次。内爬升式塔式起重机的爬升过程如图6-6所示。

5. 塔式起重机的使用要点

（1）塔式起重机作业前应进行下列检查和试运转：

1）轨道基础应平直无沉陷，接头连接螺栓及道钉无松动；

2）各安全装置、传动装置、指示仪表、主要部位连接螺栓、钢丝绳磨损情况、供电电缆等

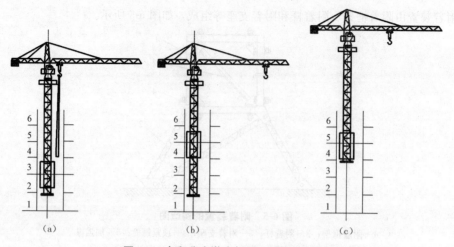

图6-6　内爬升式塔式起重机的爬升过程

(a)套架爬升前；(b)提升套架；(c)提升塔身

必须符合有关规定；

3)按有关规定进行试验和试运转。

(2)当同一施工地点有两台以上的起重机时，应保持两台机器间任何接近部位(包括吊重物)距离不得小于2 m。

(3)在吊钩提升、起重小车或行走大车运行到限位装置前，均应减速缓行到停止位置，并应与限位装置保持一定距离(吊钩不得小于1 m，行走轮不得小于2 m)。严禁采用限位装置作为停止运行的控制开关。

(4)动臂式起重机的起升、回转、行走一般可同时进行，变幅应单独进行，不同型号的塔机有所不同，具体应严格按照规定进行操作。应定期对变幅部位进行检查。允许带载变幅的，当荷载达到额定起重量的90%及以上时，严禁变幅。

(5)提升重物，严禁自由下降。重物就位时，可采用慢就位机构或利用制动器使之缓慢下降。

(6)提升重物做水平移动时，应高出其跨越的障碍物0.5 m以上。

(7)装有上、下两套操纵系统的起重机，不得上、下同时使用。

(8)作业中如遇六级及以上大风或阵风，应立即停止作业，锁紧夹轨器，将回转机构的制动器完全松开，起重臂应能随风转动。对轻型俯仰变幅起重机，应将起重臂落下并与塔身结构锁紧在一起。

(9)作业中，操作人员临时离开操纵室时，必须切断电源，锁紧夹轨器。

(10)起重机载人专用电梯严禁超员，其断绳保护装置必须可靠。当起重机作业时，严禁开动电梯。电梯停用时，应降至塔身底部位置，不得长时间悬在空中。

(11)作业完毕后，起重机应停放在轨道中间位置，起重臂应转到顺风方向，并松开回转制动器，小车及平衡重应置于非工作状态，吊钩宜升到离起重臂顶端2～3 m处。

(12)停机时，应将每个控制器拨回零位，依次断开各开关，关闭操纵室门窗，下机后，应锁紧夹轨器，使起重机与轨道固定，断开电源总开关，打开高空指示灯。

(13)尚未附着的自升式塔式起重机，塔身上不得悬挂标语牌。

(14)每月或连续大雨后，应及时对轨道基础进行全面检查，检查内容包括轨距偏差、钢轨顶面的倾斜度、轨道基础的弹性沉陷、钢轨的不直度及轨道的通过性能等。对混凝土基础，应检查其是否有不均匀的沉降。

(15)混凝土基础的不均匀沉降量应满足基础表面倾斜度或钢轨顶面倾斜度不大于1/1 000的要求。如不均匀沉降量超过允许值，应查明原因并采取措施予以处理。造成不均匀沉降的原因一般有附近地面低洼集水和地基软弱两种，处理措施有：如基础附近地面低洼，应排去集水、挖去淤泥、垫高地面并确保排水通畅；软弱地基，应根据实际情况采取换填法、挤密桩法或灰土墙、锚杆法等措施处理。

6. 塔式起重机的地基与基础

塔式起重机的基础分为轨道基础和混凝土基础两种。固定式塔式起重机采用钢筋混凝土基础，又分为整体式、分离式、灌注桩承台式等形式。整体式又分为方块式和X形式；分离式又分为双条式和四个分块式。方块整体式和四个分块式常用作1 000 kN·m以上自升式塔式起重机的基础；X形和双条形基础常用于400～600 kN·m级塔式起重机；灌注桩承台式钢筋混凝土基础常用在深基础施工阶段，如需在基坑近旁构筑塔式起重机基础时采用。塔式起重机的地基承载力必须满足要求；塔式起重机基础应符合出厂说明书及有关规定；当塔式起重机安装在建筑物基坑内底板上时，应对底板进行验算并采取相应措施；当塔式起重机安装在坑侧支护结构上时，应对支护结构进行验算，并采取必要的加固措施。

塔式起重机的混凝土基础应符合下列要求：

(1)混凝土强度等级不低于C30。

(2)基础表面平整度允许偏差为1/1 000。

(3)埋设件的位置、标高、垂直度、施工工艺须符合出厂说明书要求。

塔式起重机的轨道两旁、混凝土基础周围应修筑边坡和排水设施。

塔式起重机的基础施工完毕，经验收合格后方可使用。

6.1.2 履带式起重机

1. 履带式起重机的类型

履带式起重机是在行走的履带底盘上装有起重装置的起重机械，主要由动力装置、传动装置、行走机构、工作机械、起重滑车组、变幅滑车组及平衡重等组成。它是结构安装工程中常用的起重机械，具有起重能力较大、自行式、全回转、工作稳定性好、操作灵活、使用方便、在其工作范围内可载荷行驶作业、对施工场地要求不严等特点。

履带式起重机按传动方式不同分为机械式、液压式(Y)和电动式(D)三种。

2. 履带式起重机的技术性能及起重特性

本部分内容请参考有关履带式起重机技术手册。

3. 履带式起重机的使用与转移

(1)履带式起重机的使用。履带式起重机的使用应注意以下问题：

1)驾驶员应熟悉履带式起重机的技术性能，启动前应按规定进行各项检查和保养，启动后应检查各仪表指示值及运转是否正常。

2)履带式起重机必须在平坦坚实的地面上作业，当起吊荷载达到额定重量的90%及以上时，工作动作应慢速进行，并禁止同时进行两种及以上动作。

3)应按规定的起重性能作业，严禁超载作业，如确需超载，应进行验算并采取可靠措施。

4)作业时，起重臂的最大仰角不应超过规定，无资料可查时，不得超过78°。

5)采用双机抬吊作业时，两台起重机的性能应相近。抬吊时统一指挥，动作协调，互相配合，起重机的吊钩滑轮组均应保持垂直。抬吊时单机的起重荷载不得超过允许荷载值的80%。

6)起重机带载行走时，荷载不得超过允许起重量的70%。

7)带载行走时道路应坚实平整，起重臂与履带平行，重物离地不能大于500 mm，并拴好拉绳,缓慢行驶,严禁长距离带载行驶,上下坡道时,应无载行驶。上坡时,应将起重臂仰角适当放小,下坡时,应将起重臂的仰角适当放大,严禁下坡空挡滑行。

8)作业后,吊钩应提升至接近顶端处,起重臂降至 $40°\sim60°$,关闭电门,各操纵杆置于空挡位置,各制动器加保险固定,操纵室和机棚应关闭门窗并加锁。

9)遇大风、大雪、大雨时应停止作业,并将起重臂转至顺风方向。

(2)履带式起重机的转移。履带式起重机的转移有自行转移、平板拖车运输和铁路运输三种形式。对于普通路面且运距较近时,可采用自行转移,在行驶前,应对行走机构进行检查,并做好润滑、紧固、调整和保养工作。每行驶 $500\sim1\,000$ m,应对行走机构进行检查和润滑。对沿途空中架线情况进行察看,以保证符合安全距离要求;当采用平板拖车运输时,要了解所运输的履带式起重机的自重、外形尺寸、运输路线和桥梁的安全承载能力、桥洞高度等情况,选用相应载重量的平板拖车。起重机在平板拖车上应停放牢固,位置合理。应将起重臂和配重拆下,刹住回转制动器,插销锁牢,为了降低高度,可将起重机上部人字架放下;当采用铁路运输时,应将支垫起重臂的高凳或道木垛搭在起重机停放的同一个平板上,固定起重臂的绳索也绑在该平板上,如起重臂长度超过该平板,则应另挂一个辅助平板,但可不设支垫也不用绳索固定,同时吊钩钢丝绳应抽掉。

4. 履带式起重机的验算

履带式起重机在进行超负荷吊装或接长吊杆时,需进行稳定性验算,以保证起重机在吊装中不会发生倾覆事故。履带式起重机在车身与行驶方向垂直时,处于最不利工作状态,稳定性最差(图 6-7),此时,履带的轨链中心 A 为倾覆中心,起重机的安全条件为:当仅考虑吊装荷载 x 时,稳定性安全系数 $K_1=M_稳/M_倾\geqslant1.4$;当考虑吊装荷载及附加荷载时,稳定性安全系数 $K_2=M_稳/M_倾\geqslant1.15$。

当起重机的起重高度或起重半径不足时,起重臂接长后的稳定性计算,可近似地按力矩等量换算原则求出起重臂接长后的允许起重量(图 6-8),接长起重臂后,当吊装荷载不超过 Q_t' 时,即可满足稳定性的要求。

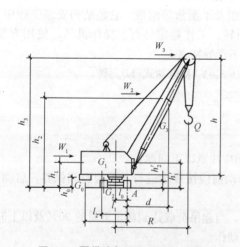

图 6-7 履带式起重机稳定性验算

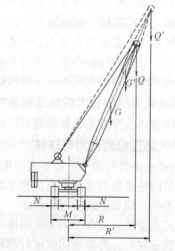

图 6-8 用力矩等量转换原则计算起重机
接长起重臂后的允许起重量

6.1.3 汽车式起重机

1. 汽车式起重机的类型

汽车式起重机是将起重机构安装在普通载重汽车或专用汽车底盘上的起重机。汽车式起重机机动性能好，运行速度快，对路面破坏性小，但不能带负荷行驶，吊重物时必须支腿，对工作场地的要求较高。

汽车式起重机按起重量大小分为轻型、中型和重型三种。起重量在20 t以内的为轻型，50 t及以上的为重型；按起重臂形式分为桁架臂和箱形臂两种；按传动装置形式分为机械传动（Q）、电力传动（QD）和液压传动（QY）。目前，液压传动的汽车式起重机应用较广。

2. 汽车式起重机的技术性能

本部分内容请参考有关汽车式起重机技术手册。

3. 汽车式起重机的使用要点

（1）应遵守操作规程及交通规则。

（2）作业场地应坚实平整。

（3）作业前，应伸出全部支腿，并在撑脚下垫合适的方木。调整机体，使回转支撑面的倾斜度在无荷载时不大于1/1 000（水准泡居中）。支腿有定位销的应插上。底盘为弹性悬挂的起重机，伸出支腿前应收紧稳定器。

（4）作业中严禁扳动支腿操纵阀。调整支腿应在无荷载时进行。

（5）起重臂伸缩时，应按规定程序进行，当限制器发出警报时，应停止伸臂，起重臂伸出后，当前节臂杆的长度大于后节伸出长度时，应调整正常后方可作业。

（6）作业时，汽车驾驶室内不得有人，发现起重机倾斜、不稳等异常情况时，应立即采取措施。

（7）起吊重物达到额定起重量的90%以上时，严禁同时进行两种及以上的动作。

（8）作业后，收回全部起重臂，收回支腿，挂牢吊钩，撑牢车架尾部两撑杆并锁定，销牢锁式制动器，以防旋转。

（9）行驶时，底盘走台上严禁载人或物。

6.1.4　轮胎式起重机

1. 轮胎式起重机的技术性能

轮胎式起重机是一种装在专用轮胎式行走底盘上的全回转起重机，按传动方式分为机械式（QL）、电动式（QLD）和液压式（QLY）三种。

轮胎式起重机的构造与履带式起重机的构造基本相同，不同的是行驶装置，其把起重机构装在加重型轮胎和轮轴组成的特制盘上，重心低，起重平衡，底盘结构牢固，车轮间距大，两侧装有可伸缩的支腿，如图6-9所示。

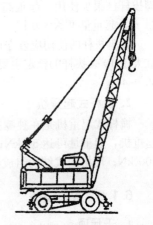

图6-9　轮胎式起重机示意图

常用型号有QLY-8、QLY-16、QLY-40等，以及日产多田野TR-200E、TR-350E和TR-400E型液压越野轮胎式起重机。

国内常用的轮胎式起重机技术性能见表6-1。

表6-1　国内常用的轮胎式起重机技术性能

项目		起重机型号									
		QL₁-16		QL₂-8	QL₃-16			QL₃-25			QL₃-40	
起重臂长度/mm		10	15	7	10	15	20	12	22	32	15	42
幅度	最大/m	11	15.5	7	9.5	15.5	20	11.5	19	21	13	25
	最小/m	4	4.7	3.2	4	4.7	5.5	4.5	7	10	5	11.5

项目		起重机型号										
		QL$_1$-16		QL$_2$-8	QL$_3$-16			QL$_3$-25			QL$_3$-40	
起重量	最大幅度时/t	2.8	1.5	2.2	3.5	1.5	0.8	21.6	1.4	0.6	9.2	1.5
	最小幅度时/t	16	11	8	16	11	8	25	10.6	5	40	10
起升高度	最大幅度时/m	5	4.6	1.5	5.3	4.6	6.85	—	—	—	8.8	33.75
	最小幅度时/m	8.3	13.2	7.2	8.3	13.2	17.95	—	—	—	10.4	37.23
行驶速度/(km·h^{-1})		18		30	30			9~18			15	
转弯半径/m		7.5		6.2	7.5						13	
爬坡能力/(°)		7		12	7			—			13	
发动机功率/kW		58.8		66.2	58.8			58.8			117.6	
总重量/t		23		12.5	22			28			53.7	

2. 轮胎式起重机的使用要点

轮胎式起重机的使用要点同汽车式起重机的使用要点。

6.1.5 其他起重设备

1. 独脚拔杆

独脚拔杆按材料不同分为木独脚拔杆、钢管独脚拔杆和型钢格构式独脚拔杆三种。木独脚拔杆已很少使用，起重高度可达 20 m，起重量可达 150 kN；钢管独脚拔杆的起重高度可达 34 m，起重量可达 300 kN；型钢格构式独脚拔杆的起重高度可达 60 m，起重量可达 1 000 kN。

独脚拔杆的使用应遵守该拔杆性能的有关规定。为便于吊装，当倾斜使用时，倾斜角度不宜大于 10°。拔杆的稳定主要依靠缆风绳，缆风绳一般为 5~12 根，缆风绳与地面夹角一般为 30°~45°。

2. 桅杆式起重机

桅杆式起重机是在独腿拔杆下端装一可以起伏和回转的吊杆而成。用圆木制成的桅杆式起重机，起重量可达 50 kN；用钢管制成的桅杆式起重机，起重高度可达 25 m，起重量可达 100 kN；用格构式结构组成的桅杆式起重机，起重高度可达 80 m，起重量可达 600 kN。

6.1.6 索具设备

1. 千斤顶

千斤顶可以用来校正构件的安装偏差及构件的变形，也可以顶升和提升构件。常用的千斤顶分为螺旋式和液压式两种。

2. 卷扬机

电动卷扬机按其速度分为快速、中速、慢速三种。快速卷扬机分为单筒和双筒两种，钢丝绳牵引速度为 25~50 m/min，单头牵引力为 4~80 kN，可用于垂直运输和水平运输等。慢速卷扬机多为单筒式，钢丝绳牵引速度为 6.5~22 m/min，单头牵引力为 5~10 kN，可用于大型构件安装等。

3. 地锚

地锚用来固定缆风绳、卷扬机、滑车、拔杆的平衡绳索等。常用的地锚有桩式地锚和水平地锚两种。桩式地锚是将圆木打入土中，承担拉力，用于固定受力不大的缆风绳。水平地锚是将一根或几根圆木绑扎在一起，水平埋入土中而成，如图6-10所示。

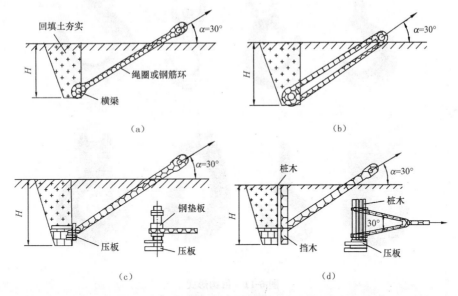

图 6-10 地锚形式

(a)拉力 30 kN 以下水平地锚；(b)拉力 50 kN 以下水平地锚

(c)拉力 100 kN 以下水平地锚；(d)拉力 100～400 kN 水平地锚

4. 倒链

倒链又称为手拉葫芦、神仙葫芦，用来起吊轻型构件，作为拉紧缆风绳及拉紧捆绑构件的绳索等。

5. 滑车、滑车组

滑车按其滑轮的多少分为单门、双门、多门等；按滑车的夹板是否可以打开分为开口滑车、闭口滑车；按使用方式不同可分为定滑车、动滑车。定滑车可以改变力的方向，但不能省力。动滑车可以省力，但不能改变力的方向。滑车组是由一定数量的定滑车、动滑车及绕过它们的绳索组成的。

滑车组根据跑头(滑车组的引出绳头)引出方向不同分为跑头自动滑车引出、跑头自定滑车引出和双联滑车组。

6. 钢丝绳

钢丝绳是吊装中的主要绳索，具有强度高、弹性大、韧性好、耐磨、能承受冲击荷载、工作可靠等特点。结构吊装中常用的钢丝绳由 6 束绳股和 1 根绳芯(一般为麻芯)捻成。每束绳股由许多高强钢丝捻成。钢丝绳按绳股数及每股中的钢丝数可分为 6 股 7 丝、6 股 19 丝、6 股 37 丝、6 股 61 丝等。

吊装中常用的有 6×19、6×37 两种。6×19 钢丝绳一般用作缆风绳和吊索；6×37 钢丝绳一般用于穿滑车组和用作吊索；6×61 钢丝绳用于重型起重机。

6.1.7 吊装工具

1. 吊钩

吊钩常用优质碳素钢锻制而成，分为单吊钩和双吊钩两种。吊钩形式如图6-11所示。

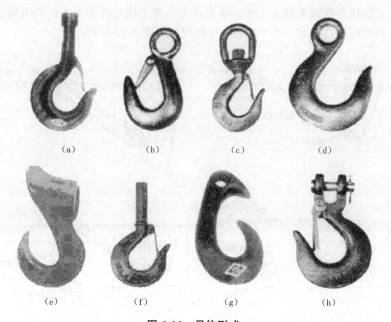

图 6-11　吊钩形式

(a)直柄吊钩；(b)牵引钩；(c)旋转钩；(d)眼形滑钩；
(e)弯孔钩；(f)直杆钩；(g)鼻形钩；(h)羊角滑钩

2. 卡环

卡环用于吊索之间或吊索与构件吊环之间的连接，由弯环与销子两部分组成。

按弯环形式分，卡环可分为 D 形卡环和弓形卡环两种，如图 6-12 所示；按销子与弯环的连接形式分，卡环可分为螺栓式卡环和活络式卡环两种。螺栓式卡环的销子和弯环采用螺纹连接；活络式卡环的孔眼无螺纹，可直接抽出。螺栓式卡环使用较多，但在柱子吊装中多采用活络式卡环。

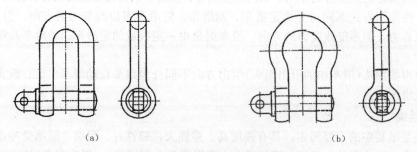

图 6-12　卡环按弯环形式分类

(a)D形卡环；(b)弓形卡环

3. 吊索

吊索又称为千斤。吊索是由钢丝绳制成的，因此，钢丝绳的允许拉力即为吊索的允许拉力，在使用时，其拉力不应超过其允许拉力。轻便吊索如图 6-13 所示。吊索有环状吊索和开式吊索两种，具体形式如图 6-14 所示。

图 6-13　轻便吊索

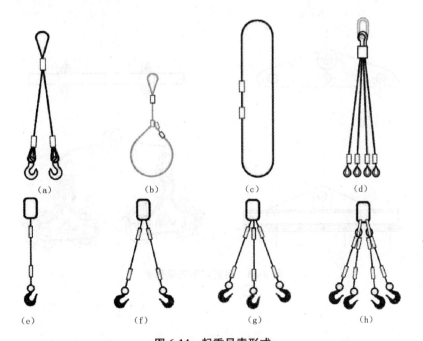

图 6-14　起重吊索形式

(a)软环人字钩吊索；(b)可调式吊索；(c)环状吊索；(d)吊环天字钩吊索
(e)单腿吊索；(f)双腿吊索；(g)三腿吊索；(h)四腿吊索

4. 横吊梁

横吊梁俗称铁扁担，常用于柱和屋架等构件的吊装。吊装柱子时容易使柱身直立而便于安装、校正；吊装屋架等构件时，可以降低起升高度和减少对构件的水平压力。

常用的横吊梁有滑轮横吊梁、钢板横吊梁、钢管横吊梁三种，如图 6-15～图 6-17 所示。吊装用平衡梁形式如图 6-18 所示。

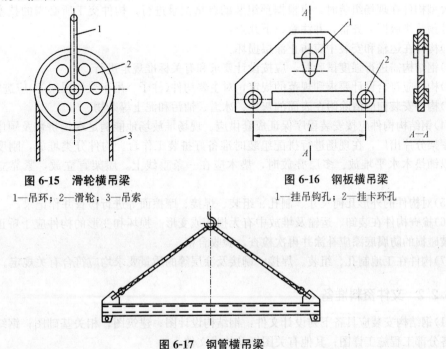

图 6-15　滑轮横吊梁

1—吊环；2—滑轮；3—吊索

图 6-16　钢板横吊梁

1—挂吊钩孔；2—挂卡环孔

图 6-17　钢管横吊梁

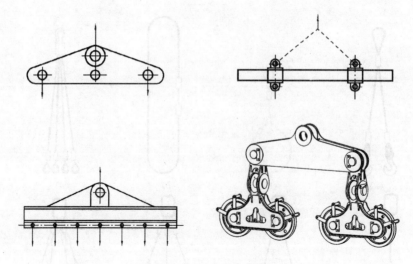

图 6-18　吊装用平衡梁形式

6.2　钢结构安装准备

6.2.1　作业条件

(1)检查安装支座及预埋件,取得经总包确认合格的验收资料。

(2)编制钢结构安装施工组织设计,经审批后向队组交底。钢结构的安装程序必须确保结构的稳定性和不导致永久性的变形。

(3)安装前,应按照构件明细表核对进场的构件,查验质量证明书和设计更改文件;工厂预装的大型构件在现场组装时,应根据预组装的合格记录进行;构件交工所必需的技术资料及大型构件预装排版图应齐备,并注意以下几点:

1)构件在运输和安装中应防止涂层损坏。

2)钢结构需进行强度试验时,应按设计要求和有关标准规定进行。

3)构件应符合设计要求和规范的规定,对主要构件(柱子、吊车梁和屋架等)应进行复检。

4)构件安装前应清除附在表面的灰尘、冰雪、油污和泥土等杂物。

(4)钢结构构件应按安装程序保证成套供应。现场堆放场地能满足现场拼装及顺序安装的需要。屋架分片出厂,在现场进行拼配组装时准备好拼装工作台。构件分类堆放,刚度较大的构件可以铺垫木水平堆放。多层叠放时,垫木应在一条垂线上。屋架宜立放,紧靠立柱,绑扎牢固。

(5)对构件的外形几何尺寸、制孔、组装、焊接、摩擦面等进行检查并作记录。

(6)检查构件在装卸、运输及堆放中有无损坏或变形。损坏和变形的构件应予矫正或重新加工。被碰损的防腐底漆应补涂并再次检查,验收合格。

(7)构件在工地制孔、组装、焊接、铆接及涂层等的质量要求均应符合有关规定。

6.2.2　文件资料准备

(1)钢结构安装应具备下列设计文件:钢结构设计图;建筑图;相关基础图;钢结构施工总图;各分部工程施工详图;其他有关图纸及技术文件。

(2)钢结构安装前，应进行图纸自审和会审，并符合下列规定。

1)图纸自审应符合下列规定：

①熟悉并掌握设计文件内容。

②发现设计中影响构件安装的问题。

③提出与土建和其他专业工程的配合要求。

2)图纸会审应符合下列规定：

①专业工程之间的图纸会审，应由工程总承包单位组织，各专业工程承包单位参加，并符合下列规定：基础与柱子的坐标应一致，标高应满足柱子的安装要求；与其他专业工程设计文件无矛盾；确定与其他专业工程配合施工程序。

②钢结构设计、制作与安装单位之间的图纸会审，应符合下列规定：设计单位应作设计意图说明和提出工艺要求；制作单位介绍钢结构主要制作工艺；安装单位介绍施工程序和主要方法，并对设计和制作单位提出具体要求和建议。

(3)协调设计、制作和安装之间的关系。

钢结构安装应编制施工组织设计、施工方案或作业设计。

1)施工组织设计和施工方案应由总工程师审批。其内容应符合下列规定：

①工程概况及特点介绍；

②施工总平面布置、能源、道路及临时建筑设施等的规划；

③施工程序及工艺设计；

④主要起重机械的布置及吊装方案；

⑤构件运输方法、堆放及场地管理；

⑥施工网络计划；

⑦劳动组织及用工计划；

⑧主要机具、材料计划；

⑨技术质量标准；

⑩技术措施降低成本计划；

⑪质量、安全保证措施。

2)作业设计由专责工程师审批。其内容应符合下列规定：

①施工条件情况说明；

②安装方法、工艺设计；

③吊具、卡具和垫板等设计；

④临时场地设计；

⑤质量、安全技术实施办法；

⑥劳动力配合。

(4)施工前应按施工方案(作业设计)逐级进行技术交底。交底人和被交底人(主要负责人)应在交底记录上签字。

6.2.3 吊装准备

1. 吊装技术准备

(1)认真学习，全面熟悉并掌握施工图纸、设计变更；组织图纸审查和会审；核对构件的空间就位尺寸和相互间的关系。

(2)熟悉构件间的连接方法；计算并掌握吊装构件的数量、单体重量和安装就位高度，以及连接板、螺栓等吊装铁件数量。

(3)组织编制吊装工程施工组织设计或作业设计(内容包括工程概况，选择吊装机械设备，确定吊装程序、方法、进度，构件制作，堆放平面布置，构件运输方法，劳动组织，构件和物资机具供应计划，保证质量、安全的技术措施等）。

（4）进行细致的技术交流，包括任务、施工组织设计或作业设计，技术要求，施工条件措施，现场环境（如原有建筑物、构筑物、障碍物、高压线、电缆线路、水道道路等）情况，内外协作配合关系等。

（5）了解已选定的起重、运输及其他辅助机械设备的性能及使用要求。

2. 构件准备

（1）清点构件的型号、数量，并按设计和规范要求对构件质量进行全面检查，包括构件的强度与完整性（有无严重裂缝、扭曲、侧弯、损伤及其他严重缺陷）；外形和几何尺寸，平整度；埋设件、预留孔位置、尺寸和数量；接头钢筋吊环、埋设件的稳固程度和构件的轴线等是否准确，有无出厂合格证。如超出设计或规范规定偏差，应在吊装前纠正。

（2）在构件上根据就位、校正的需要弹好轴线。柱应弹出三面中心线、牛腿面与柱顶面中心线、±0.000线（或标高准线）、吊点位置；基础杯口应弹出纵、横轴线；吊车梁、屋架等构件应在端头与顶面及支撑处弹出中心线及标高线；在屋架（屋面梁）上弹出天窗架、屋面板或檩条的安装就位控制线，两端及顶面弹出安装中心线。

（3）现场构件进行脱模及排放；场外构件进场及排放。

（4）检查厂房柱基轴线和跨度、基础地脚螺栓位置和伸出是否符合设计要求，找好柱基标高。

（5）按图纸对构件进行编号。不易辨别上下、左右、正反的构件，应在构件上用记号注明，以免吊装时搞错。

3. 吊装接头准备

（1）准备和分类清理好各种金属支撑件，安装接头用连接板、螺栓、铁件和安装垫铁，施焊必要的连接件（如屋架、吊车梁垫板、柱支撑连接件及其余与柱连接相关的连接件），以减少高空作业。

（2）清除构件接头部位及埋设件上的污物、铁锈。

（3）对需组装拼装及临时加固的构件，按规定要求使其具备吊装条件。

（4）在基础杯口底部，根据柱子制作的实际长度（从牛腿至柱脚尺寸）误差，调整杯底标高，用1：2水泥砂浆找平，标高允许偏差为±5 mm，以保持吊梁标高在同一水平面上。当预制柱采用垫板安装或重型钢柱采用杯口安装时，应在杯底设垫板处局部抹平并加设小钢垫板。

（5）柱脚或杯口侧壁未划毛的，要在柱脚表面及杯口内稍加凿毛处理。

（6）钢柱基础，要根据钢柱实际长度牛腿间距离、钢板底板平整度检查结果，在柱基础表面浇筑标高块（块为十字式或四点式），标高块强度不小于30 MPa，表面埋设16～20 mm厚钢板，基础上表面亦应凿毛。

4. 检查构件吊装的稳定性

（1）根据起吊吊点位置，验算柱、屋架等构件吊装时的抗裂度和稳定性，防止出现裂缝和构件失稳。

（2）对屋架、天窗架、组合式屋架、屋面梁等侧向刚度差的构件，在横向用1～2道杉木脚手杆或竹竿进行加固。

（3）按吊装方法要求，将构件按吊装平面布置图就位。直立排放的构件，如屋架天窗架等，应用支撑稳固。

（4）高空就位构件应绑扎好牵引溜绳、缆风绳。

5. 吊装机具、材料、人员准备

（1）检查吊装用的起重设备、配套机具、工具等是否齐全、完好，运输是否灵活，并进行试运转。

（2）检查并准备好吊索、卡环、绳卡、横吊梁、倒链、千斤顶、滑车等吊具的强度和数量是否满足吊装需要。

（3）准备吊装用工具，如高空用吊挂脚手架、操作台、爬梯、溜绳、缆风绳、撬杠、大锤、钢(木)楔、垫木铁垫片、线坠、钢尺、水平尺、测量标记及水准仪、经纬仪等，做好埋设地锚等工作。

（4）准备施工用料，如加固脚手杆、电焊、气焊设备、材料等的供应准备。

（5）按吊装顺序组织施工人员进厂，并进行有关技术交底、培训、安全教育。

6. 道路临时设施准备

（1）平整场地、修筑构件运输和起重吊装开行的临时道路，并做好现场排水设施。

（2）清除工程吊装范围内的障碍物，如旧建筑物、地下电缆管线等。

（3）敷设吊装用供水、供电、供气及通信线路。

（4）修建临时建筑物，如工地办公室、材料、机具仓库、工具房、电焊机房、工人休息室、开水房等。

7. 吊装方法选择

（1）节间吊装法。起重机在厂房内一次开行中，依次吊完一个节间各类型构件，即先吊完节间柱，并立即校正、固定、灌浆，然后吊装地梁、柱间支撑、墙梁(连续梁)、吊车梁、杆、托架(托梁)、屋架、天窗架、屋面支撑系统、屋面板和墙板等构件。走道板、柱头等构件全部吊装完后，起重机再向前移至下一个(或几个)节间，再吊装下一个(或几个)节间全部构件，直至吊装完成。

优点：起重机开行路线短，停机一次至少吊完一个节间，不影响其他工序，可进行交叉平行流水作业，缩短工期；构件制作和吊装误差能及时发现并纠正；吊完一节间，校正固定一节间，结构整体稳定性好，有利于保证工程质量。

缺点：需用起重量大的起重机同时吊各类构件，不能充分发挥起重机效率，无法组织单一构件连续作业；各类构件必须交叉配合，场地构件堆放过密，吊具、索具更换频繁，准备工作复杂；校正工作零碎、困难；柱子固定需一定时间，难以组织连续作业，拖长吊装时间，吊装效率较低；操作面窄，较易发生安全事故。

节间吊装适于采用回转式桅杆进行吊装，或特殊要求的结构(如门式框架)或某种原因局部特殊需要(如急需施工地下设施)时采用。

（2）分件吊装。将构件按其结构特点、几何形状及其相互联系进行分类，同类构件按顺序一次吊装完后，再进行另一类构件的安装，如起重机第一次开行中先吊装厂房内所有柱子，待校正、固定灌浆后，依次按顺序吊装地梁、柱间支撑、墙梁、吊车梁、托架(托梁)、屋架、天窗架、屋面支撑和墙板等构件，直至整个建筑物吊装完成。屋面板的吊装有时在屋面上单独用1~2台台灵桅杆或屋面小吊车来进行。

优点：起重机在一次开行中仅吊装一类构件，吊装内容单一，准备工作简单，校正方便，吊装效率高；柱子有较长的固定时间，施工较安全；与节间法相比，可选用起重量小一些的起重机吊装，可利用改变起重臂杆长度的方法，分别满足各类构件吊装起重量和起升高度的要求，能有效发挥起重机的效率；构件可分类在现场顺序预制、排放，场外构件可按先后顺序组织供应；构件预制吊装、运输、排放条件好，易于布置。

缺点：起重机开行频繁，增加机械台班费用；起重臂长度改换需一定时间，不能按节间及早为下道工序创造工作面，阻碍了工序的穿插，相对地吊装工期较长；屋面板吊装需有辅助机械设备。

分件吊装适用于一般中、小型厂房的吊装。

（3）综合吊装。综合吊装法是将全部或一个区段的柱头以下部分的构件用分件法吊装，即柱子吊装完毕并校正固定，待柱杯口二次灌浆混凝土达到70％强度后，再按顺序吊装地梁、柱间支撑、吊车梁走道板、墙梁、托架(托梁)，接着一个节间一个节间地综合吊装屋面结构构件，包括屋架、大窗架、屋面支撑系统和屋面板等构件。整个吊装过程按三次流水进行，根据不同的结构特点，有时采用二次流水，即先吊柱子，后分节间吊装其他构件，吊装通常采用两台起重机，一台起重量大的承担柱子、吊车梁、托架和屋面结构系统的吊装；另一台吊装柱间支撑、走道板、地梁、墙梁等构件并承担构件卸车、就位排放的工作。

本法保持节间吊装和分件吊装的优点，而避免了其缺点，能最大限度地发挥起重机的能力和效率，缩短工期，是实践中广泛采用的一种方法。

8. 吊装起重机的选择

(1)选择依据。

1)构件最大重量(单个)、数量、外形尺寸、结构特点、安装高度及吊装方法等。

2)各类型构件的吊装要求、施工现场条件(道路、地形、邻近建筑物、障碍物等)。

3)选用吊装机械的技术性能(起重量、起重臂杆长、起重高度、回转半径、行走方式等)。

4)吊装工程量的大小、工程进度要求等。

5)施工力量和技术水平。

6)现有或能租赁到的起重设备。

7)构件吊装的安全和质量要求及经济合理性。

(2)选择原则。

1)选用时，应考虑起重机的性能(工作能力)、使用方便、吊装效率、吊装工程量和工期等要求。

2)能适应现场道路、吊装平面布置和设备、机具等条件，能充分发挥其技术性能。

3)能保证吊装工程质量、安全施工和有一定的经济效益。

4)避免使用起重能力大的起重机吊小的构件，起重能力小的起重机超负荷吊装大的构件，或选用改装的未经过实际负荷试验的起重机进行吊装，或使用台班费高的设备。

(3)选择起重机类型。

1)一般吊装多按履带式、轮胎式、汽车式、塔式的顺序选用。对高度不大的中小型厂房，应先考虑使用起重量大、可全回转使用、移动方便的100～150 kN履带式起重机和轮胎式起重机吊装主体结构；大型工业厂房主体结构的高度和跨度较大、构件较重，宜采用500～750 kN履带式起重机和350～1 000 kN汽车式起重机吊装；大跨度又很高的重型工业厂房的主体结构，宜选用塔式起重机吊装。

2)对厂房大型构件，可采用重型塔式起重机和塔桅式起重机吊装。

3)缺乏起重设备或吊装工作量不大、厂房不高，可考虑采用独脚桅杆、人字桅杆、悬臂桅杆及回转式桅杆(桅杆式起重机)等起重机吊装，其中回转式桅杆起重机最适用于单层钢结构厂房进行综合吊装；对重型厂房，也可采用塔桅式起重机进行吊装。

4)若厂房位于狭窄地段，或厂房采取敞开式施工方案(厂房内设备基础先施工)，宜采用双机抬吊吊装厂房屋面结构，或单机在设备基础上铺设枕木垫道吊装。

5)对起重臂杆的选用，一般柱吊车梁吊装宜选用较短的起重臂杆；屋面构件吊装宜选用较长的起重臂杆，且应以屋架、天窗架的吊装为主选择。

6)在选择时，如起重机的起重量不能满足要求，则可采取以下措施：

①增加支腿或增长支腿，以增大倾覆边缘距离，减少倾覆力矩来提高起重能力；

②后移或增加起重机的配重，以增加抗倾覆力矩，提高起重能力；

③对于不变幅、不旋转的臂杆，在其上端增设拖拉绳或增设一钢管或格构式脚手架或人字支撑桅杆，以增强稳定性和提高起重性能。

(4)确定吊装参数。起重机的起重量(kN)、起重高度(m)和起重半径(m)是吊装参数的主体。起重量必须大于所吊最重构件加起重滑车组的重量;起重高度必须满足所需安装的最高构件的吊装要求;起重半径应满足在起重量与起重高度一定时,能保持一定距离吊装该构件的要求。当伸过已安装好的构件上空吊装构件时,应考虑起重臂与已安装好的构件有 0.3 m 的距离,按此要求确定起重杆的长度、起重杆仰角、停机位置等。

求所需起重杆长度,可用图解法,如图 6-19 所示。

1)按比例绘出欲吊装厂房最高一个节间的纵剖面图及节间中心线 C—C。

2)根据拟选用起重机臂杆底部设支点距地面距离 G,通过 G 点画水平线。

3)自天窗架或屋架(无天窗架厂房用)顶点向起重机的水平方向量出一水平距离 g=1.0 m,可得 A 点。

4)通过 A 点画若干条与水平线近似 60°角的斜线,被 C—C 及 H—H 两线所截得线段 S_1K_1、S_2K_2、S_3K_3 等,取其中最短的一根,即为吊装屋面板时起重臂的最小长度,量出 α 角,即为所求的起重臂杆仰角,量出 R,即为起重半径。

5)按此参数复核能否满足吊装最边缘一块屋面板或屋面支撑要求。若不能满足要求,则可采取以下措施:

①改用较长的起重臂杆及起重仰角。

②使起重机由直线行走改为折线行走,如图 6-20 所示。

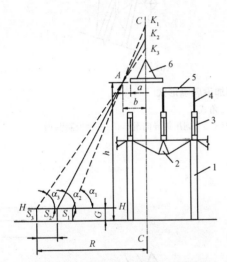

图 6-19　图解法求起重机臂杆最小长度
1—柱;2—托架;3—尾架;4—天窗架;
5—屋面板;6—吊索
α—起重机臂杆的仰角

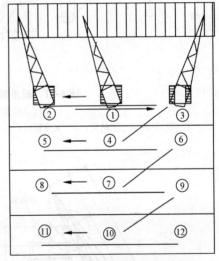

图 6-20　起重机采用折线行走示意图
注:①~⑫为行走顺序

③采取在起重臂杆头部(顶部)加一鸭嘴(图 6-21)以增加外伸距离吊装屋面板(适当增加配重)。

(5)计算结构吊装起重机起重臂杆长度。如起重机为柱距 s、吊装高度为 h_1 的构件(屋面板)时(图 6-22),臂杆的最小长度按下式计算:

$$L=L_1+L_2=\frac{h}{\sin\alpha}+\frac{s}{\cos\alpha}$$

式中　L——起重机起重臂杆的长度(m);

　　　α——起重臂的仰角(°);

　　　s——起重机吊钩柱距(m);

　　　h——起重臂 L_1 部分在垂直轴上的投影,$h=h_1+h_2-h_3$;

h_1——构件的吊装高度(m)；

h_2——起重臂杆中心线至安装构件顶面的垂直距离(m)；

$$h_2 = \frac{b/2 + e}{\cos\alpha}$$

b——起重臂宽度(m)，一般取 $0.6 \sim 1.0$ m；

h_3——起重臂支点离地面高度(m)；

c——起重臂杆与安装构件的间隙，一般取 $0.3 \sim 0.5$ m，求 h_2 时可近似取

$$\alpha = \arctan\sqrt[3]{\frac{h_1}{s}}, \quad h_2 = \frac{b/2 + e}{\cos\left(\arctan\sqrt[3]{\frac{h_1}{s}}\right)}$$

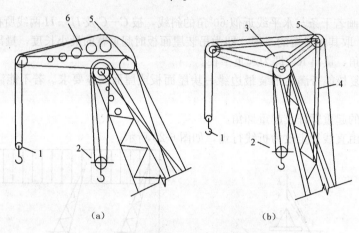

（a）　　　　　　　　　　　　　（b）

图 6-21　起重机杆顶部加设鸭嘴形式

（a）圆弧式；（b）三角式

1—副吊钩；2—主吊钩；3—支撑钢板；4—角钢拉杆；5—副吊钩导向滑车；6—钢板制鸭嘴

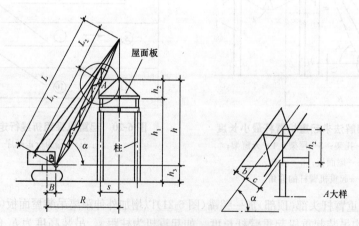

图 6-22　起重臂杆长度计算示意图

9. 构件的运输和堆放

(1)大型或重型构件的运输应根据行车路线和运输车辆性能编制运输方案。

(2)构件的运输顺序应满足构件吊装进度计划要求。运输构件时，应根据构件的长度、重量、断面形状选用车辆；构件在运输车辆上的支点、两端伸出的长度及绑扎方法均应保证构件不产生永久变形、不损伤涂层。

(3)构件装卸时，应按设计吊点起吊，并应有防止损伤构件的措施。

(4)构件堆放场地应平整、坚实，无水坑、冰层，并应有排水设施。构件应按种类、型号、安装顺序分区堆放；构件底层垫块要有足够的支撑面。相同型号的构件叠放时，每层构件的支点要在同一垂直线上。

(5)变形的构件应矫正，经检查合格后方可安装。

6.3 钢柱安装

1. 单层钢结构钢柱柱脚节点构造

(1)外露式铰接柱脚节点构造(图 6-23)。

1)柱翼缘与底板间采用全焊透坡口对接焊缝连接，柱腹板及加劲板与底板间采用双面角焊缝连接。

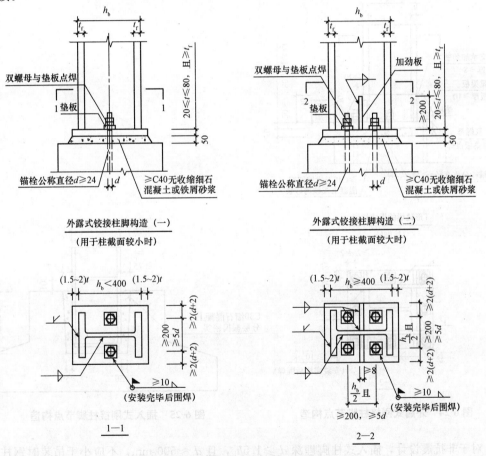

图 6-23 外露式铰接柱脚节点构造

2)铰接柱脚的锚栓直径应根据钢柱板件厚度和底板厚度相协调的原则确定，一般取 24~42 mm，且不应小于 24 mm。锚栓的数目常采用 2 个或 4 个，同时应与钢柱截面尺寸以及安装要求相协调。刚架跨度小于或等于 18 m 时，采用 2M24；刚架跨度小于或等于 27 m 时，采用 4M24；刚架跨度小于或等于 30 m 时，采用 4M30。锚栓安装时应采用具有足够刚度的固定架定位。柱脚锚栓均用双螺母或其他能防止螺帽松动的有效措施。

3)柱脚底板上的锚栓孔径宜取锚栓直径加 20 mm，锚栓螺母下的垫板孔径取锚栓直径加 2 mm，垫板厚度一般为$(0.4\sim0.5)d$（d 为锚栓外径），但不应小于 20 mm，垫板边长取$3(d+2)$。

（2）外露式刚接柱脚节点构造（图 6-24）。

1）外露式刚接柱脚，一般均应设置加劲肋，以加强柱脚刚度。

2）柱翼缘与底板间采用全焊透坡口对接焊缝连接，柱腹板及加劲板与底板间采用双面角焊缝连接。角焊缝焊脚尺寸不小于 $1.5\sqrt{t_{min}}$，不宜大于 $1.2t_{max}$，且不宜大于 16 mm；（t_{min} 和 t_{max} 分别为较薄和较厚板件厚度）。

3）刚接柱脚锚栓承受拉力和作为安装固定之用，一般采用 Q235 钢制作。锚栓的直径不宜小于 24 mm。底板的锚栓孔径不小于锚栓直径加 20 mm；锚栓垫板的锚栓孔径取锚栓直径加 2 mm。锚栓螺母下垫板的厚度一般为$(0.4\sim0.5)d$，但不宜小于 20 mm，垫板边长取 $3(d+2)$。锚栓应采用双螺母紧固。为使锚栓能准确锚固于设计位置，应采用具有足够刚度的固定架。

（3）插入式刚接柱脚节点构造（图 6-25）。

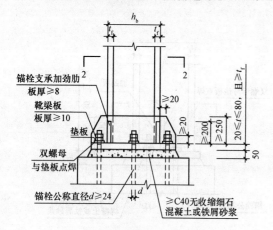

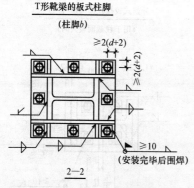

图 6-24 外露式刚接柱脚节点构造

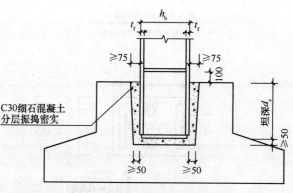

图 6-25 插入式刚接柱脚节点构造

对于非抗震设计，插入式柱脚埋深 $d_c\geqslant1.5h_b$，且 $d_c\approx500$ mm，不应小于吊装时钢柱长度的 1/20；对于抗震设计，插入式柱脚埋深 $d_c\geqslant2h_b$，同时应满足下式要求：

$$d_c\geqslant\sqrt{6M/b_cf_c}$$

其中，M 为柱底弯矩设计值；b_c 为翼缘宽度；f_c 为混凝土轴心抗压强度设计值。

2. 柱基检验

（1）构件安装前，必须取得基础验收的合格资料。基础施工单位可分批或一次交给，但每批所交的合格资料应是一个安装单元的全部桩基础。

(2)安装前应根据基础验收资料复核各项数据，并标注在基础表面上。支承面、支座及地脚螺栓的位置和标高等的偏差应符合相关规定。

(3)复核定位应使用轴线控制点和测量标高的基准点。

(4)钢柱脚下面的支承构造应符合设计要求。需要填垫钢板时，每摞不得多于三块。

(5)钢柱脚底板面与基础间的空隙，应用细石混凝土浇筑密实。

3. 标高观测点与中心线标志设置

钢柱安装前应设置标高观测点和中心线标志，同一工程的观测点和标志设置位置应一致。

(1)标高观测点的设置应符合下列规定：

1)标高观测点的设置以牛腿(肩梁)支承面为基准，设在柱的便于观测处。

2)无牛腿(肩梁)柱，应以柱顶端与屋面梁连接的最上一个安装孔中心为基准。

(2)中心线标志的设置应符合下列规定：

1)在柱底板上表面上行线方向设一条中心标志，列线方向两侧各设一个中心标志。

2)在柱身表面上行线和列线方向各设一条中心线，每条中心线在柱底部、中部(牛腿或肩梁部)和顶部各设一处中心标志。

3)双牛腿(肩梁)柱在行线方向两个柱身表面分别设中心标志。

4. 钢柱吊装

(1)钢柱安装有旋转吊装法和滑行吊装法两种方法。单层轻钢结构钢柱应采用旋转吊装法。

1)采用旋转法吊装柱时，柱脚宜靠近基础，柱的绑扎点、柱脚中心与基础中心三者应位于起重机的同一起重半径的圆弧上。起吊时，起重臂边升钩、边回转，柱顶随起重钩的运动，也边升起、边回转，将柱吊起插入基础。

2)采用滑行法吊装柱时，起重臂不动，仅起重钩上升，柱顶也随之上升，而柱脚则沿地面滑向基础，直至将柱提离地面，将柱子插入杯口。

(2)吊升时，宜在柱脚底部拴好拉绳并垫以垫木，防止钢柱起吊时，柱脚拖地和碰坏地脚螺栓。

(3)钢柱对位时，一定要使柱子中心线对准基础顶面安装中心线，并使地脚螺栓对孔，注意钢柱垂直度，在基本达到要求后，方可落下就位。通常，钢柱吊离杯底 30~50 mm。

(4)对位完成后，可用八只木楔或钢楔打紧帮或拧上四角地脚螺栓临时固定。钢柱垂直度偏差应控制在 20 mm 以内。重型柱或细长柱除采用楔块临时固定外，必要时增设缆风绳拉锚。

5. 钢柱校正

(1)柱基标高调整。根据钢柱实际长度、柱底平整度、钢牛腿顶部距柱底部的距离，控制基础找平标高，如图 6-26 所示。其重点是保证钢牛腿顶部标高值。

调整方法为柱安装时，在柱子底板下的地脚螺栓上加一个调整螺母，把螺母上表面的标高调整到与柱底板标高齐平，放上柱子后，利用底板下的螺母控制柱子的标高，精度可达±1 mm 以内。用无收缩砂浆以捻浆法填实柱子底板下面预留的空隙。

(2)钢柱垂直度校正。钢柱吊装柱脚穿入基础螺栓就位后，柱子校正工作主要是对标高进行调整和对垂直度进行校正，对钢柱垂直度的校正

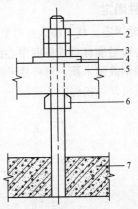

图 6-26 柱基标高调整示意图

1—地脚螺栓；2—止松螺母；3—紧固螺母；4—螺母垫板；
5—柱脚底板；6—调整螺母；7—钢筋混凝土基础

可采用起吊初校、加千斤顶复校的办法，其操作要点如下：

1)对钢柱垂直度的校正，可在吊装柱到位后，利用起重机起重臂回转进行初校，一般钢柱垂直度控制在 20 mm 之内，拧紧柱底地脚螺栓，起重机方可松钩。

2)在用千斤顶复校过程中，须不断观察柱底和砂浆标高控制块之间是否有间隙，以防校正过程中顶升过度造成水平标高产生误差。待垂直度校正完毕，再度紧固地脚螺栓，并塞紧柱子底部四周的承重校正块(每摞不得多于三块)，并用电焊定位固定，如图 6-27 所示。

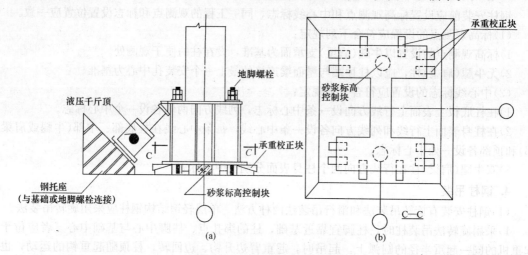

图 6-27　用千斤顶校正垂直度
(a)千斤顶校正垂直度；(b)千斤顶校正的整剖面

3)为了防止钢柱在垂直度校正过程中产生轴线位移，应在位移校正后在柱子底脚四周用 4～6 块厚度为 10 mm 的钢板作定位靠模，并用电焊与基础面埋件焊接固定，防止移动。

(3)平面位置校正。钢柱底部制作时，在柱底板侧面用钢冲打出互相垂直的十字线上的四个点，作为柱底定位线。在起重机不脱钩的情况下，将柱底定位线与基础定位轴线对准，缓慢落至标高位置。就位后如果有微小的偏差，用钢楔子或千斤顶侧向顶移动校正。

预埋螺杆与柱底板螺孔有偏差时，适当加大螺孔，上压盖板后焊接。

6. 钢柱固定

(1)临时固定。柱子插入杯口就位并初步校正后，即用钢或硬木楔临时固定。当柱插入杯口使柱身中心线对准杯口或杯底中心线后刹车，用撬杠拨正，在柱与杯口壁之间的四周空隙，每边塞入两块钢或硬木楔，再将柱子落到杯底并复查对线，接着同时打紧两侧的楔子，如图 6-28 所示，起重机即可松绳脱钩进行下一根柱的吊装。

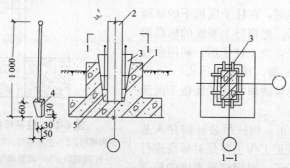

图 6-28　柱子临时固定方法
1—杯形基础；2—柱；3—钢或木楔；4—钢塞；5—嵌小钢塞或卵石

对重型或高在 10 m 以上细长钢柱及杯口较浅的钢柱，如果遇刮风天气，应在大面两侧加缆风绳或支撑来临时固定。

(2)钢柱最后固定。

钢柱校正后，应立即进行固定，同时还需满足以下规定：

1)钢柱校正后应立即灌浆固定。若当日校正的柱子未灌浆，次日应复核后再灌浆，以防因刮风导致楔子松动变形和千斤顶回油等而产生新的偏差。

2)灌浆(灌缝)时应将杯口间隙内的木屑等建筑垃圾清除干净，并用水充分湿润，使其能良好结合。

3)当柱脚底面不平(凹凸或倾斜)或与杯底间有较大间隙时，应先灌一层同强度等级的稀砂浆，充满后再灌细石混凝土。

4)无垫板钢柱固定时，应在钢柱与杯口的间隙内灌比柱混凝土强度等级高一级的细碎石混凝土。先清理并湿润杯口，分两次灌浆，第一次灌至楔子底面，待混凝土强度等级达到25%后，将楔子拔出，再二次灌至与杯口齐平。

5)第二次灌浆前须复查柱子垂直度，超出允许误差时应采取措施重新校正并纠正。

6)有垫板安装柱(包括钢柱杯口插入式柱脚)的二次灌浆方法，通常采用赶浆法或压浆法。

①赶浆法是在杯口一侧灌强度等级高一级的无收缩砂浆(掺水泥用量 0.03‰～0.05‰ 的铝粉)或细石混凝土，用细振捣棒振捣使砂浆从柱底另一侧挤出，待填满柱底周围约 10 cm 高，接着在杯口四周均匀地灌细石混凝土至与杯口齐平。

②压浆法是在杯口空隙插入压浆管与排气管，先灌 20 cm 高混凝土并插捣密实，然后开始压浆，待混凝土被挤压上拱，停止顶压，再灌 20 cm 高混凝土顶压一次，即可拔出压浆管和排气管，继续灌混凝土至杯口。本法适于截面很大、垫板高度较薄的杯底灌浆。

7)捣固混凝土时，应严防碰动楔子而造成柱子倾斜。

8)采用缆风绳校正的柱子，待二次所灌混凝土强度达到70%，方可拆除缆风绳。

7. 钢柱安装允许偏差

单层钢结构中柱子安装的允许偏差应符合表 6-2 的规定。

表 6-2　单层钢结构中柱子安装的允许偏差　　　　　　　　　　mm

项　　目		允许偏差	图　　例	检验方法
柱脚底座中心线对定位轴线的偏移		5.0		用吊线和钢尺检查
柱基准点标高	有起重机梁的柱	+3.0 -5.0	基准点	用水准仪检查
	无起重机梁的柱	+5.0 -8.0		
弯曲矢高		$H/1\,200$，且不应大于 15.0		用经纬仪或拉线和钢尺检查

项 目		允许偏差	图 例	检验方法
柱轴线垂直度	单层柱 $H \leqslant 10$ m	$H/1\,000$		用经纬仪或吊线和钢尺检查
	单层柱 $H > 10$ m	$H/1\,000$，且不应大于25.0		
	多节柱 单节柱	$H/1\,000$，且不应大于10.0		
	多节柱 柱全高	35.0		

6.4 钢吊车梁与钢屋架安装

6.4.1 钢吊车梁安装

1. 吊装测量准备

（1）搁置钢行车梁牛腿面的水平标高调整。先用水准仪（精度为±3 mm/km）测出每根钢柱上原先弹出的±0.000基准线在柱子校正后的实际变化值。一般实测钢柱横向近牛腿处的两侧，同时做好实测标记。根据各钢柱搁置行车梁牛腿面的实测标高值，以统一标高值为基准，定出全部钢柱搁置行车梁牛腿面的统一标高值，得出各搁置行车梁牛腿面的标高差值。根据各个标高差值和行车梁的实际高差来加工不同厚度的钢垫板。同一搁置行车梁牛腿面上的钢垫板一般应分成几块加工，以利于两根行车梁端头高度值不同的调整。在吊装行车梁前，应先将精加工过的垫板点焊在牛腿面上。

（2）行车梁纵、横轴线的复测和调整。钢柱的校正应把有柱间支撑的作为标准排架认真对待，从而控制其他柱子纵向的垂直偏差和竖向构件吊装时的累计误差；在已吊装完的柱间支撑和竖向构件的钢柱上复测行车梁的纵、横轴线，并进行调整。

（3）行车梁吊装前应严格控制定位轴线。认真做好钢柱底部临时标高垫块的设置工作；密切注意钢柱吊装后的位移和垂直度偏差数值；实测行车梁搁置端部梁高的制作误差值。

2. 吊车梁绑扎

钢吊车梁一般绑扎两点。梁上设有预埋吊环的吊车梁，可用带钢钩的吊索直接钩住吊环起吊；自重较大的梁，应用卡环与吊环吊索相互连接在一起；梁上未设吊环的可在梁端靠近支点，用轻便吊索配合卡环绕吊车梁（或梁）下部左右对称绑扎，或用工具式吊耳吊装，如图6-29所示。同时，应注意以下几点：

（1）绑扎时吊索应等长，左右绑扎点对称。

（2）梁棱角边缘应衬以麻袋片、汽车废轮胎块、半边钢管或短方木护角。

（3）在梁一端拴好溜绳（拉绳），以防就位时左右摆动，碰撞柱子。

3. 钢吊车梁吊装

（1）起吊就位和临时固定。

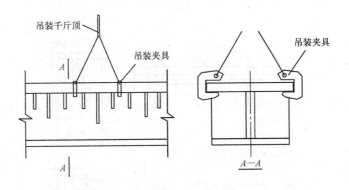

图 6-29　利用工具式吊耳吊装

1)吊车梁吊装须在柱子最后固定、柱间支撑安装后进行。

2)在屋盖吊装前安装吊车梁,可使用各种起重机进行。如屋盖已吊装完成,则应用短臂履带式起重机或独脚桅杆起重机吊装,起重臂杆高度应比屋架下弦低0.5 m以上,如无起重机,也可在屋架端头、柱顶拴倒链安装。

3)吊车梁应布置在接近安装的位置,使梁重心对准安装中心,安装可由一端向另一端,或从中间向两端顺序进行,当梁吊至设计位置离支座面20 cm时,用人力扶正,使梁中心线与支撑面中心线(或已安相邻梁中心线)对准,并使两端搁置长度相等,然后缓慢落下;如有偏差,稍吊起用撬杠引导正位;如支座不平,则用斜铁片垫平。

4)当梁高度与宽度之比大于4,或遇五级以上大风时,脱钩前应用8号铁丝将梁捆于柱上临时固定,以防倾倒。

(2)梁的定位校正。

1)高低方向校正主要是对梁的端部标高进行校正。可用起重机吊空、特殊工具抬空、油压千斤顶顶空,然后在梁底填设垫块。

2)水平方向移动校正常用撬棒、钢楔、花篮螺栓、链条葫芦和油压千斤顶进行。一般重型行车梁用油压千斤顶和链条葫芦解决水平方向移动较为方便。

3)校正应在梁全部安完、屋面构件校正并最后固定后进行。重量较大的吊车梁,也可边安边校正。校正内容包括中心线(位移)、轴线间距(跨距)、标高垂直度等。纵向位移在就位时已校正,故校正主要为横向位移。

4)校正吊车梁中心线与吊车跨距时,先在吊车轨道两端的地面上,根据柱轴线放出吊车轨道轴线,用钢尺校正两轴线的距离,再用经纬仪放线、钢丝挂线坠或在两端拉钢丝等方法校正,如图6-30所示。如有偏差,用撬杠拨正,或在梁端设螺栓、液压千斤顶侧向顶正,如图6-31所示,或在柱头挂倒链将吊车梁吊起或用杠杆将吊车梁抬起(图6-32),再用撬杠配合移动拨正。

5)校正吊车梁标高时,可将水平仪放置在厂房中部某一吊车梁上或地面上在柱上测出一定高度的水准点,再用钢尺或样杆量出水准点至梁面铺轨需要的高度,每根梁观测两端及跨中三点,根据测定标高进行校正,校正时用撬杠撬起或在柱头屋架上弦端头节点上挂倒链,将吊车梁需垫垫板的一端吊起。重型柱在梁一端下部用千斤顶顶起填塞铁片[图6-32(b)],在校正标高的同时,用靠尺或线坠在吊车梁的两端(鱼腹式吊车梁在跨中)测垂直度(图6-33)。当偏差超过规范允许偏差(一般为5 mm)时,用楔形钢板在一侧填塞纠正。

(3)最后固定。吊车梁校正完毕,应立即将吊车梁与柱牛腿上的埋设件焊接固定,在梁柱接头处支侧模,浇筑细石混凝土并养护。

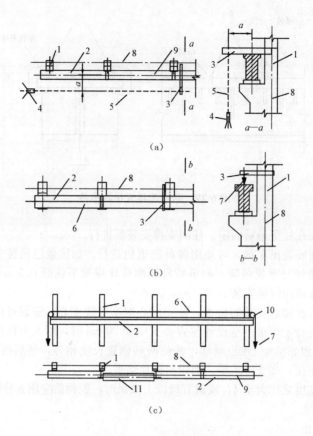

图 6-30　吊车梁轴线校正

(a)仪器法校正；(b)线坠法校正；(c)通线法校正

1—柱；2—吊车梁；3—短木尺；4—经纬仪；5—经纬仪与梁轴线平行视线；6—钢丝；

7—线坠；8—柱轴线；9—吊车梁轴线；10—钢管或圆钢；11—偏离中心线的吊车梁

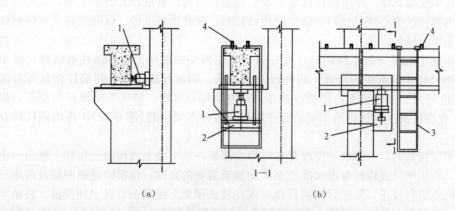

图 6-31　用千斤顶校正吊车梁

(a)千斤顶校正侧向位移；(b)千斤顶校正垂直度

1—液压(或螺栓)千斤顶；2—钢托架；3—钢爬梯；4—螺栓

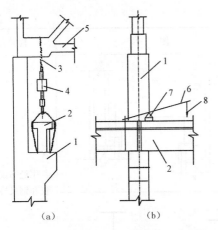

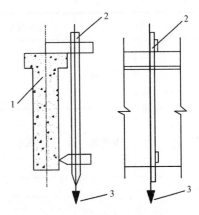

图 6-32　用悬挂法和杠杆法校正吊车梁

(a)悬挂法校正；(b)杠杆法校正

1—柱；2—吊车梁；3—吊索；4—倒链；

5—屋架；6—杠杆；7—支点；8—着力点

图 6-33　吊车梁垂直度的校正

1—吊车梁；2—靠尺；3—线坠

4. 钢吊车梁安装验收

根据《钢结构工程施工质量验收规范》(GB 50205—2001)的规定，钢吊车梁安装的允许偏差见表 6-3。

表 6-3　钢吊车梁安装的允许偏差　　　　　　　　　　　　　　　　mm

项　　目	允许偏差	图　　例	检验方法
梁的跨中垂直度 Δ	$h/500$		用吊线和钢尺检查
侧向弯曲矢高	$l/1\,500$，且不应大于 10.0 mm		
垂直上拱矢高	10.0		
两端支座中心位移 Δ　安装在钢柱上时，对牛腿中心的偏移	5.0		用拉线和钢尺检查
安装在混凝土柱上时，对定位轴线的偏移	5.0		
吊车梁支座加劲板中心与柱子承压加劲板中心的偏移 Δ_1	$t/2$		用吊线和钢尺检查

项　目		允许偏差	图　例	检验方法
同跨间内同一横截面吊车梁顶面高差△	支座处	10.0		用经纬仪、水平仪和钢尺检查
	其他处	15.0		
同跨间内同一横截面下挂式吊车梁底面高差△		10.0		
同列相邻两柱间吊车梁顶面高差△		$l/1\,500$，且不应大于 10.0 mm		用水准仪和钢尺检查
相邻两吊车梁接头部位△	中心错位	3.0		用钢尺检查
	上承式顶面高差	1.0		
	下承式底面高差	1.0		
同跨间任一截面的吊车梁中心跨距△		±10.0		用经纬仪和光电测距仪检查；跨度小时，可用钢尺检查

项　　目	允许偏差	图　　例	检验方法
轨道中心对吊车梁腹板轴线的偏移 △	$t/2$	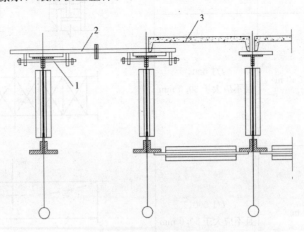	用吊线和钢尺检查

6.4.2　钢屋架安装

1. 钢屋架吊装

(1)钢屋架吊装时,须对柱子横向进行复测和复校。

(2)钢屋架吊装时应验算屋架平面外刚度,如刚度不足,采取增加吊点的位置或采用加铁扁担的施工方法。

(3)屋架的吊点要保证屋架的平面刚度,且需注意以下两点:

1)屋架的重心位于内吊点的连线之下,否则应采取防止屋架倾倒的措施;

2)对外吊点的选择应使屋架下弦处于受拉状态。

(4)屋架起吊,距离地面 50 cm 时检查无误后再继续起吊。

(5)安装第一榀屋架时,在松开吊钩前做初步校正,对准屋架基座中心线与定位轴线就位,并调整屋架垂直度,检查屋架侧向弯曲。

(6)第二榀屋架同样吊装就位后,不要松钩,用绳索临时与第一榀屋架固定(图6-34),接着安装支撑系统及部分檩条,最后校正整体。

图 6-34　屋架垂直度的校正

1—支撑螺栓;2—临时固定支撑;3—屋面板(或屋面支撑)

(7)从第三榀开始，在屋架脊点及上弦中点装上檩条即可将屋架固定，同时将屋架校正好。

(8)屋架分片运至现场组装时，拼装平台应平整，组拼时保证屋架总长及起拱尺寸要求。焊接时一面检查合格后再翻身焊另一面。做好拼焊施工记录，全部验收后方准吊装。屋架及天窗架也可以在地面上组装好，进行综合吊装，但要临时加固以保证有足够的刚度。

2. 钢屋架校正

钢屋架校正采用经纬仪校正屋架上弦垂直度的方法。在屋架上弦两端和中央夹三把标尺，待三把标尺的定长刻度在同一直线上时，屋架垂直度校正完毕。

钢屋架校正完毕，拧紧屋架临时固定支撑两端螺杆和屋架两端搁置处的螺栓，随即安装屋架永久支撑系统。

3. 钢屋架安装验收

钢屋(托)架、桁架、梁及受压件垂直度和侧向弯曲矢高的允许偏差，见表6-4。

表6-4　钢屋(托)架、桁架、梁及受压件垂直度和侧向弯曲矢高的允许偏差

项目	允许偏差	图例
跨中的垂直度	$h/250$，且不应大于 15.0 mm	
侧向弯曲矢高 f	$l \leqslant 30$ m	$l/1\,000$，且不应大于 10.0 mm	
	30 m $< l \leqslant 60$ m	$l/1\,000$，且不应大于 30.0 mm	
	$l > 60$ m	$l/1\,000$，且不应大于 50.0 mm	

6.5 钢结构工程安装方案

6.5.1 安装工艺顺序及流水段划分

吊装顺序是先吊装竖向构件，后吊装平面构件。竖向构件吊装顺序为柱—连系梁—柱间支撑—吊车梁托架等。单种构件吊装流水作业，既保证体系纵列形成排架，稳定性好，又能提高生产效率；平面构件吊装顺序主要以形成空间结构稳定体系为原则，工艺流程如图6-35所示。

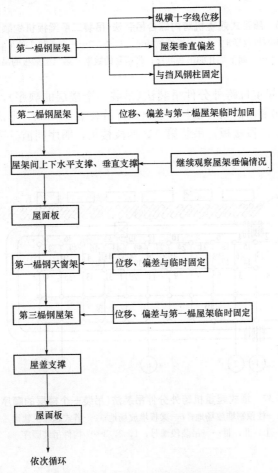

图 6-35 平面构件吊装顺序工艺流程

平面流水段的划分，应考虑钢结构在安装过程中的对称性和稳定性；立面流水以一节钢柱为单元，每个单元以主梁或钢支撑安装成框架为原则，其次是其他构件的安装。可以采用由一端向另一端进行的吊装顺序，既有利于安装期间结构的稳定，又有利于设备安装单位的进场施工。

图6-36所示为履带式起重机跨内综合吊装法(吊装二层梁板机构顺序图)。起重机Ⅰ先安装ⓒ—ⓓ跨间第1~2节间柱1~4，梁5~8，形成框架后，再吊装楼板9，接着吊装第二层梁10~13和楼板14，完成后起重机后退，依次同次吊装第2~3节、第3~4节间各层构件；起重机Ⅱ安装ⓐ—ⓑ、ⓑ—ⓒ跨柱、梁和楼板，顺序与起重机Ⅰ相同。

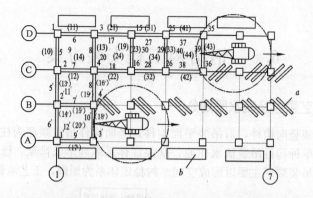

图 6-36 履带式起重机跨内综合吊装法（吊装二层梁板机构顺序图）

a—柱预制堆放场地；b—梁板堆放场地；1, 2, 3⋯⋯起重机 I 的吊装顺序
1′, 2′, 3′⋯⋯起重机 II 的吊装顺序；带括号的数据—第二层梁板的吊装顺序

图 6-37 所示为塔式起重机跨外分件吊装法（吊装一个楼层的顺序），划分为四个吊装段进行。起重机先吊装第一吊装段的第一层柱 1～14，再吊装梁 15～33，形成框架；吊装第二吊装段的柱、梁；吊装第一、二段楼板；吊装第三、四段楼板，顺序同前。第一施工层全部吊装完成后，接着进行上层吊装。

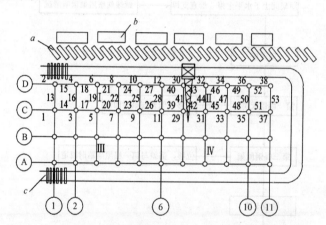

图 6-37 塔式起重机跨外分件吊装法（吊装一个楼层的顺序）

a—柱预制堆放场地；b—梁板堆放场地；c—塔式起重机轨道
I，II，III⋯⋯吊装段编号；1, 2, 3⋯⋯构件吊装顺序

6.5.2 安装机械选择

1. 选择依据

(1)构件最大重量、数量、外形尺寸、结构特点、安装高度、吊装方法等。

(2)各类型构件的吊装要求，施工现场条件。

(3)吊装机械的技术性能。

(4)吊装工程量的大小、工程进度等。

(5)现有或租赁起重设备的情况。

(6)施工力量和技术水平。

(7)构件吊装的安全和质量要求，以及经济合理性。

2. 选择原则

(1)应考虑起重机的性能满足使用方便、吊装效率、吊装工程量和工期等要求。

(2)能适应现场道路、吊装平面布置和设备、机具等条件，能充分发挥其技术性能。

(3)能保证吊装工程量、施工安全和有一定的经济效益。

(4)避免使用起重能力大的起重机吊小构件。

3. 起重机类型选择

(1)一般吊装多按履带式、轮胎式、汽车式、塔式的顺序选用。对高度不大的中、小型厂房，优先选择起重量大、全回转、移动方便的100～150 kN履带式起重机或轮胎式起重机吊装主体；对大型工业厂房，主体结构高度较高、跨度较大、构件较重，宜选用500～750 kN履带式起重机或350～1 000 kN汽车式起重机；对重型工业厂房，主体结构高度高、跨度大，宜选用塔式起重机吊装。

(2)对厂房大型构件，可选用重型塔式起重机吊装。

(3)当缺乏起重设备或吊装工作量不大、厂房不高时，可选用各种桅杆起重机进行吊装。回转式桅杆起重机较适用于单层钢结构厂房的综合吊装。

(4)当厂房位于狭窄地段或厂房采用敞开式施工方案(厂房内设备基础先施工)时，宜采用双机抬吊吊装屋面结构或选用单机在设备基础上铺设枕木垫道吊装。

(5)当起重机的起重量不能满足要求时，可以采取增加支腿或增长支腿、后移或增加配重、增设拉绳等措施来提高起重能力。

4. 吊装参数确定

起重机的吊装参数包括起重量、起重高度、起重半径。所选择的起重机起重量应大于所吊装最重构件加吊索重量；起重高度应满足所安装的最高构件的吊装要求；起重半径应满足在一定起重量和起重高度时，能保持一定安全距离吊装构件的要求。当伸过已安装好的构件上空吊装时，起重臂与已安装好的构件应有不小于0.3 m的距离。

起重机的起重臂长度可采用图解法(图6-38)，具体步骤如下：

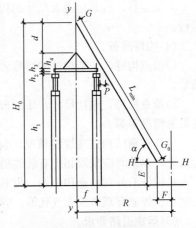

图6-38　图解法求起重机臂杆最小长度

(1)按比例绘出厂房最高一个节间的纵剖面图及节间中心线 y—y。

(2)根据所选起重机起重臂下铰点至停机面的距离 E，画水平线 H—H。

(3)自屋架顶面向起重机水平方向量出一距离 $g=1.0$ m，定出点 P。

(4)在中心线 y—y 上定出起重臂上定滑轮中心点 G(G 点到停机面距离 $H_0=h_1+h_2+h_3+h_4+d$，d 为吊钩至起重臂顶端滑轮中心的最小高度，一般取2.5～3.5 m)。

(5)连接 GP，延长与 H—H 相交于 G_0，即为起重臂下铰中心，GG_0 为起重臂的最小长度 L_{min}，α 角即为起重臂的倾角。

(6)按 $R=F+L\cos\alpha$ 计算起重臂长度 R。

6.5.3　钢构件运输和堆放

1. 钢构件运输

(1)技术准备。

1)制订运输方案。根据厂房结构件的基本形式，结合现场起重设备和运输车辆的具体条件，制订切实可行、经济实用的装运方案。

2)设计、制作运输架。根据构件的重量、外形尺寸设计制作各种类型构件的钢或木运输架（支承架）。要求构造简单，装运受力合理、稳定，重心低，重量轻，节约钢材，能适应多种类型构件，装拆方便。

3)验算构件的强度。对大型屋架、多节柱等构件，根据装运方案确定的条件，验算构件在最不利截面处的抗裂度，避免装运时出现裂缝；如抗裂度不够，应进行适当加固处理。

（2）运输工具准备。

1)选定运输车辆及起重工具。根据构件的形状、几何尺寸及重量、工地运输起重工具、道路条件及经济效益，确定合适的运输车辆和吊车型号、台数和装运方式。

2)准备装运工具和材料。如钢丝绳扣、倒链、卡环、花篮螺栓、千斤顶、信号旗、垫木、木板、汽车旧轮胎等。

（3）运输条件。

1)修筑现场运输道路。按装运构件车辆载重量大小、车体长宽尺寸，确定修筑临时道路的标准等级、路面宽度及路基、路面结构要求，修筑通入现场的运输道路。

2)查看运输路线和道路。组织运输司机及有关人员沿途查看运输线路和道路平整、坡度情况、转弯半径、有无电线等障碍物，过桥涵洞净空尺寸是否够高等。

3)试运行。将装运最大尺寸的构件的运输架安装在车辆上，模拟构件尺寸，沿运输道路试运行。

（4）构件准备。

1)清点构件，包括构件的型号和数量，按构件吊装顺序核对；确定构件装运的先后顺序并编号。

2)检查构件，包括尺寸、几何形状，埋设件、吊环位置和牢固性，安装孔的位置和预留孔的贯通情况等等。

3)检查钢结构连接焊缝情况，包括焊缝尺寸、外观及连接节点是否符合设计和规范要求，超出允许误差时应采取相应有效的措施进行处理。

4)构件的外观检查和修饰。发现存在缺陷和损伤，如裂缝、麻面、破边、焊缝高度不够、长度小、焊缝有灰渣或大气孔等，应经修饰和补焊后才可运输和使用。

（5）运输道路要求。

1)运输道路应平整坚实，保证有足够的路面宽度和转弯半径。载重汽车的单行道宽度不得小于 3.5 m，拖挂车的单行道宽度不小于 4 m，并应有适当的会车点；双行道的宽度不小于 6 m。转弯半径：载重汽车不得小于 10 m，半拖挂车不小于 15 m，全拖挂车不小于 20 m。运输道路要经常检查和养护。

2)构件运输时，屋架和薄壁构件强度应达到 100%。

3)构件运输应配套，应按吊装顺序、方式、流向组织装运，按平面布置卸车就位、堆放，先吊的先运，避免混乱和二次倒运。

4)构件装运时的支撑点和装卸车时的吊点应尽可能接近设计支撑状态或设计要求的吊点，如支撑吊点受力状态改变，应对构件进行抗裂度验算。当裂缝宽度不能满足要求时，应进行适当加固。

5)根据构件的类型、尺寸、重量、工期要求、运距、费用、效率及现场具体条件，选择合适的运输工具和装卸机具。

6)构件在装车时，支撑点应水平放置，在车辆弹簧上的荷载要均匀对称，构件应保持重心平衡，构件的中心须与车辆的装载中心重合，固定要牢靠。刚度大的构件也可平卧放置。

7)对高宽比大的构件或多层叠放装运构件，应根据构件外形尺寸、重量，设置工具式支承框架、固定架、支撑，或用倒链等予以固定，以防倾倒。严禁采取悬挂式堆放运输。对支撑钢运输架应进行设计计算，保证足够的强度和刚度，支撑稳固、牢靠和装卸方便。

8) 大型构件采用拖挂车运输构件，在构件支撑处应设有转向装置，使其能自由转动。同时，应根据吊装方法及运输方向确定装车方向，以免现场调头困难。

9) 在各构件之间应用隔板或垫木隔开，构件上下支撑垫木应在同一直线上，并加垫楞木或草袋等物使其紧密接触，用钢丝绳和花篮螺栓连成一体并拴牢于车厢上，以免构件在运输时滑动变形或互碰损伤。

10) 装卸车起吊构件应轻起轻放，严禁甩掷，运输中严防碰撞或冲击。

11) 根据路面情况好坏掌握构件运输的行驶速度，行车必须平稳。

12) 公路运输构件装运的高度极限为 4 m。如需通过隧道，则高度极限为 3.8 m。

(6) 多节柱运输。长度为 8 m 以内的柱，多采用载重汽车装运(图 6-39)；长度为 8 m 以上的柱，则采用半拖挂车或全拖挂车装运[图 6-40(b)、(c)]，每车装 1~3 根，一般设置钢支架，用钢丝绳、倒链拉牢，使柱稳固，每柱下设两个支撑点，长柱抗裂能力不足时，采用平衡梁三点支撑或设置一个辅助垫点(仅用木楔稍塞紧)。柱子搁置时，前端伸至驾驶室顶面距离不宜小于 0.5 m，后端离地面应大于 1 m。

大型钢柱采用载重汽车、炮车、半拖挂车或全拖挂车(图 6-40)或铁路平台车装运。

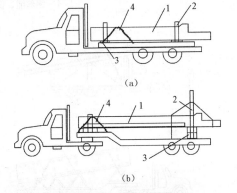

图 6-39　小型钢柱的运输

(a)汽车运输短柱；(b)半拖挂运输柱子

1—柱；2—钢支架；3—垫木；4—钢丝绳、倒链捆紧

(7) 吊车梁运输。6 m 吊车梁采用载重汽车装运，每车装 4~5 根；9 m、12 m 吊车梁采用 5 t 以上载重汽车、半拖挂车或全拖挂车装运，平板上设钢支架，每车装 3~4 根，根据吊车梁侧向刚度情况，采取平放或立放，如图 6-41 所示。

重型钢吊车梁用载重汽车全拖挂车设钢支架装运(图 6-42)或用铁路平台车运输。

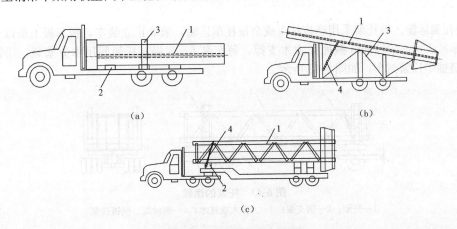

图 6-40　大型钢柱的运输

(a)汽车运输 6 m 钢柱(每次 2 根)；

(b)带钢支架的汽车运输 12 m 长钢柱(每次 1 根)；

(c)全挂车运输 10 m 以上中钢柱(每次 1 根)

1—钢柱；2—垫木；3—钢运输支架；4—钢丝绳、倒链拉紧

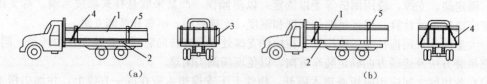

图 6-41 吊车梁的运输

(a)汽车运输普通吊车梁；(b)汽车运输重型吊车梁

1—吊车梁；2—垫木；3—钢支架；

4—钢丝绳、倒链捆紧；5—钢运输支架

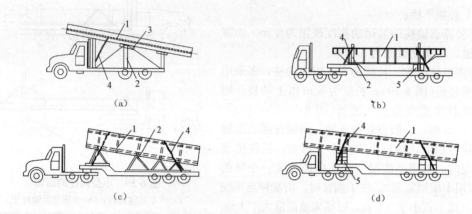

图 6-42 重型钢吊车梁的运输

(a)载重汽车运输 18 m 长钢吊车梁；

(b)全拖挂车运输长 24 m、重 12 t 钢吊车梁或托梁(每次 3 根)；

(c)全拖挂车上设钢运输支架运输长 24 m、重 55 t 箱形吊车梁或托梁；

(d)半拖挂运输长 24 m、重 22 t 钢吊车梁或托梁

1—钢吊车梁或托梁；2—钢运输支架；

3—废轮胎片；4—钢丝绳、倒链捆紧；5—垫木

(8)托架运输。钢托架采用半拖挂车或全拖挂车运输，采取正立装车，拖车板上垫以(300～400) mm×(300～400) mm 截面大方木支撑，每车装 6～8 榀，托架间用木方塞紧，用钢丝绳扣、倒链捆牢拉紧封车，如图 6-43 所示。

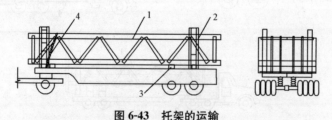

图 6-43 托架的运输

1—托架；2—钢支架；3—大方木或枕木；4—钢丝绳、倒链拉紧

(9)屋架运输。根据屋架的外形、几何尺寸、跨度和重量大小，采用汽车或拖挂车运输，因屋架侧向刚度差，对跨度 15 m、18 m 整榀屋架及跨度 24～35 m 半榀屋架，可采用 12 t 或 12 t 以上载重汽车，在车厢板上安装钢运输架运输；跨度 21～24 m 整榀屋架则采用半拖挂车或全拖挂车上装钢运架装运，视路面情况，用拖车头、拖拉机或推土机牵引。

钢屋架可采取在载重汽车上部或两侧设钢运架装运(图 6-44)，整榀大跨度钢屋架可用铁路

平台车装运，下部设枕木支垫，上部用8号铁丝或倒链在平台车两侧拴固。

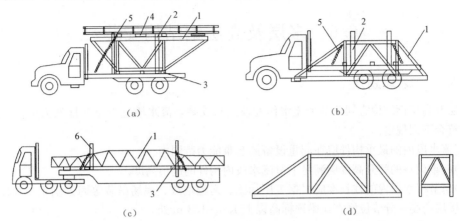

图6-44 钢屋架的运输

(a)汽车设钢运输架顶部运输21 m钢屋架；(b)汽车设钢运输架侧向运输21 m钢屋架；

(c)全拖挂车运输24 m钢屋架；(d)汽车运输屋架构造

1—钢屋架；2—钢运输支架；3—垫木或枕木；4—废轮胎片；5—钢丝绳、倒链拉紧；6—钢支撑架

2. 钢构件堆放

(1)堆放场地应平整、紧实，排水良好，以防因地面不均匀下沉造成构件裂缝或倾倒损坏。

(2)构件应按型号、编号、吊装顺序、方向，依次分类配套堆放。堆放位置应按吊装平面布置规定，并应在起重机回转半径范围内。先吊的放在靠近起重机一侧，后吊的依次排放。同时，考虑吊装和装车方向，避免吊装时转向和二次倒运，影响效率和易损坏构件。

(3)构件堆放应平稳，底部应设置垫木，避免搁空而引起翘曲。垫点应接近设计支撑位置。等截面构件垫点位置可设在离端部0.207L(L为构件长度)处；柱子堆放应注意防止小柱断裂，支撑点宜设在距牛腿30～40 cm处。

(4)对侧向刚度较差、重心较高、支承面较窄的构件，如屋架、托架薄腹屋面梁等，宜直立放置，除两端设垫木支撑外，应在两侧加设撑木，或将数榀构件以方木、8号钢丝绑扎连在一起，使其稳定，支撑及连接处不得少于三处。

(5)成垛堆放或叠层堆放构件，应以10 cm×10 cm方木隔开，各层垫木支点应在同一水平面上，并紧靠吊环的外侧，在同一条垂直线上。堆放高度应根据构件形状特点、重量、外形尺寸和堆垛的稳定性决定。一般柱子不宜超过2层，梁不超过3层，大型屋面板、圆孔板不超过8层，楼板、楼梯板不超过6层。钢屋架平放不超过3层，钢擦条不超过6层。钢结构堆垛高度一般不超过2 m，堆垛间需留2 m通宽通道。

(6)构件堆放应有一定挂钩、绑扎操作净距和净空。相邻构件的间距不得小于0.2 m，与建筑物相距2.0～2.5 m，构件堆垛每隔2～3垛应有一条纵向通道，每隔25 m留一道横向通道，宽应不小于0.7 m。堆放场地应修筑环行运输道路，其宽度单行道不少于4 m，双行道不少于6 m，钢结构堆放应靠近公路、铁路，并配必要的装卸机械。

(7)屋架运到安装地点就位排放(堆放)或二次倒运就位排放，可采用斜向或纵向排放。当单机吊装时，屋架应靠近柱列排放。相邻屋架间的净距保持不小于0.5 m；屋架间在上弦用8号铁丝、方木或木杆连接绑扎固定，并与柱适当绑扎连接固定，使屋架保持稳定。当采用双机抬吊时，屋架应与柱列成斜角排放，在地上埋设木杆稳定屋架，埋设深度为80～100 cm，数目为3～4根。

6.6 多层及高层钢结构安装

6.6.1 流水段划分

多层及高层钢结构宜划分多个流水作业段进行安装，流水段宜以每节框架为单位。流水段划分应符合下列规定：

(1)流水段内的最重构件应在起重设备的起重能力范围内。

(2)起重设备的爬升高度应满足下节流水段内构件的起吊高度。

(3)每节流水段内的柱长度应根据工厂加工、运输堆放、现场吊装等因素确定，长度宜取2或3个楼层高度，分节位置宜在梁顶标高以上1.0～1.3 m处。

(4)流水段的划分应与混凝土结构施工相适应。

(5)每节流水段可根据结构特点和现场条件在平面上划分流水区进行施工。

6.6.2 多层及高层钢结构节点构造

1. 多层及高层钢结构柱脚节点构造

(1)外露式工字形截面柱的铰接柱脚节点构造如图6-45所示。

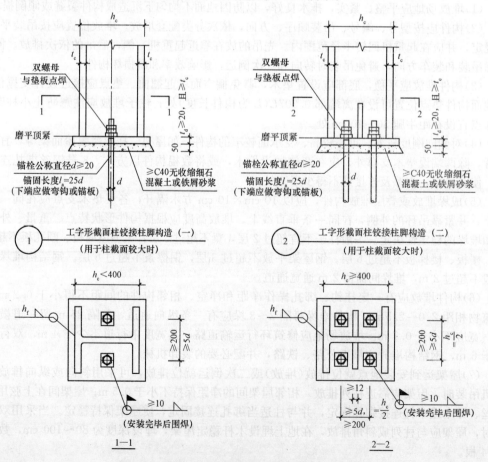

图6-45 外露式工字形截面柱的铰接柱脚节点构造

1)柱底端宜磨平顶紧。其翼缘与底板间宜采用半熔透的坡口对接焊缝连接。柱腹板及加劲板与底板间宜采用双面角焊缝连接。

2)基础顶面和柱脚底板之间须二次浇灌大于或等于 C40 无收缩细石混凝土或铁屑砂浆，施工时应采用压力灌浆。

3)铰接柱脚的锚栓仅做安装过程的固定之用，其直径应根据钢柱板件厚度和底板厚度相协调的原则确定，一般取 20～42 mm。

4)锚栓应采用 Q235 钢制作，安装时应采用固定架定位。

5)柱脚底板上的锚栓孔径宜取锚栓外径的 1.5 倍，锚栓螺母下的垫板孔径取锚栓直径加 2 mm，垫板厚度一般为$(0.4～0.5)d(d$ 为锚栓外径)，但不宜小于 20 mm。

(2)外露式箱形截面柱的刚性柱脚节点构造如图 6-46 所示。

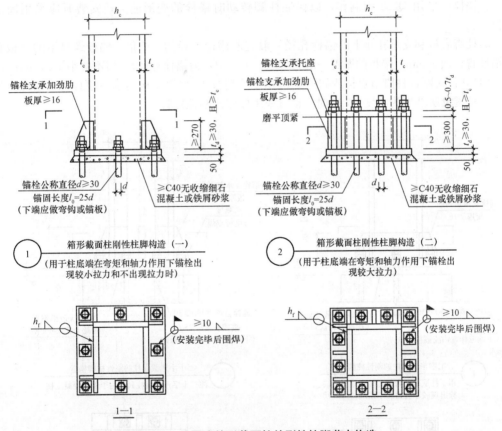

图 6-46　外露式箱形截面柱的刚性柱脚节点构造

1)当为抗震设防的结构，柱底与底板间宜采用完全熔透的坡口对接焊缝连接，加劲板与底板间采用双面角焊缝连接。当为非抗震设防的结构，柱底宜磨平顶紧，并在柱底采用半熔透的坡口对接焊缝连接，加劲板采用双面角焊缝连接。

2)基础顶面和柱脚底板之间须二次浇灌大于或等于 C40 无收缩细石混凝土或铁屑砂浆，施工时应采用压力灌浆。

3)刚性柱脚的锚栓在弯矩作用下承受拉力，同时也在安装过程中起固定之用，其锚栓直径一般多在 30～76 mm 的范围内使用。柱脚底板和支承托座上的锚栓孔径一般宜取锚栓外径的 1.5 倍。锚栓螺母下的垫板孔径取锚栓直径加 2 mm。垫板的厚度一般为$(0.4～0.5)d(d$ 为锚栓外径)，但不宜小于 20 mm。

4)锚栓应采用 Q235 钢制作，以保证柱脚转动时锚栓的变形能力，安装时应采用固定架定位。

(3)外露式工字形截面柱及十字形截面柱的刚性柱脚节点构造如图 6-47 所示。

1)当为抗震设防的结构，柱翼缘与底板间宜采用完全熔透的坡口对接焊缝连接，柱腹板及加劲板与底板间宜采用双面角焊缝连接。当为非抗震设防的结构，柱底宜磨平顶紧，柱翼缘与底板间可采用半熔透的坡口对接焊缝连接，柱腹板及加劲板仍采用双面角焊缝连接。

2)基础顶面和柱脚底板之间须二次浇灌大于或等于 C40 无收缩细石混凝土或铁屑砂浆，施工时应采用压力灌浆。

3)刚性柱脚的锚栓在弯矩作用下承受拉力，同时也作为安装过程的固定之用，其锚栓直径一般多在 30～76 mm 的范围内使用。

4)锚栓应采用 Q235 钢制作，以保证柱脚转动时锚栓的变形能力，安装时应采用固定架定位。

5)柱脚底板和支承托座上的锚栓孔径一般宜取锚栓外径的 1.5 倍。锚栓螺母下的垫板孔径取锚栓直径加 2 mm。垫板的厚度一般为$(0.4\sim0.5)d$(d 为锚栓外径)，但不应小于20 mm。

(4)外包式刚性柱脚节点构造如图 6-48 所示。超过 12 层钢结构的刚性柱脚宜采用埋入式柱脚。当抗震设防烈度为 6 度、7 度时，也可采用外包式刚性柱脚。

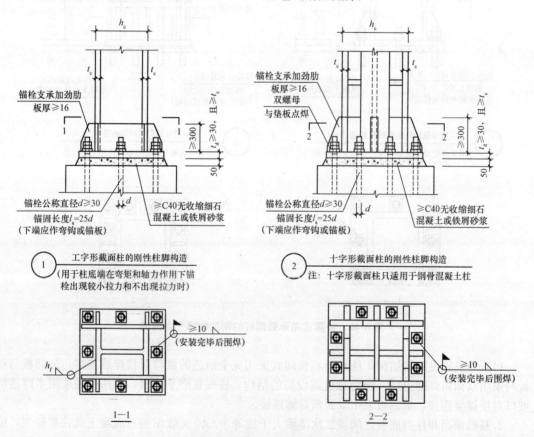

图 6-47　外包式工字形截面柱及十字形截面柱的刚性柱脚节点构造

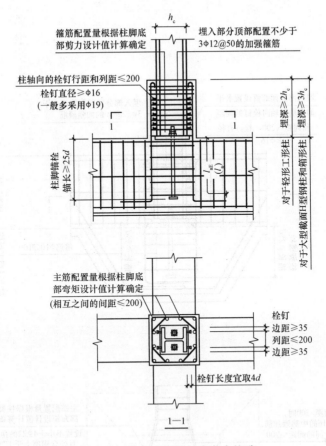

图 6-48　外包式刚性柱脚节点构造

（5）埋入式刚性柱脚节点构造如图 6-49 所示。埋入部分顶部需设置水平加劲肋，其宽厚比应满足下列要求：

1）对于工字形截面柱，其水平加劲肋外伸宽度的宽厚比小于或等于 $9\sqrt{235/f_y}$。

2）对于箱形截面柱，其内横隔板的宽厚比小于或等于 $30\sqrt{235/f_y}$。

2. 支撑斜杆在框架节点处的连接节点构造

支撑斜杆在框架节点处的连接节点构造如图 6-50 所示。

3. 人字形支撑与框架横梁的连接节点构造

人字形支撑与框架横梁的连接节点构造如图 6-51 所示。

4. 十字形交叉支撑的中间连接节点构造

十字形交叉支撑的中间连接节点构造如图 6-52 所示。

5. 交叉支撑在框架横梁交叉点处的连接节点构造

交叉支撑在框架横梁交叉点处的连接节点构造如图 6-53 所示。

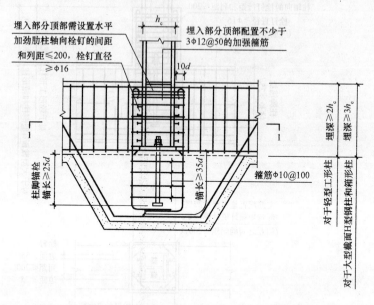

埋入部分顶部需设置水平加劲肋柱轴向栓钉的间距和列距≤200，栓钉直径≥Φ16

埋入部分顶部配置不少于3Φ12@50的加强箍筋

h_c

10d

柱脚锚栓锚长≥25d

锚长≥35d

箍筋Φ10@100

埋深≥2h_c 对于轻型工形柱

埋深≥3h_c 对于大型截面H型钢柱和箱形柱

1

1

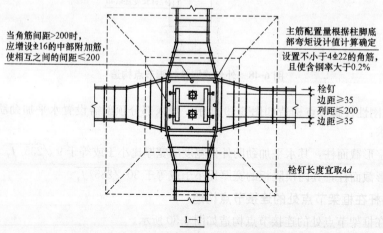

当角筋间距>200时，应增设Φ16的中部附加筋，使相互之间的间距≤200

主筋配置量根据柱脚底部弯矩设计值计算确定

设置不小于4Φ22的角筋，且使含钢率大于0.2%

栓钉
边距≥35
列距≤200
边距≥35

栓钉长度宜取4d

1—1

图6-49　埋入式刚性柱脚节点构造

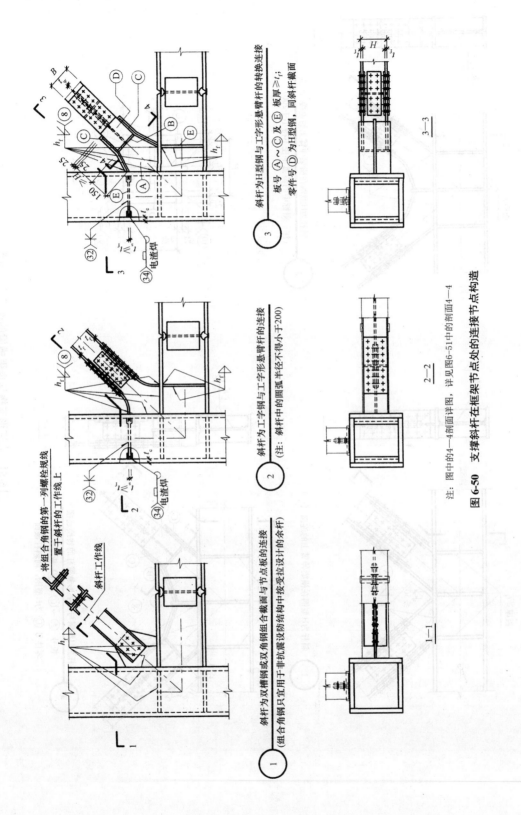

③ 斜杆为H型钢与工字形悬臂杆的转换连接

板号 Ⓐ~Ⓒ 及 Ⓔ；板厚 ≥ t_f；
零件号 Ⓓ 为H型钢，同斜杆截面

② 斜杆为工字钢与工字形悬臂杆的连接

（注：斜杆中的圆弧半径不得小于200）

① （组合角钢的第一列螺栓规线上
置子斜杆的工作线上

斜杆为双槽钢或双角钢组合截面与节点板的连接
组合角钢只宜用于非抗震设防结构中按受拉设计的余杆）

注：图中的4—4剖面详图，详见图6-51中的剖面4—4

图6-50 支撑斜杆在框架节点处的连接节点构造

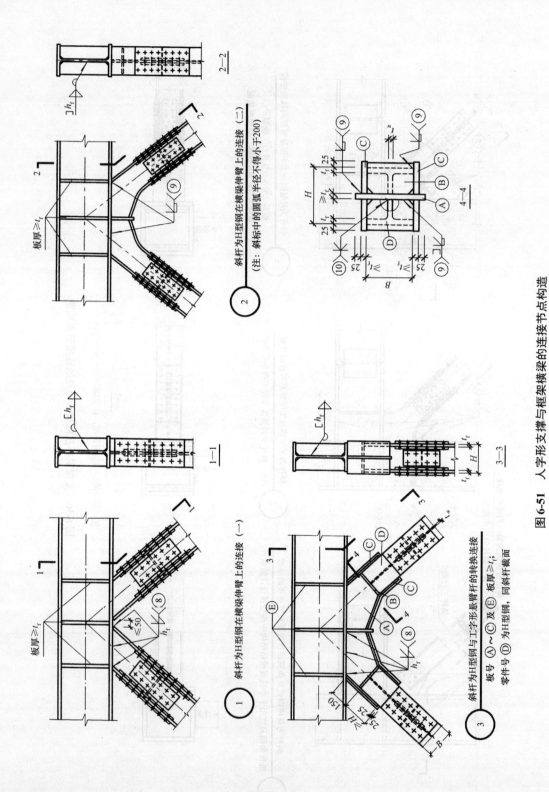

2—2

1—1

4—4

3—3

① 斜杆为H型钢在横梁伸臂上的连接（一）

② 斜杆为H型钢在横梁伸臂上的连接（二）
（注：斜标中的圆弧半径不得小于200）

③ 斜杆为H型钢与工字形悬臂杆的转换连接
板号 Ⓐ～Ⓒ 及 Ⓔ 为H型钢，板厚 ≥t_f；
零件号 Ⓓ 为H型截面，同斜杆截面

图6-51 人字形支撑与框架横梁的连接节点构造

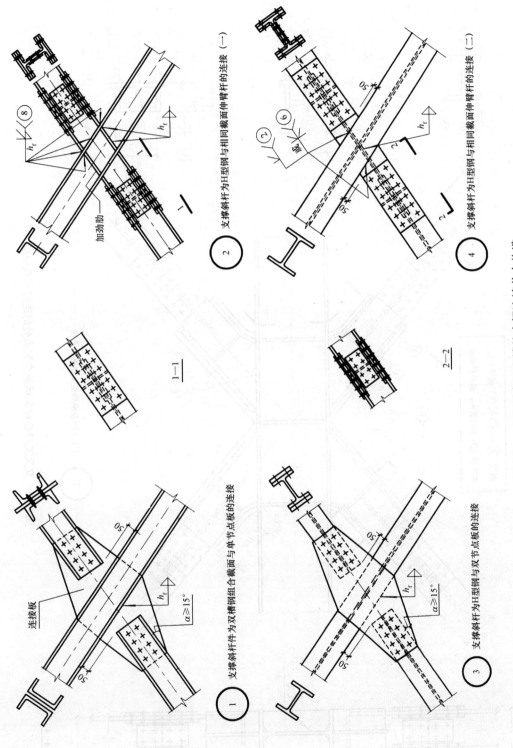

图 6-52 十字形交叉支撑的中间连接节点构造

① 支撑斜杆件为双槽钢组合截面与单节点板的连接

② 支撑斜杆为H型钢与相同截面伸臂杆的连接（一）

③ 支撑斜杆为H型钢与双节点板的连接

④ 支撑斜杆为H型钢与相同截面伸臂杆的连接（二）

加劲肋

连接板

$\alpha \geqslant 15°$

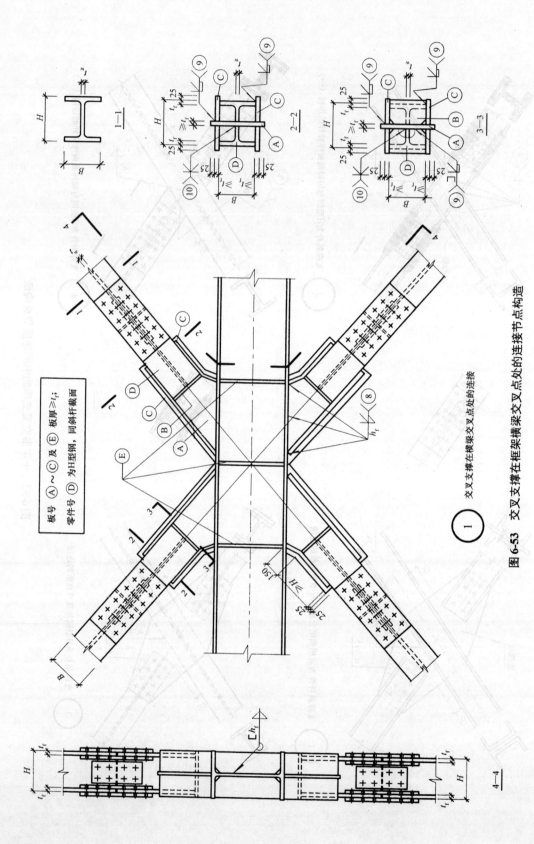

板号 Ⓐ～Ⓒ及Ⓔ 板厚≥t_f;
零件号 Ⓓ 为H型钢，同斜杆截面

交叉支撑在横梁交叉点处的连接

图 6-53　交叉支撑在框架横梁交叉点处的连接节点构造

6.6.3 钢柱安装

在多层及高层建筑工程中，钢柱多采用实腹式。实腹钢柱的截面有工字形、箱形、十字形和圆形等多种形式。钢柱接长时，多采用对接接长，也有采用高强度螺栓连接接长的。劲性柱与混凝土采用熔焊栓钉连接。

1. 施工检查

(1)安装在钢筋混凝土基础上的钢柱，安装质量及工效与混凝土柱基和地脚螺栓的定位轴线、基础标高直接有关，必须会同设计、监理、总包、业主共同验收，合格后才可以进行钢柱连接。

(2)采用螺栓连接钢结构和钢筋混凝土基础时，预埋螺栓应符合施工方案的规定：预埋螺栓标高偏差在±5 mm以内；定位轴线的偏差应在±2 mm以内。

(3)应认真做好基础支承平面的标高，其垫放的垫铁应正确；二次灌浆工作应采用无收缩、微膨胀的水泥砂浆。避免基础标高超差，影响起重机梁安装水平度的超差。

2. 吊点设置

(1)钢柱安装属于竖向垂直吊装，为使吊起的钢柱保持下垂，便于就位，需根据钢柱的种类和高度确定绑扎点。

(2)钢柱吊点一般采用焊接吊耳、吊索绑扎、专用吊具等。钢柱的吊点位置及吊点数应根据钢柱形状、断面、长度、起重机性能等具体情况确定。

(3)为了保证吊装时索具安全，吊装钢柱时，应设置吊耳。吊耳应基本通过钢柱重心的铅垂线。吊耳的设置如图6-54所示。

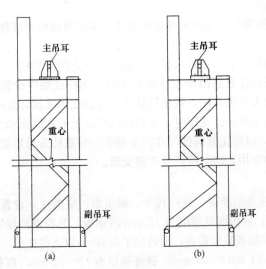

图6-54 吊耳的设置

(a)永久式吊耳；(b)工具式吊耳

(4)钢柱一般采用一点正吊。吊点应设置在柱顶处，令吊钩通过钢柱重心线，使钢柱易于起吊、对线、校正。当受起重机臂杆长度、场地等条件限制时，吊点可放在柱长1/3处斜吊。

由于钢柱倾斜，斜吊的起吊、对线、校正较难控制。

(5)具有牛腿的钢柱，绑扎点应靠近牛腿下部；无牛腿的钢柱按其高度比例，绑扎点设在钢柱全长2/3的上方位置处。

(6)为防止钢柱边缘的锐利棱角在吊装时损伤吊绳，应用适宜规格的钢管割开一条缝，套在棱角吊绳处，或用方形木条垫护。注意绑扎牢固，并易拆除。

3. 钢柱吊装

(1)根据现场实际条件选择好吊装机械后，方可进行吊装。吊装前应将待安装钢柱按位置、方向放到吊装(起重半径)位置。

(2)钢柱起吊前，应在柱底板向上 500～1 000 mm 处画一条水平线，以便固定前后复查平面标高。

(3)钢柱吊装施工时，为了防止钢柱根部在起吊过程中变形，钢柱吊装一般采用双机抬吊，主机吊在钢柱上部，辅机吊在钢柱根部。待柱子根部离地一定距离(约 2 m)后，辅机停止起钩，主机继续起钩和回转，直至把柱子吊直后将辅机松钩。

(4)对重型钢柱可采用双机递送抬吊或三机抬吊、一机递送的方法吊装；对于很高和细长的钢柱，可采取分节吊装的方法，在下节柱及柱间支撑安装并校正后，再安装上节柱。

(5)钢柱柱脚固定方法一般有两种形式：一种是在基础上预埋螺栓固定，底部设钢垫板找平；另一种是插入杯口灌浆固定。前者是将钢柱吊至基础上部并插锚固螺栓固定，多用于一般厂房钢柱的固定。后者是当钢柱插入杯口后，支承在钢垫板上找平，最后的固定方法同钢筋混凝土柱，用于大、中型厂房钢柱的固定。

(6)为避免吊起的钢柱自由摆动，应在柱底上部用麻绳绑好，作为牵制溜绳的调整方向。

(7)吊装前的准备工作就绪，首先进行试吊。吊起一端高度为 100～200 mm 时应停吊，检查索具是否牢固和起重机稳定板是否位于安装基础上。

(8)钢柱起吊后，在柱脚距地脚螺栓或杯口 30～40 cm 时扶正，使柱脚的安装螺栓孔对准螺栓或柱脚对准杯口，缓慢落钩、就位，经过初校，待垂直偏差在 20 mm 以内时，拧紧螺栓或打紧木楔临时固定，即可脱钩。

(9)钢柱柱脚套入地脚螺栓。为防止其损伤螺纹，应用薄钢板卷成筒套到螺栓上。钢柱就位后，取去套筒。

(10)如果进行多排钢柱安装，可继续按此做法吊装其余所有的柱子。

(11)吊装钢柱时，还应注意起吊半径或旋转半径。钢柱底端应设置滑移设施，以防钢柱吊起扶直时产生拖动阻力以及压力作用，致使柱体产生弯曲变形或损坏底座板。

(12)当钢柱被吊装到基础平面就位时，应将柱底座板上面的纵横轴线对准基础轴线(一般由地脚螺栓与螺孔来控制)，以防止其跨度尺寸产生偏差，导致柱头与屋架安装连接时，发生水平方向向内拉力或向外撑力作用，均会使柱身弯曲变形。

4. 分节钢柱吊装

(1)吊装前，先做好柱基的准备，进行找平，画出纵、横轴线，设置基础标高块，标高块的强度应不低于 30 N/mm²；顶面埋设厚度为 12 mm 的钢板，并检查预埋地脚螺栓的位置和标高。

(2)钢柱多用宽翼工字形或箱形截面，前者用于高 60 m 以下的柱子，多采用焊接 H 型钢，截面尺寸为(300×200)mm～(1 200×600)mm，翼缘板厚为 10～14 mm，腹板厚度为 6～25 mm；后者多用于高度较大的高层建筑柱，截面尺寸为(500×500)mm～(700×700)mm，钢板厚 12～30 mm。

为充分利用起重机能力和减少连接，一般将钢柱制成 3 或 4 层一节，节与节之间用坡口焊连接，一个节间的柱网必须安装三层的高度后再安装相邻节间的柱。

(3)钢柱吊点应设在吊耳(制作时预先设置，吊装完成后割去)处。同时，在钢柱吊装前预先在地面挂上操作挂筐、爬梯等。

(4)钢柱的吊装，根据柱子重量、高度情况采用单机吊装或双机抬吊。单机吊装时，需在柱根部垫以垫木，用旋转法起吊，防止柱根拖地和碰撞地脚螺栓，损坏螺纹；双机抬吊多采用递送法，吊离地面后在空中进行回直。

(5)钢柱就位后，立即对垂直度、轴线、牛腿面标高进行初校，安设临时螺栓，然后卸去吊索。

(6)钢柱上、下接触面间的间隙一般不得大于 1.5 mm；如间隙为 1.6～6.0 mm，可用低碳钢的垫片垫实间隙。柱间间距偏差可用液压千斤顶与钢楔、倒链与钢丝绳或缆风绳进行校正。

(7)在第一节框架安装、校正、螺栓紧固后，即应进行底层钢柱柱底灌浆。先在柱脚四周立模板，将基础上表面清洗干净，清除积水。然后，用高强度聚合砂浆从一侧自由灌入至密实，灌浆后，用湿草袋或麻袋护盖养护。

5. 钢柱校正

(1)起吊初校与千斤顶复校。钢柱吊装柱脚穿入基础螺栓后，柱子校正工作主要是对标高和垂直度进行校正。钢柱垂直度的校正，可采用起吊初校加千斤顶复校的办法。其操作要点如下：

1)钢柱吊装到位后，应先利用起重机起重臂回转进行初校，钢柱垂直度一般应控制在 20 mm 以内。初核完成后，拧紧柱底地脚螺栓，起重机方可脱钩。

2)在用千斤顶复核的过程中，必须不断观察柱底和砂浆标高控制块之间是否有间隙，以防校正过程中顶升过度造成水平标高产生误差。

3)待垂直度校正完毕，再度紧固地脚螺栓，并塞紧柱子底部四周的承重校正块(每摞不得多于 3 块)，并用电焊点焊固定。

(2)松紧楔子和千斤顶校正。

1)柱平面轴线校正。在起重机脱钩前，将轴线误差调整到规范允许偏差范围以内，就位后如有微小偏差，在一侧将钢楔稍松动，另一侧打紧钢楔或敲打插入杯口内的钢楔，或用千斤顶侧向顶移纠正。

2)标高校正。在柱安装前，根据柱实际尺寸(以半腿面为准)用抹水泥砂浆或设钢垫板来校正标高，使柱牛腿标高偏差在允许范围内。如安装后还有超差，则在校正起重机梁时，对砂浆层、垫板厚度予以纠正。如偏差过大，则将柱拔出重新安装。

3)垂直度校正。在杯口用紧松钢楔、设小型丝杠千斤顶或小型液压千斤顶等工具给柱身施加水平或斜向推力，使柱子绕柱脚转动来纠正偏差。在顶的同时，缓慢松动对面楔子，并用坚硬石子将柱脚卡牢，以防发生水平位移，校好后打紧两面的楔子。对大型柱横向垂直度的校正，可用内顶或外设卡具外顶的方法。校正以上柱子时应考虑温差的影响，宜在早晨或阴天进行。柱子校正后灌浆前应每边两点用小钢塞 2 或 3 块将柱脚卡住，以防受风荷载等影响引起转动或倾斜。

(3)缆风绳校正法。

1)柱平面轴线、标高的校正同上述"松紧楔子和千斤顶校正"的相关内容。

2)垂直度校正。校正时，将杯口钢楔稍微松动，拧紧或放松缆风绳上的法兰螺栓或倒链，即可使柱子向要求方向转动。本法需较多缆风绳，操作麻烦，占用场地大，常影响其他作业的进行。同时，校正后易回弹影响精度，仅适用于长度不大、稳定性差的中小型柱子。

(4)撑杆校正法。

1)柱平面轴线、标高的校正同上。

2)垂直度校正是利用木杆或钢管撑杆在牛腿下面进行校正。校正时敲打木楔，拉紧倒链或转动手柄，即可给柱身施加一斜向力，使柱子向箭头方向移动。同样，应稍松动对面的楔子，待垂直后再楔紧两面的楔子。本法使用的工具较简单，适用于 10 m 以下的矩形或工字形中小型柱的校正。

(5)垫铁校正法。垫铁校正法是指用经纬仪或吊线坠对钢柱进行检验。当钢柱出现偏差时，在底部空隙处塞入铁片或在柱脚和基础之间打入钢楔子，以增减垫板。

1)采用此法校正时，钢柱位移偏差多用千斤顶校正。标高偏差可用千斤顶将底座少许抬高，然后增减垫板厚度使其达到设计要求。

2)钢柱校正和调整标高时，垫不同厚度垫铁或偏心垫铁的重叠数量不准多于两块，一般要求厚板在下面、薄板在上面。每块垫板要求伸出柱底板外 $5\sim10$ mm，以备焊成一体，保证柱底板与基础板平稳、牢固结合。

3)校正钢柱垂直度时，应以纵、横轴线为准，首先找正并固定两端边柱作为样板柱，然后以样板柱为基准来校正其余各柱。

4)调整垂直度时，垫放的垫铁厚度应合理，否则垫铁的厚度不均也会使钢柱垂直度产生偏差。可根据钢柱的实际倾斜数值及其结构尺寸，用下式计算所需增、减垫铁厚度来调整垂直度：

$$\delta=\frac{\Delta SB}{2L}$$

式中　δ——垫板厚度调整值(mm)；

　　　ΔS——柱顶倾斜的数值(mm)；

　　　B——柱底板的宽度(mm)；

　　　L——柱身高度(mm)。

5)垫板之间的距离要以柱底板的宽为基准，要做到合理、恰当，使柱体受力均匀，避免柱底板局部压力过大产生变形。

(6)多节钢柱的校正。多节钢柱的校正比普通钢柱的校正更为复杂，实践中要对每根下节柱重复多次校正并观测垂直偏移值，其主要校正步骤如下：

1)多节钢柱初校应在起重机脱钩后、电焊前进行，电焊完毕后应作第二次观测。

2)电焊施焊应在柱间砂浆垫层凝固前进行，以免因砂浆垫层的压缩而减少钢筋的焊接应力。接头坡口间隙尺寸宜控制在规定的范围内。

3)梁和楼板吊装后，柱子因增加了荷载，以及梁柱间的电焊会使柱产生偏移。在这种情况下，对荷载不对称的外侧柱的偏移更为明显，故需再次进行观测。

4)对数层一节的长柱，在每层梁板吊装前后，均需观测垂直偏移值，使柱最终垂直，偏移值控制在允许值以内。如果超过允许值，则应采取有效措施。

5)当下节柱经最后校正后，偏差在允许范围以内时，可不再进行调整。在这种情况下，吊装上节柱时，如果对准标准中心线，在柱子接头处钢筋往往对不齐；若对准下节柱的中心线，则会产生积累误差。一般解决的方法是：上节柱底部就位时，应对准上述二根中心线(下柱中心线和标准中心线)的中点，各借一半，如图 6-55 所示；校正上节柱顶部时，仍以标准中心线为准，以此类推。

6)钢柱经校正后，其垂直度允许偏差为 $h/1\ 000$（h 为柱高），但不大于 20 mm。中心线对定位轴线的位移不得超过 5 mm，上、下柱接口中心线位移不得超过 3 mm。

7)柱垂直度和水平位移均有偏差时，如果垂直度偏差较大，则应先校正垂直度偏差，然后校正水平位移，以减少柱倾覆的可能性。

8)多层装配式结构的柱，特别是一节到顶、长细比较大、抗弯能力较小的柱，杯口要有一定的深度。如果杯口过浅或配筋不够，易使柱倾覆，校正时要特别注意撑顶与敲打钢楔的方向，切勿弄错。

另外，钢柱校正时，还应注意风荷载和日照温度、温差的影响，一般当风力超过 5 级时不宜进行校正工作，已校正的钢柱应进行侧向梁安装或采取加固措施。对受温差影响较大的钢柱，

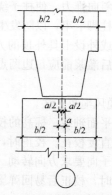

图 6-55　上、下节柱校正时中心线
偏差调整简图

a—下节柱柱顶中线偏差值；b—柱宽

— · —柱标准中心线

·····—上、下柱实际中心线

宜在无阳光影响时(如阴天、早晨、傍晚)进行校正。

6. 钢柱的固定

多、高层钢柱的固定可参考单层钢柱的相关内容。

7. 钢柱安装允许偏差

根据《钢结构工程施工质量验收规范》(GB 50205—2001)的规定,多层及高层钢结构中柱子安装的允许偏差见表 6-5。可用全站仪式激光经纬仪和钢尺实测,标准柱全部检查,非标准柱抽查 10%,且应不小于三根。

表 6-5　多层及高层钢结构中柱子安装的允许偏差　　　　　　　　　mm

项　　目	允许偏差	图　　例
底层柱柱底轴线 对定位轴线偏移	3.0	
柱子定位轴线	1.0	
单节柱的垂直度	$h/1\,000$,且 应不大于 10.0	

6.6.4　多层装配式框架安装

1. 构件吊装

构件吊装顺序应先低跨后高跨,由一端向另一端进行,这样既有利于安装期间结构的稳定,又有利于设备安装单位的进场施工。根据起重机开行路线和构件安装顺序的不同,吊装方法可分为以下几种:

(1)构件综合吊装。构件综合吊装是用一台或两台履带式起重机在跨内开行,起重机在一个节间内将各层构件一次吊装到顶,并由一端向另一端开行,采用综合法逐间逐层把全部构件安装完成。其适用于构件重量较大且层数不多的框架结构吊装。

如图 6-56 所示,吊装时采用两台履带式起重机在跨内开行,采用综合法吊装梁板式结构(柱为二层一节)的顺序。起重机Ⅰ先安装ⓒ、ⓓ跨间第 1～2 节间柱 1～4、梁 5～8,形成框架后,再吊装楼板 9,接着吊装第二层梁 10～13 和楼板 14,完成后起重机后退,用同样方法依次吊装第 2～3、第 3～4 等节间各层构件,依次类推,直到ⓒ、ⓓ跨构件全部吊装完成后退出;起重机Ⅱ安装ⓐ、ⓑ、ⓑ、ⓒ跨柱、梁和楼板,顺序与起重机Ⅰ安装时相同。

每一层构件吊装均需在下一层结构固定完毕和接头混凝土强度等级达到 70%后进行,以保证已吊装好的结构的稳定性。同时,应尽量缩短起重机往返行驶路线,并在吊装中减少变幅和更换吊点的次数,妥善考虑吊装、校正、焊接和灌浆工序的衔接以及工人操作的方便和安全。

另外,也可采用一台起重机在所在跨用综合吊装法、其他相邻跨采用分层分段流水吊装法进行。

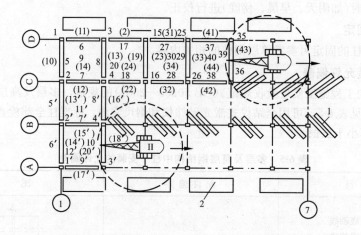

图 6-56　履带式起重机跨内综合吊装法（吊装二层梁板结构顺序图）

1—柱预制、堆放场地；2—梁板堆放场地；1，2，3……起重机Ⅰ的吊装顺序；

1′，2′，3′……起重机Ⅱ的吊装顺序；带括号的数据—第二层梁板吊装顺序

（2）构件分件吊装。构件分件吊装是用一台塔式起重机沿跨外一侧或四周开行，各类构件依次分层吊装。本法按流水方式不同，又分为分层分段流水吊装和分层大流水吊装两种。前者将每一楼层（柱为两层一节时，取两个楼层为一施工层）根据劳力组织（安装、校正、固定、焊接及灌浆等工序的衔接）以及机械连接作业的需要，分为 2～4 段进行分层流水作业；后者不分段进行分层吊装，适用于面积不大的多层框架吊装。

如图 6-57 所示，塔式起重机在跨外开行，采取分层分段流水吊装某层框架顺序，划分为四个吊装段进行。起重机先吊装第一吊装段的第一层柱 1～14，接着吊装梁 15～33，使其形成框架，随后吊装第二吊装段的柱、梁。为便于吊装，待一、二段的柱和梁全部吊装完后再统一吊装一、二段的楼板，接着吊装第三、四吊装段，顺序同前。当第一施工层全部吊装完成后，再按同样的方法逐层向上推进。

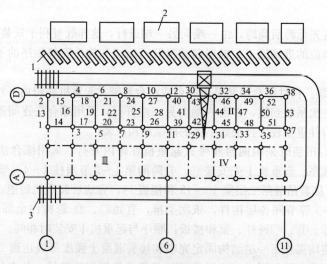

图 6-57　塔式起重机跨外分件吊装法（吊装一个楼层的顺序）

1—柱预制堆放场地；2—梁、板堆放场；3—塔式起重机轨道

Ⅰ，Ⅱ，Ⅲ……吊装段编号；1，2，3……构件吊装顺序

2. 构件接头施工

(1)多层装配式框架结构房屋柱较长，常分成多节吊装。柱接头形式有榫接头、浆锚接头两种，柱与梁接头形式有简支铰接和刚性接头两种。前者只传递垂直剪力，施工简便；后者可传递剪力和弯矩，使用较多。

(2)榫接头钢筋多采用单坡 K 形坡口焊接，以削减温度应力和变形，同时注意使坡口间隙尺寸大小一致，焊接时避免夹渣。如上、下钢筋错位，可用冷弯或热弯使钢筋轴线对准，但弯曲率不得超过 1：6。

(3)柱与梁接头钢筋焊接，可全部采用 V 形坡口焊，也可采用分层轮流施焊，以减小焊接应力。

(4)对整个框架而言，柱梁刚性接头焊接顺序应从整个结构的中间开始，先形成框架，然后再纵向继续施焊。同时，梁应采取间隔焊接固定的方法，避免两端同时焊接，梁中产生过大温度收缩应力。

(5)浇筑接头混凝土前，应将接头处混凝土凿毛并洗净、湿润，接头模板离底 2/3 以上应支成倾斜，混凝土强度等级宜比构件本身提高两级，并宜在混凝土中掺微膨胀剂(在水泥中掺加 0.2‰ 的脱脂铝粉)，分层浇筑捣实，待混凝土强度达到 5 N/mm² 后，再将多余部分凿去，表面抹光，继续湿润养护不少于 7 d，待强度达到 10 N/mm² 或采取足够的支承措施(如加设临时柱间支撑)后，方可吊装上一层柱、梁及楼板。

3. 多层装配式框架安装允许偏差

根据《钢结构工程施工质量验收规范》(GB 50205—2001)的规定，多层装配式框架安装验收标准如下：

(1)主体结构整体垂直度和整体平面弯曲的允许偏差应符合表 6-6 的规定。

表 6-6　主体结构整体垂直度和整体平面弯曲的允许偏差　　　　　　mm

项　目	允许偏差	图　例	检验方法	检查数量
主体结构的整体垂直度 △	(H/2 500)＋10.0，且应不大于 50.0		对于整体垂直度，可采用激光经纬仪、全站仪测量，也可根据各节柱的垂直度允许偏差累计(代数和)计算。对于整体平面弯曲，可按产生的允许偏差累计(代数和)计算	对主要立面全部检查。对每个所检查的立面，除列角柱外，还应至少选取一列中间柱
主体结构的整体平面弯曲 △	L/1 500，且应不大于 25.0			

(2)多层及高层钢结构中构件安装的允许偏差应符合表 6-7 的规定。

表 6-7　多层及高层钢结构中构件安装的允许偏差　　　　mm

项　目	允许偏差	图　例	检验方法
上、下柱连接处的错口 △	3.0		用钢尺检查
同一层柱的各柱顶高度差 △	5.0		用水准仪检查
同一根梁两端顶面的高差 △	$l/1\,000$，且应不大于 10.0		
主梁与次梁表面的高差 △	±2.0		用直尺和钢尺检查
压型金属板在钢梁上相邻列的错位 △	15.0		

(3)多层及高层钢结构主体结构总高度的允许偏差应符合表 6-8 的规定。

表 6-8　多层及高层钢结构主体结构总高度的允许偏差　　　　　　　　　　mm

项　　目	允　许　偏　差	图　　例
用相对标高控制安装	$\pm\sum(\Delta_h+\Delta_z+\Delta_w)$	
用设计标高控制安装	$H/1\,000$，且应不大于 30.0 $-H/1\,000$，且应不小于 -30.0	

注：Δ_h 为每节柱子长度的制造允许偏差；Δ_z 为每节柱子长度受荷载后的压缩值；Δ_w 为每节柱子接头焊缝的收缩值。

6.6.5　钢梯、钢平台及防护栏安装

1. 钢直梯安装

(1)钢直梯应采用性能不低于 Q235A·F 的钢材。其他构件应符合下列规定：

1)梯梁应采用不小于∟50×5 角钢或－60×8 扁钢。

2)踏棍应采用不小于 $\phi20$ 的圆钢，间距宜为 300 mm 等距离分布。

3)支撑应采用角钢、钢板或钢板组焊成 T 形钢制作，埋设或焊接时必须牢固可靠。

无基础的钢直梯至少焊两对支撑，支撑竖向间距不应大于 3 000 mm，最下端的踏棍距离基准面不应大于 450 mm。

(2)梯段高度超过 300 mm 时应设护笼。护笼下端距基准面为 2 000～2 400 mm，护笼上端高出基准面的高度应与《固定式钢梯及平台安全要求 第 3 部分：工业防护栏杆及钢平台》(GB 4053.3—2009)中规定的栏杆高度一致。

护笼直径为 700 mm，其圆心距踏棍中心线为 350 mm。水平圈采用不小于－40×4 扁钢，间距为 450～750 mm，在水平圈内侧均布焊接 5 根不小于－25×4 扁钢垂直条。

(3)钢直梯每级踏棍的中心线与建筑物或设备外表面之间的净距离不得小于 150 mm。

侧进式钢直梯中心线至平台或屋面的距离为 380～500 mm，梯梁与平台或屋面之间的净距离为 180～300 mm。

(4)梯段高不应大于 9 m。超过 9 m 时宜设梯间平台，以分段交错设梯。攀登高度在 15 m 以下时，梯间平台的间距为 5～8 m；超过 15 m 时，每五段设一个梯间平台。平台应设安全防护栏杆。

(5)钢直梯上端的踏板应与平台或屋面平齐，其间隙不得大于 300 mm，并在直梯上端设置高度不低于 1 050 mm 的扶手。

(6)钢直梯最佳宽度为 500 mm。由于工作面所限，攀登高度在 5 000 mm 以下时，梯宽可适当缩小，但不得小于 300 mm。

(7)固定在平台上的钢直梯，应下部固定，其上部的支撑与平台梁固定，在梯梁上开设长圆孔，采用螺栓连接。

(8)钢直梯全部采用焊接连接，焊接要求应符合《钢结构工程施工质量验收规范》(GB 50205—2001)的规定。所有构件表面应光滑无毛刺。安装后的钢直梯不应有歪斜、扭曲、变形及其他缺陷。

(9)荷载规定如下：

1)踏棍按在中点承受 1 kN 集中活荷载计算。容许挠度不大于踏棍长度的 1/250。

2)梯梁按组焊后其上端承受 2 kN 集中活荷载计算（高度按支撑间距选取，无中间支撑时按两端固定点距离选取）。容许长细比不应大于 200。

(10)钢直梯安装后必须认真除锈并作防腐涂装。

2. 固定钢斜梯安装

依据《固定式钢梯及平台安全要求 第2部分：钢斜梯》(GB 4053.2—2009)和《钢结构工程施工质量验收规范》(GB 50205—2001)，固定钢斜梯的安装规定如下：

(1)梯梁采用性能不低于 Q235A•F 的钢材，其截面尺寸应通过计算确定。

(2)踏板采用厚度不小于 4 mm 的花纹钢板，或经防滑处理的普通钢板，或采用由－25×4扁钢和小角钢组焊成的格子板。

(3)立柱应采用截面不小于∟40×4角钢或外径为 30～50 mm 的管材，从第一级踏板开始设置，间距不应大于 1 000 mm。横杆采用直径不小于 16 mm 圆钢或 30 mm×4 mm 扁钢，固定在立柱中部。

(4)不同坡度的钢斜梯，其踏步高 R、踏步宽 t 的尺寸见表 6-9，其他坡度按直线插入法取值。

表 6-9　钢斜梯踏步尺寸

α	30°	35°	40°	45°	50°	55°	60°	65°	70°	75°
R/mm	160	175	185	200	210	225	235	245	255	265
t/mm	280	250	230	200	180	150	135	115	95	75

(5)扶手高应为 900 mm，或与《固定式钢梯及平台安全要求 第3部分：工业防护栏杆及钢平台》(GB 4053.3—2009)中规定的栏杆高度一致，应采用外径为 30～50 mm、壁厚不小于 2.5 mm 的管材。

(6)常用坡度和高跨比(H：L)见表 6-10。

表 6-10　钢斜梯常用坡度和高跨比

坡度 α	45°	51°	55°	59°	73°
高跨比 H：L	1：1	1：0.8	1：0.7	1：0.6	1：0.3

(7)梯高不宜大于 5 m，大于 5 m 时，宜设梯间平台，分段设梯。梯宽宜为 700 mm，最大不得大于 1 100 mm，最小不得小于 600 mm。

(8)钢斜梯应全部采用焊接连接，焊接要求应符合《钢结构工程施工质量验收规范》(GB 50205—2001)中的规定。

(9)所有构件表面应光滑无毛刺，安装后的钢斜梯不应有歪斜、扭曲、变形及其他缺陷。

(10)荷载规定。钢斜梯活荷载应按实际要求采用，但不得小于下列数值：

1)钢斜梯水平投影面上的活荷载标准取 3.5 kN/m²。

2)踏板中点集中活荷载取 1.5 kN/m²。

3)扶手顶部水平集中活荷载取 0.5 kN/m²。

4)挠度不大于受弯构件跨度的 1/250。

(11)钢斜梯安装后，必须认真除锈并作防腐涂装。

3. 平台、栏杆安装

(1)平台钢板应铺设平整，与承台梁或框架密贴、连接牢固，表面有防滑措施。

(2)栏杆安装连接应牢固可靠，扶手转角应光滑。

(3)梯子、平台和栏杆宜与主要构件同步安装。

4. 钢梯、钢平台及防护栏杆安装允许偏差

钢梯、钢平台及防护栏杆安装允许偏差见表 6-11。

表 6-11　钢梯、钢平台及防护栏杆安装允许偏差　　　　　　mm

项　　目	允许偏差	检验方法
平台高度	±15.0	用水准仪检查
平台梁水平度	$l/1\ 000$，且应不大于 20.0	
平台支柱垂直度	$H/1\ 000$，且应不大于 15.0	用经纬仪或吊线和钢尺检查
承重平台梁侧向弯曲	$l/1\ 000$，且应不大于 10.0	用拉线和钢尺检查
承重平台梁垂直度	$h/250$，且应不大于 15.0	用吊线和钢尺检查
直梯垂直度	$l/1\ 000$，且应不大于 15.0	
栏杆高度	±15.0	用钢尺检查
栏杆立柱间距		

6.7　钢结构安装质量控制及质量通病防治

6.7.1　基础验收

(1)施工现场应使用准确的计量设施，并经准确计量。保持砂、石、水泥与水的配合比合理，混凝土搅拌均匀。

(2)浇灌基础底层时，混凝土自由倾落高度不得超过 2 m。超过时应使用串筒式溜槽等设施来降低其倾落高度，以减缓混凝土过急冲击坠落，导致松散离析。

(3)浇灌混凝土前要认真检查模板支设的牢固性，并将模板的孔洞堵好，防止在浇灌和振捣等外力作用下，模板发生位移而脱离混凝土或漏浆。

(4)浇灌混凝土前，模板应充分均匀润湿，避免混凝土浆被模板吸收，导致贴合性差，与模板离析，发生松散的缺陷。

(5)混凝土浇灌应与振捣工作良好配合，振捣工作应分层进行，保证上下层混凝土捣固均匀，结合良好。

(6)混凝土振捣的效果判定：

1)混凝土不再出现气泡；

2)混凝土上表面较均匀，不再出现显著的下降和凹坑现象；

3)混凝土表面出浆处于水平状态；

4)模板内侧棱角被混凝土充分填充饱满；

5)混凝土表面的颜色均匀一致。

(7)浇好的混凝土要用润湿的稻草帘覆盖，并定时泼水保持湿润，以达到强度养护条件。

(8)拆模时间不宜过早，否则混凝土强度不足，在拆模时被损坏，发生蜂窝及孔洞等缺陷。

6.7.2 基础灌浆

(1)为达到基础二次灌浆的强度，在用垫铁调整或处理标高、垂直度时，应保持基础支撑面与钢柱底座板下表面之间的距离不小于 40 mm，以利于灌浆，并全部填满空隙。

(2)灌浆所用的水泥砂浆应采用高强度水泥或比原基础混凝土强度高一级。

(3)冬期施工时，基础二次灌浆配制的砂浆应掺入防冻剂、早强剂，以防止冻害或强度上升过缓的缺陷。

(4)为了防止腐蚀，对下列结构工程及所在的工作环境，二次灌浆使用的砂浆材料中，不得掺用氯盐：

1)在高温空气环境中的结构，如排出大量蒸汽的车间和经常处在空气相对湿度大于 80％的环境；

2)处于水位升降的部位的结构及其结构基础；

3)露天结构或经常受水湿、雨淋的结构基础；

4)有镀锌钢材或有色金属结构的基础；

5)外露钢材及其预埋件而无防护措施的结构基础；

6)与含有酸、碱或硫酸盐等侵蚀性介质相接触的结构及有关基础；

7)使用的工程经常处于环境温度为 60 ℃及其以上的结构基础；

8)薄壁结构、中级或重级工作制的吊车梁、屋架、落锤或锻锤的结构基础；

9)电解车间直接靠近电源的构件基础；

10)直接靠近高压电源(发电站、变电所)等场合一类结构的基础；

11)预应力混凝土的结构基础。

(5)为保证基础二次灌浆达到强度要求，避免发生一系列质量通病，应按以下工艺进行：

1)基础支撑部位的混凝土面层上的杂物需认真清理干净，并在灌浆前用清水湿润后再进行灌浆。

2)灌浆前对基础上表面的四周应支设临时模板；基础灌浆时应连续进行，防止砂浆凝固，不能紧密结合。

3)对于灌浆空隙太小、底座板面积较大的基础灌浆时，为克服无法施工或灌浆中的空气、浆液过多，影响砂浆的灌入或分布不均等缺陷，宜参考如下方法进行：

①灌浆空隙较小的基础，可在柱底脚板上面各开一个适宜的大孔和小孔，大孔作灌浆用，小孔作排除空气和浆液用，在灌浆的同时可用加压法将砂浆填满空隙，并认真捣固，以达到强度。

②对于长度或宽度在 1 m 以上的大型柱底座板灌浆时，应在底座板上开一孔，用漏斗放于孔内，并采用压力将浆液灌入，再用 1~2 个细钢管(其管壁钻若干个小孔)按纵、横方向平行放入基础砂浆内解决浆液和空气的排出。待浆液、空气排出后，抽除钢管并再加灌一些砂浆来填满钢管遗留的空隙。在达到养护强度后，将座板开孔处用钢板覆盖并焊接封堵。

③基础灌浆工作完成后，应将支承面四周边缘用工具抹成 45°散水坡，并认真湿润养护。

④如果在北方冬季或较低温环境下施工，应采取防冻或加温等保护措施。

(6)如果钢柱的制作质量完全符合设计要求，采用坐浆法使基础支承面一次达到设计安装标高的尺寸；经养护，强度达到 75％及其以上即可就位安装。可省略二次灌浆的系列工序过程，并节约垫铁等材料和消除灌浆存在的质量通病。

(7)坐浆或灌浆后的强度试验。

1)用坐浆或灌浆法处理后的安装基础的强度必须符合设计要求；基础的强度必须达到 7 d 的养护强度标准，其强度达到 75％及其以上时，方可安装钢结构。

2)如果设计要求需做强度试验，应在同批施工的基础中采用的同种材料、同一配合比、同一天施工及相同施工方法和条件下，制作两组砂浆试块。其中，一组与坐浆或灌浆同条件进行养护，在钢结构吊装前做强度试验；另一组试块进行 28 d 标准养护，做龄期强度备查。

3)如同一批坐浆或灌浆的基础数量较多，为了达到其准确的平均强度值，可适当增加砂浆试块数。

6.7.3 垫铁垫放

(1)为了使垫铁组平稳地传力给基础，应使垫铁面与基础面紧密贴合。因此，在垫放垫铁前，对不平的基础上表面，需用工具凿平。

(2)垫放垫铁的位置及分布应正确，具体垫法应根据钢柱底座板受力面积的大小，垫在钢柱中心及两侧受力集中部位或靠近地脚螺栓的两侧。垫铁垫放时在不影响灌浆的前提下，相邻两垫铁组之间的距离越近越好，这样能使底座板、垫铁和基础起到全面承受压力荷载的作用，共同均匀受力；避免局部偏压、集中受力或底板在地脚螺栓紧固受力时发生变形。

(3)直接承受荷载的垫铁面积，应符合受力需要，否则面积太小，易使基础局部集中过载，影响基础全面均匀受力。因此，钢柱安装用垫铁调整标高或水平度时，首先应确定垫铁的面积。一般钢柱安装用垫铁均为非标准，不如安装动力设备垫铁的要求那么严格，故钢柱安装用垫铁在设计施工图上一般不作规定和说明，施工时可自行选用确定。垫铁的几何尺寸及受力面积，可根据安装构件的底座面积大小、标高、水平度和承受荷载等实际情况确定。

(4)垫铁厚度应根据基础上表面标高来确定。一般基础上表面的标高多数低于安装基准标高 40～60 mm。安装时依据这个标高尺寸用垫铁来调整确定极限标高和水平度。因此，安装时应根据实际标高尺寸确定垫铁组的高度，再选择每组垫铁厚、薄的配合比。规范规定，每组垫铁的块数不应超过三块。

(5)垫放垫铁时，应将厚垫铁垫在下面，薄垫铁放在最上面，最薄的垫铁宜垫放在中间；尽量少用或不用薄垫铁，否则将影响受力时的稳定性和焊接(点焊)质量；安装钢柱调整水平度，在确定平垫铁的厚度时，还应同时锻造、加工一些斜垫铁，其斜度一般为 1/10～1/20；垫放时应防止产生偏心悬空，斜垫铁应成对使用。

(6)垫铁在垫放前，应将其表面的铁锈、油污和加工的毛刺清理干净，以备灌浆时能与混凝土牢固结合；垫后的垫铁组露出底座板边缘外侧的长度为 10～20 mm，并在层间两侧用电焊点焊牢固。

(7)垫铁垫的高度应合理，过高会影响受力的稳定；过低则影响灌浆的填充饱满，甚至使灌浆无法进行。灌浆前，应认真检查垫铁组与底座板接触的牢固性，常用 0.25 kg 重的小锤轻击，用听声的办法来判断，接触牢固的声音是实音；接触不牢固的声音是碎哑音。

6.7.4 钢柱标高

(1)基础施工时，应按设计施工图规定的标高尺寸进行，以保证基础标高的准确性。

(2)安装单位对基础上表面标高尺寸，应结合各成品钢柱的实际长度或牛腿承面的标高尺寸进行处理，使安装后各钢柱的标高尺寸达到一致。这样可避免只顾基础上表面的标高，忽略了钢柱本身的偏差，导致各钢柱安装后的总标高或相对标高不统一。因此，在确定基础标高时，应按以下方法处理：

1)确定各钢柱与所在各基础的位置，进行对应配套编号；

2)根据各钢柱的实际长度尺寸(或牛腿承点位置)确定对应的基础标高尺寸；

3)当基础标高的尺寸与钢柱实际总长度或牛腿承点的尺寸不符时，应采用降低或增高基础上表面标高尺寸的办法来调整确定安装标高的准确尺寸。

（3）钢柱基础标高的调整应根据安装构件及基础标高等条件来进行，常用的处理方法有如下几种：

1）成品钢柱的总长、垂直度、水平度完全符合设计规定的质量要求时，可将基础的支撑面一次浇灌到设计标高，不作任何调整即可直接就位安装。

2）基础混凝土浇灌到较设计标高低 40～60 mm 的位置，然后用细石混凝土找平至设计安装标高。找平层应保证细石面层与基础混凝土严密结合，不许有夹层；如原混凝土表面光滑，应用钢凿凿成麻面，并经清理后，再进行浇灌，使新旧混凝土紧密结合，从而达到基础的强度。

3）按设计标高安置好柱脚底座钢板，并在钢板下面浇灌水泥砂浆。

4）先将基础浇灌到比设计标高低 40～60 mm，在钢柱安装到钢板上后，再浇灌细石混凝土，如图 6-58 所示。

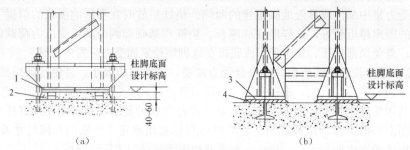

图 6-58　基础施工及标高处理方法

(a)第一种方法；(b)第二种方法

1—调整钢柱用的垫铁；2—钢柱安装后浇灌的细石混凝土；
3—预先埋置的支座配件；4—钢柱安装后浇灌的水泥砂浆

6.7.5　地脚螺栓(锚栓)定位

（1）基础施工确定地脚螺栓或预留孔的位置时，应认真按施工图规定的轴线位置尺寸，放出基准线，同时在纵、横轴线(基准线)的两对应端，分别选择适宜位置，埋置铁板或型钢，标定出永久坐标点，以备在安装过程中随时测量参照使用。

（2）浇筑混凝土前，应按规定的基准位置支设、固定基础模板及其表面配件。

（3）浇筑混凝土时，应经常观察及测量模板的固定支架、预埋件和预留孔的情况。当发现有变形、位移时，应立即停止浇灌，进行调整、排除。

（4）为防止基础及地脚螺栓等的系列尺寸、位置出现位移或偏差过大，基础施工单位与安装单位应在基础施工放线定位时密切配合，共同控制各自的正确尺寸。地脚螺栓(锚栓)尺寸的允许偏差详见表 6-12。

表 6-12　地脚螺栓(锚栓)尺寸的允许偏差　　　　　　　　　　　　　mm

项目	允许偏差
螺栓(锚栓)露出长度	+30.0 0.0
螺纹长度	+30.0 0.0

6.7.6　地脚螺栓(锚栓)纠偏

（1）经检查测量，如埋设的地脚螺栓有个别的垂直度偏差很小，应在混凝土养护强度达到

75％及以上时进行调整。调整时可用氧-乙炔焰将不直的螺栓在螺杆处加热后采用木质材料垫护，用锤敲移、扶直到正确的垂直位置。

（2）对位移或不直度超差过大的地脚螺栓，可在其周围用钢凿将混凝土凿到适宜深度后，用气割割断，按规定的长度、直径尺寸及相同材质材料，加工后采用搭接焊上一段，并采取补强的措施，来调整达到规定的位置和垂直度。

（3）对位移偏差过大的个别地脚螺栓，除采用搭接焊法处理外，在允许的条件下，还可采用扩大底座板孔径侧壁来调整位移的偏差量，调整后用自制的厚板垫圈覆盖，进行焊接补强固定。

（4）预留地脚螺栓孔在灌浆埋设前，当螺栓在预留孔内位置偏移超差过大时，可采取扩大预留孔壁的措施来调整地脚螺栓的准确位置。

6.7.7 螺栓孔制作与布置

（1）不论粗制螺栓或精制螺栓，其螺栓孔在制作时尺寸、位置必须准确，对螺栓孔及安装面应做好修整，以便于安装。构件孔径的允许偏差和检验方法见表6-13。

表6-13 C级螺栓孔的允许偏差和检验方法

项 次	项 目	允许偏差/mm	检验方法
1	直径	+1.0 0	用量规检查
2	圆度	2.0	
3	垂直度	0.03t，且应不大于2.0	

（2）钢结构构件每端至少应有两个安装孔。为了减少钢构件本身挠度导致孔位偏移，一般采用钢冲子预先使连接件上下孔重合。施拧螺栓工艺是：第一个螺栓第一次必须拧紧，当第二个螺栓拧紧后，再检查第一个螺栓并继续拧紧，保持螺栓紧固程度一致。紧固力矩大小应该符合设计要求，不可擅自决定。

6.7.8 地脚螺栓埋设

（1）地脚螺栓的直径、长度均应按设计规定的尺寸制作；一般地脚螺栓与钢结构配套出厂，其材质、尺寸、规格、形状和螺纹的加工质量，均应符合设计施工图的规定。如钢结构出厂不带地脚螺栓，则需自行加工，地脚螺栓各部分尺寸应符合下列要求：

1）地脚螺栓的直径尺寸与钢柱底座板的孔径应相适配，为便于安装找正、调整，多数是底座孔径尺寸大于螺栓直径。

2）地脚螺栓长度尺寸可用下式确定：

$$L=H+S \text{ 或 } L=H-H_1+S$$

式中　L——螺栓的总长度（mm）；

　　　H——螺栓埋设深度（指一次性埋设）（mm）；

　　　H_1——当预留地脚螺栓孔埋设时，螺栓根部与孔底的悬空距离（mm）一般不得小于80mm；

　　　S——高度、底座板厚度、垫圈厚度、压紧螺母厚度、防松锁紧副螺母（或弹簧垫圈）厚度和螺栓伸出螺母的长度（2～3扣）的总和（mm）。

3）为使埋设的地脚螺栓有足够的附着力，其根部需经加热后加工成L、U等形状。

（2）样板尺寸放完后，在自检合格的基础上交由监理抽检，进行单项验收。

（3）地脚螺栓不论一次埋设还是事先预留的孔二次埋设，埋设前，一定要将埋入混凝土中的一段螺杆表面的铁锈、油污清理干净，否则，浇灌后的混凝土与螺栓表面结合不牢，易出现缝隙或隔层，不能起到锚固底座的作用。清理的一般做法是用钢丝刷或砂纸去锈，用火焰烧烤去除油污。

(4)地脚螺栓在预留孔内埋设时，其根部底面与孔底的距离不得小于80 mm，地脚螺栓的中心应在预留孔中心位置，螺栓的外表与预留孔壁的距离不得小于20 mm。

(5)埋设预留孔的地脚螺栓前，应将孔内杂物清理干净，一般做法是用长度较长的钢凿将孔底及孔壁结合薄弱的混凝土颗粒及贴附的杂物全部清除，然后用压缩空气吹净，浇灌前用清水充分湿润，再进行浇灌。

(6)为防止浇灌时地脚螺栓的垂直度及距孔内侧壁、底部的尺寸变化，浇灌前应将地脚螺栓找正后加以固定。

(7)固定螺栓可采用下列两种方法埋设：

1)先浇筑混凝土螺栓，在埋设螺栓时，采用型钢两次校正，检查无误后，浇筑预留孔洞。

2)将每根柱的地脚螺栓每8个或4个用预埋钢架固定，一次浇筑混凝土，定位钢板上的纵、横轴线允许误差为0.3 mm。

(8)做好螺栓的保护措施。

(9)实测钢柱底座螺栓孔距及地脚螺栓位置，检查这两项数据是否符合质量标准。

(10)当螺栓位移超过允许误差时，可用氧-乙炔焰将底座板螺栓孔扩大，安装时另加长孔垫板焊好，也可将螺栓根部混凝土凿去5～10 mm，然后将螺栓稍弯曲，再烤直。

6.7.9　地脚螺栓螺纹保护与修补

(1)与钢结构配套出厂的地脚螺栓在运输、装箱、拆箱时，均应加强对螺纹的保护。正确的保护方法是涂油后用油纸及麻线包装、绑扎，以防螺纹锈蚀和损坏；同时，应单独存放，不宜与其他零部件混装、混放，以免相互撞击而损坏螺纹。

(2)基础施工埋设固定的地脚螺栓，应在埋设过程中或埋设固定后，用罩式的护箱、盒加以保护。

(3)钢柱等带底座板的钢构件吊装就位前应对地脚螺栓的螺纹段采取以下保护措施：

1)不得利用地脚螺栓做弯曲加工的操作；

2)不得利用地脚螺栓作电焊机的接零线；

3)不得利用地脚螺栓作牵引拉力的绑扎点；

4)构件就位时，应用临时套管套入螺杆，并加工成锥形螺母带入螺杆顶端；

5)吊装构件时，防止水平侧向冲击力撞伤螺纹，应在构件底部拴好溜绳加以控制；

6)安装操作应统一指挥，相互协调一致，当构件底座孔位全部垂直对准螺栓时，将构件缓慢地下降就位；卸掉临时保护装置，带上全部螺母。

(4)当螺纹被损坏的长度不超过其有效长度时，可用钢锯将损坏部位锯掉，用什锦钢锉修整螺纹，达到顺利拧入螺母为止。

(5)如地脚螺栓的螺纹被损坏的长度超过规定的有效长度，可用气割割掉大于原螺纹段的长度，再用与原螺栓相同材质、规格的材料，一端加工成螺纹，并在对接的端头截面制成30°～45°的坡口与下端进行对接焊接后，再用相应直径规格、长度的钢管套入接点处进行焊接，加固补强。经套管补强加固后，螺栓直径会大于底座板孔径，可用气割扩大底座板孔的孔径。

6.7.10　钢柱垂直度

(1)钢柱在制作中的拼装、焊接，均应采取防变形措施；对制作时产生的变形，如超过设计规定的范围，应及时进行矫正，以防遗留给下道工序，发生更大的积累超差变形。

（2）对制作的成品钢柱，要加强管理，以防放置的垫基点、运输不合理，因自重压力作用产生弯矩而发生变形。

（3）因为钢柱较长，其刚性较差，在外力作用下易失稳变形，所以，竖向吊装时的吊点选择应正确，一般应选在柱全长 2/3 的位置，以防止变形。

（4）吊装钢柱时还应注意起吊半径或旋转半径的正确，并在柱底端设置滑移设施，以防钢柱吊起扶直时发生拖动阻力及压力作用，促使柱体产生弯曲变形或损坏底座板。

（5）当钢柱被吊装到基础平面就位时，应将柱底座板下面的纵、横轴线对准基础轴线（一般由地脚螺栓与螺孔来控制），以防止其跨度尺寸产生偏差，导致柱头与屋架安装连接时发生水平方向向内拉力或向外撑力作用，使柱身弯曲变形。

（6）钢柱垂直度的校正应以纵、横轴线为准，先找正固定两端边柱作为样板柱，以样板柱为基准来校正其余各柱。调整垂直度时，垫放的垫铁厚度应合理，否则垫铁的厚度不均，也会使钢柱垂直度产生偏差。实际调整垂直度的做法，多用试垫厚、薄垫铁来进行，做法较麻烦；可根据钢柱的实际倾斜数值及其结构尺寸，用下式计算所需增、减垫铁厚度来调整垂直度：

$$\delta = \frac{\Delta S \times B}{2L}$$

式中　δ——垫板厚度调整值(mm)；

　　　ΔS——柱顶倾斜的数值(mm)；

　　　B——柱底板的宽度(mm)；

　　　L——柱身高度(mm)。

（7）钢柱就位校正时，应注意风力和日照温度、温差的影响，以防柱身发生弯曲变形。其预防措施如下：

1）由于风力会对柱面产生压力，使柱身发生侧向弯曲。因此，在校正柱子时，当风力超过 5 级时不能进行。对已校正完的柱子，应进行侧向梁的安装或采取加固措施，以增加整体连接的刚性，防止风力作用而变形。

2）校正柱子应注意防止日照温差的影响，因为钢柱受阳光照射，正面与侧面产生温差，会发生弯曲变形。由于受阳光照射的一面温度较高，则阳面膨胀的程度就越大，柱靠上端部分向阴面弯曲就越严重，故校正柱子应避开阳光照射的炎热时间。

（8）处理钢柱垂直度超偏的矫正措施可参考如下方法：

1）矫正前，需先在钢柱弯曲部位上方或顶端加设临时支撑，以减轻其承载的重力。

2）单层厂房一节钢柱弯曲矫正时，可在弯曲处固定一侧向反力架，利用千斤顶进行矫正。因结构钢柱刚性较大，矫正时需用较大的外力，必要时可用氧-乙炔焰在弯处凸面进行加热后，再加施顶力进行矫正。

3）高层结构、多节钢柱某一处弯曲的矫正，与 2）的矫正方法相同，应按层、分节和分段进行。

（9）钢柱与屋架连接安装后再吊装屋面板，应由上弦中心两坡边缘向中间对称同步进行，严禁由一坡进行，以免产生侧向集中应力，导致钢柱发生弯曲变形。

（10）未经设计允许，不得利用已安装好的钢柱及与其相连的其他构件，作水平搜拉或垂直吊装较重的构件和设备；如需吊装，应征得设计单位的同意并经过周密的计算，采取有效的加固增强措施，以防止弯曲变形，甚至损坏连接结构。

6.7.11　钢柱高度

（1）钢柱在制造过程中应严格控制长度尺寸，在正常情况下应控制以下三个尺寸：

1）控制设计规定的总长度及各位置的长度尺寸；

2)控制在允许的负偏差范围内的长度尺寸;

3)控制正偏差和不允许产生正超差值。

(2)制作时,控制钢柱总长度及各位置尺寸,可参考如下做法:

1)统一进行画线号料、剪切或切割;

2)统一拼接接点位置;

3)统一拼装工艺;

4)焊接环境、采用的焊接规范或工艺均应统一;

5)如果是焊接连接,应先焊钢柱的两端,留出一个拼接接点暂不焊,留作调整长度尺寸用,待两端焊接结束、冷却后,经过矫正,最后焊接接点,以保证其全长及牛腿位置的尺寸正确;

6)为控制无接点的钢柱全长和牛腿处的尺寸正确,可先焊柱身,柱底座板和柱头板暂不焊,一旦出现偏差,在焊柱的底端底座板或上端柱头板前进行调整,最后焊接柱底座板和柱头板。

(3)基础支撑面的标高与钢柱安装标高的调整处理,应根据成品钢柱实际制作尺寸进行,使实际安装后的钢柱总高度及各位置高度尺寸达到统一。

6.7.12 钢屋架拱度

(1)钢屋架在制作阶段应按设计规定的跨度比例($L/500$)进行起拱。

(2)起拱的弧度加工后不应存在应力,并使弧度曲线圆滑、均匀;如果存在应力或变形时,应认真矫正消除。矫正后的钢屋架拱度应用样板或量尺检查,其结果要符合施工图规定的起拱高度和弧度;凡是拱度及其他部位的结构发生变形,一定要经矫正符合要求后,方准进行吊装。

(3)钢屋架吊装前应制订合理的吊装方案,以保证其拱度及其他部位不发生变形。因屋架刚性较差,在外力作用下,使上、下弦产生压力和拉力,导致拱度及其他部位发生变形。故吊装前的屋架应按不同的跨度尺寸进行加固和选择正确的吊点,否则钢屋架的拱度就会发生上拱过大或下挠的变形,以致影响钢柱的垂直度。

6.7.13 钢屋架跨度尺寸

(1)钢屋架制作时应按施工规范规定的工艺进行,以控制屋架的跨度尺寸符合设计要求,其控制方法如下:

1)用同一底样或模具并采用挡铁定位进行拼装,以保证拱度的正确。

2)为了在制作时控制屋架的跨度符合设计要求,对屋架两端的不同支座,应采用不同的拼装形式。具体做法如下:

①屋架端部T形支座要采用小拼焊组合,组成的T形座及屋架,经过矫正后按其跨度尺寸位置相互拼装。

②非嵌入连接的支座,对屋架的变形经矫正后,按其跨度尺寸位置与屋架一次拼装。

③嵌入连接的支座,宜在屋架焊接、矫正后按其跨度尺寸位置拼装,以保证跨度、高度的正确及便于安装。

④为了便于安装时调整跨度尺寸,对嵌入式连接的支座,制作时先不与屋架组装,应用临时螺栓附在屋架上,以备在安装现场安装时按屋架跨度尺寸及其规定的位置进行连接。

(2)吊装前应认真检查屋架,其变形超过标准规定的范围时应经矫正,在保证跨度尺寸后再进行吊装。

(3)为了保证跨度尺寸的正确,应按合理的工艺进行安装。

1)屋架端部底座板的基准线必须与钢柱的柱头板的轴线及基础轴线位置一致;

2)保证各钢柱的垂直度及跨距符合设计要求或规范规定;

3)为使钢柱的垂直度、跨度不产生位移,在吊装屋架前应采用小型拉力工具在钢柱顶端按跨度值对应临时拉紧定位，以便于安装屋架时按规定的跨度进行入位、固定安装；

4)如果柱顶板孔位与屋架支座孔位不一致，不宜采用外力强制入位，应利用椭圆孔或扩孔法调整入位，并用厚板垫圈覆盖焊接，将螺栓紧固。不经扩孔调整或用较大的外力进行强制入位，将会使安装后的屋架跨度产生过大的正偏差或负偏差。

6.7.14 钢屋架垂直度

(1)在制作钢屋架阶段，对各道施工工序应严格控制质量，首先在拼装底样画线时，应认真检查各个零件结构的位置并做好自检、专检，以消除误差；拼装平台应具有足够承载力和水平度，以防承重后失稳下沉导致平面不平，使构件发生弯曲，造成垂直度超差。

(2)拼装用挡铁定位时，应按基准线放置。

(3)拼装钢屋架两端支座板时，应使支座板的下平面与钢屋架的下弦纵、横轴线严格垂直。

(4)拼装后的钢屋架吊出底样(模)时，应认真检查上、下弦及其他构件的焊点是否与底模、挡铁误焊或夹紧，经检查排除故障或离模后再吊装，否则易使钢屋架在吊装出模时产生侧向弯曲，甚至损坏屋架或发生事故。

(5)凡是在制作阶段的钢屋架、大窗架，产生各种变形，应在安装前、矫正后再吊装。

(6)钢屋架安装应执行合理的安装工艺，应保证如下构件的安装质量：

1)安装到各纵、横轴线位置的钢柱的垂直度偏差应控制在允许范围内，钢柱垂直度偏差也使钢屋架的垂直度产生偏差；

2)各钢柱顶端柱头板平面的高度(标高)、水平度，应控制在同一水平面；

3)安装后的钢屋架与檩条连接时，必须保证各相邻钢屋架的间距与檩条固定连接的距离位置相一致，不然两者距离尺寸过大或过小，都会使钢屋架的垂直度产生超差。

(7)各跨钢屋架发生垂直度超差时，应在吊装屋面板前，用吊车配合来调整处理。

1)应先调整钢柱达到垂直后，再用加焊厚、薄垫铁来调整各柱头板与钢屋架端部的支座板之间接触面的统一高度和水平度。

2)如果相邻钢屋架间距与檩条连接处的距离不符而影响垂直度时，可卸除檩条的连接螺栓，仍用厚、薄平垫铁或斜垫铁，先调整钢屋架达到垂直度，然后改变檩条与屋架上弦的对应垂直位置再连接。

3)天窗架垂直度偏差过大时，应将钢屋架调整达到垂直度并固定后，用经纬仪或线坠对天窗架两端支柱进行测量，根据垂直度偏差数值，用垫厚、薄垫铁的方法进行调整。

6.7.15 吊车梁垂直度、水平度

(1)钢柱在制作时应严格控制底座板至牛腿面的长度尺寸及扭曲变形，可防止垂直度、水平度发生超差。

(2)应严格控制钢柱制作、安装的定位轴线，防止钢柱安装后轴线位移，以致吊车梁安装时垂直度或水平度偏差。

(3)应认真做好基础支承平面的标高，其垫放的垫铁应正确；二次灌浆工作应采用无收缩、微膨胀的水泥砂浆。避免基础标高超差，影响吊车梁安装水平度的超差。

(4)钢柱安装时，应认真按要求调整好垂直度和牛腿面的水平度，以保证下部吊车梁安装时达到要求的垂直度和水平度。

(5)预先测量吊车梁在支承处的高度和牛腿距柱底的高度，如产生偏差，可用垫铁在基础上平面或牛腿支撑面上予以调整。

(6)吊装吊车梁前，为防止垂直度、水平度超差，应认真检查其变形情况，如发生扭曲等变形，应予以矫正，并采取刚性加固措施防止吊装再变形；应根据梁的长度，采用单机或双机进

行吊装。

(7)安装时应按梁的上翼缘平面事先画的中心线进行水平移位、梁端间隙的调整,达到规定的标准要求后,再进行梁端部与柱的斜撑等连接。

(8)吊车梁各部位基本固定后应认真复测有关安装的尺寸,按要求达到质量标准后,再进行制动架的安装和紧固。

(9)防止吊车梁垂直度、水平度超差,应认真做好校正工作。其顺序是先完成标高的校正,对其他项目的调整、校正,应待屋盖系统安装完成后再进行。这样可防止因屋盖安装引起钢柱变形而直接影响吊车梁安装的垂直度或水平度的偏差。

(10)钢吊车梁安装的允许偏差应符合《钢结构工程施工质量验收规范》(GB 50205—2001)的规定。

6.7.16 吊车轨道安装

(1)安装吊车梁时应按设计规定进行,首先应控制钢柱底板到牛腿面的标高和水平度,如产生偏差,应用垫铁调整到所规定的垂直度。

(2)吊车梁安装前后不得存在弯曲、扭曲等变形。

(3)固定后的吊车梁调整程序应合理,一般是先就位做临时固定,调整工作要待钢屋架及其他构件完全调整固定好之后进行。否则,其他构件安装调整将会使钢柱(牛腿)位移,直接影响吊车梁的安装质量。

(4)吊车梁的安装质量,要受吊车轨道的约束,同时吊车梁的设计起拱上挠值的大小与轨道的水平度有一定的影响。

(5)在安装吊车轨道前应严格复测吊车梁的安装质量,使其上平面的中心线、垂直度和水平度的偏差数值,控制在设计或施工规范的允许范围之内;同时对轨道的总长和分段(接头)位置尺寸分别测量,以保证全长尺寸、接头间隙的正确。

(6)为了保证各项技术指标达到设计和现行施工规范的标准,安装轨道时应满足如下要求:

1)轨道的中心线与吊车梁的中心线应控制在允许偏差的范围内,使轨道受力重心与吊车梁腹板中心的偏移量不大于腹板板厚的1/2。调整时,为达到这一要求,应使两者(吊车梁及轨道)同时移动。

2)安装调整水平度或直线度用的斜、平垫铁与轨道和吊车梁应接触紧密,每组垫铁不应超过2块;长度应小于100 mm,宽度应比轨道底宽10~20 mm;两组垫铁间的距离不应小于200 mm;垫铁应与吊车梁焊接牢固。

3)如果轨道在混凝土吊车梁上安装,垫放的垫铁应平整,且与轨道底面接触紧密,接触面积应大于60%;垫板与混凝土吊车梁的间隙应大于25 mm,并用无收缩水泥砂浆填实;小于25 mm时应用开口形垫铁垫实;垫铁一边伸出桥形垫板外约10 mm,并焊牢固。

4)为使安装后的轨道水平度、直线度符合设计或规范的要求,固定轨道、矩形或桥形的紧固螺栓应有防松措施,一般应在螺母下加弹簧垫圈或用副螺母,以防吊车工作时螺母在荷载及振动等外力作用下松脱。

6.7.17 水平支撑安装

(1)严格控制下列构件制作、安装时的尺寸偏差:

1)控制钢屋架的制作尺寸和安装位置的准确;

2)控制水平支撑在制作时的尺寸不产生偏差。应根据连接方式采用下列方法予以控制:

①如采用螺栓连接,应通过放实样法制出样板来确定连接板的尺寸。

②如采用焊接连接,应用放实样法确定总长尺寸。

③号孔时应使用统一样板进行。

④钻孔时要使用统一固定模具钻孔。

⑤拼装时，应按实际连接的构件长度尺寸、连接的位置，在底样上用挡铁准确定位并进行拼装；为防止水平支撑产生上拱或下挠，在保证其总长尺寸不产生偏差的条件下，可将连接的孔板用螺栓临时连接在水平支撑的端部，待安装时与屋架相连。水平支撑的制作尺寸及屋架的安装位置都能保证准确时，也可将连接板按位置先焊在屋架上，安装时可直接将水平支撑与屋架孔板连接。

(2)吊架时，应采用合理的吊装工艺，防止产生弯曲变形，导致其下挠度的超差。可采用以下方法防止吊装变形：

1)吊点位置应合理，使其受力重心在平面均匀受力，吊起时以不产生下挠为准。

2)如十字水平支撑长度较长、型钢截面较小、刚性较差，吊装前应用圆木杆等材料进行加固。

(3)安装时应使水平支撑稍作上拱(略大于水平状态)与屋架连接，使安装后的水平支撑可以消除下挠；连接位置发生较大偏差不能安装就位时，不宜采用牵拉工具，用较大的外力强行入位连接，否则不但会使屋架下弦侧向弯曲或水平支撑发生过大的上拱或下挠，而且会使连接构件存在较大的结构应力。

6.7.18 梁-梁、柱-梁端部节点

(1)门式刚架跨度大于或等于 15 m 时，其横梁宜起拱，拱度可取跨度的 1/500，在制作、拼装时应确保起拱高度，注意拼装胎具下沉影响拼装过程起拱值。

(2)刚架横梁的高度与其跨度之比：格构式横梁可取 1/25～1/15；实腹式横梁可取 1/30～1/45。

(3)采用高强度螺栓，螺栓中心至翼缘板表面的距离，应满足拧紧螺栓时的施工要求。紧固件的中心距，理论值约为 $2.5d_0$，考虑施拧方便取 $3d_0$。

(4)梁-梁、柱-梁端部节点板焊接时，要将两梁端板拼在一起，有约束的情况下再进行焊接，即可消除变形。

(5)门式刚架梁-梁节点宜采用图 6-59 所示的形式。

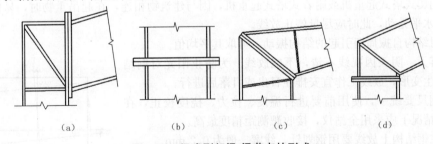

图 6-59 门式刚架梁-梁节点的形式
(a)端板竖放；(b)端板横放；(c)端板斜放；(d)斜梁拼装

6.7.19 控制网

(1)控制网定位方法应依据结构平面而定。矩形建筑物的定位，宜选用直角坐标法；任意形状建筑物的定位，宜选用极坐标法。当平面控制点距测点距离较长、量距困难或不便量距时，宜选用角度(方向)交会法；当平面控制点距测点距离不超过所用钢尺的全长，且场地量距条件较好时，宜选用距离交会法。当使用光电测距仪定位时，宜选极坐标法。

(2)根据结构平面特点及经验选择控制网点。有地下室的建筑物，开始时可用外控法，即在

槽边±0.000处建立控制网点，当地下室达到±0.000后，可将外围点引到内部，即内控法。

(3)无论内控法还是外控法，必须将测量结果进行严密平差，计算点位坐标，与设计坐标进行修正，以达到控制网测距相对中误差小于$L/25\,000$，测角中误差小于$2''$。

(4)准点处预埋$100\,mm \times 100\,mm$钢板，必须用钢针刻画十字线定点，线宽为$0.2\,mm$，并在交点上打样冲点。钢板以外的混凝土面上放出十字延长线。

(5)竖向传递必须与地面控制网点重合，主要做法如下：

1)控制点竖向传递，采用内控法。投点仪器选用全站仪、激光铅垂仪、光学铅垂仪等。控制点设置在距柱网轴线交点旁$300 \sim 400\,mm$处，在楼面预留孔$300\,mm \times 300\,mm$设置光靶，为削减铅垂仪误差，应将铅垂仪在$0°$、$90°$、$180°$、$270°$的四个位置上投点，并取其中点作为基准点的投递点。

2)可根据选用仪器的精度情况定出一次测得高度，如用全站仪、激光铅垂仪、光学铅垂仪，在$100\,mm$范围内竖向投测精度较高。

3)定出基准控制点网，其全楼层面的投点，必须从基准控制点网引投到所需楼层上，严禁使用下一楼层的定位轴线。

(6)经复测发现地面控制网中测距相对中误差超过$L/25\,000$，测角中误差大于$2''$，竖向传递点与地面控制网点不重合，必须由测量专业人员找出原因，重新放线定出基准控制点网。

6.7.20 楼层轴线

(1)高层和超高层钢结构测设，可根据现场情况采用外控法和内控法。

1)外控法：现场较宽大，高度在$100\,m$内，地下室部分可根据楼层大小采用十字及井字控制，在柱子延长线上设置两个桩位，相邻柱中心间距的测量允许值为$1\,mm$，第1根钢柱至第2根钢柱间距的测量允许值为$1\,mm$。每节柱的定位轴线应从地面控制轴线引上来，不得从下层柱的轴线引出。

2)内控法：现场宽大，高度超过$100\,m$，地上部分在建筑物内部设辅助线，至少要设3个点，每2点连成的线最好要垂直，3点不得在一条线上。

(2)激光仪发射的激光点(标准点)应每次转动$90°$，并在目标上测4个激光点，其相交点即为正确点。除标准点外的其他各点，可用方格网法或极坐标法进行复核。

(3)内爬式塔式起重机或附着式塔式起重机，因与建筑物相连，在起吊重物时，易使钢结构本身产生水平晃动，此时应尽量停止放线。

(4)对结构自振周期引起的结构振动，可取其平均值。

(5)雾天、阴天因视线不清，不能放线。为防止阳光对钢结构照射产生变形，放线工作宜安排在日出或日落后进行。

(6)钢尺要统一，使用前要进行温度、拉力、挠度校正，在有条件的情况下采用全站仪，接收靶测距精度最高。

(7)在钢结构上放线要用钢划针，线宽一般为$0.2\,mm$。

(8)把轴线放到已安好的柱顶上，轴线应在柱顶上三面标出(图6-60)。假定X方向钢柱一侧位移值为a，另一侧四轴线位移值为b，实际上钢柱柱顶偏离轴的位移值为$(a+b)/2$，柱顶扭转值为$(a-b)/2$，沿Y方向的位移值为c值，应作修正。

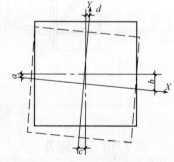

图6-60　柱顶轴线位移

6.7.21 柱-柱安装

(1)钢柱安装过程采取在钢柱偏斜方向的一侧打入钢模或顶升千斤顶，如果连接板的高强度螺栓孔间隙有限，则可采取扩孔办法。也可以预先将连接板孔制作的比螺栓大$4\,mm$，将柱尽量校正到零值，拧紧连接耳板的高强度螺栓。

(2)钢梁安装过程直接影响柱垂偏，首先掌握钢梁长度数据，并用两台经纬仪、一台水平仪跟踪校正柱垂偏及梁水平度控制。梁安装时可采用在梁柱间隙中加铁楔来校正柱，柱子垂直度要考虑梁柱焊接收缩值，一般为 1.2 mm（根据经验预留值的大小）。梁水平度控制在 $L/1\,000$ 内且不大于 10 mm，如果水平偏差过大，则可采取换连接板或塞孔重新打孔的办法解决。

(3)梁的焊接顺序是先从中间跨开始对称地向两端扩展，同一跨钢梁，先安上层梁，再安中、下层梁，把累积偏差减小到最小值。

(4)采用相对标高控制法，在连接耳板上下留 15～20 mm 间隙，柱吊装就位后临时固定上下连接板，利用起重机起落调节柱间隙，符合标定标高后打入钢楔，点焊固定，拧紧高强度螺栓，为防止焊缝收缩及柱自重压缩变形，标高偏差调整为 +5 mm 为宜。

(5)钢柱扭转调整可在柱连接耳板的不同侧面夹入垫板（垫板厚度为 0.5～1.0 mm），拧紧高强度螺栓，钢柱扭转每次调整 3 mm。

(6)如果塔式起重机固定在结构上，测量工作应在塔式起重机工作以前进行，以防塔式起重机工作使结构晃动，影响测量精度。

6.7.22　箱形、圆形柱-柱焊接

(1)钢结构安装前，应进行焊接工艺试验（正温及负温，根据当地情况而定），制订所用钢材、焊接材料及有关工艺参数和技术措施。

(2)箱形、圆形柱-柱焊接工艺按以下顺序进行：

1)在上、下柱无耳板侧，由 2 名焊工在两侧对称等速焊至板厚 1/3，切去耳板；

2)在切去耳板侧由 2 名焊工在两侧焊至板厚 1/3；

3)2 名焊工分别承担相邻两侧两面焊接，即 1 名焊工在一面焊完一层后，立即转过 90°接着焊另一面，而另一面焊工在对称侧以相同的方式保持对称同步焊接，直至焊接完毕；

4)两层之间焊道接头应相互错开，2 名焊工焊接的焊道接头每层也要错开。

(3)阳光照射对钢柱垂直偏差影响很大，应根据温差大小、柱子端面形状、大小、材质，不断总结经验，找出规律，确定留出预留偏差值。

(4)柱-柱焊接过程，必须采用两台经纬仪呈 90°跟踪校正，由于焊工施焊速度、风向、焊缝冷却速度不同，柱-柱节点装配间隙不同，焊缝熔敷金属不同，故焊接过程中会出现偏差，可利用焊接来纠偏。

6.8　轻型钢结构安装

6.8.1　轻型钢结构安装准备工作

轻型钢结构安装准备工作的内容和要求与普通钢结构安装工程相同。钢柱基础施工时，应做好地脚螺栓定位和保护工作，控制基础和地脚螺栓顶面标高。基础施工后应按以下内容进行检查验收：

(1)各行、列轴线位置是否正确。

(2)各跨跨距是否符合设计要求。

(3)基础顶标高是否符合设计要求。

(4)地脚螺栓的位置及标高是否符合设计及规范要求。

构件在吊装前应根据《钢结构工程施工质量验收规范》（GB 50205—2001）中的有关规定，检

验构件的外形和截面几何尺寸，其偏差不允许超出规范规定值以外；构件应依据设计图纸要求进行编号，弹出安装中心标记。钢柱应弹出两个方向的中心标记和标高标记；标出绑扎点位置；丈量柱长，其长度误差应作详细记录，并用油笔写在柱子下部中心标记旁的平面上，以备在基础顶面标高二次灌浆层中调整。

构件进入施工现场，须有质量保证书及详细的验收记录；应按构件的种类、型号及安装顺序在指定区域堆放。构件地层垫木要有足够的支撑面以防止支点下沉；相同型号的构件叠层时，每层构件的支点要在同一直线上；对变形的构件应及时矫正，检查合格后方可安装。

6.8.2　轻型钢结构安装机械选择

轻型钢结构的构件自重相对较轻，安装高度不大，因而构件安装所选择的起重机械多以行走灵活的自行式(履带式)起重机和塔式起重机为主。所选择的塔式起重机的臂杆长度应具有足够的覆盖面，要有足够的起重能力，能满足不同部位构件起吊要求。多机工作时，臂杆要有足够的高度，有能不碰撞的安全转运空间。

对有些重量比较轻的小型构件，如檩条、彩钢板等，也可以直接用人力吊升安装。

起重机的数量可根据工程规模、安装工程大小及工期要求合理确定。

6.8.3　轻型钢结构安装工艺

1. 结构安装方法

轻型钢结构安装可采用综合吊装法或分件吊装法。采用综合吊装法，即先吊装一个单元(一般为一个柱间)的钢柱(4～6根)，立即校正、固定后吊装屋面梁、屋面檩条等，等一个单元构件吊装、校正、固定结束后，再进行下一个单元的安装。屋面彩钢板可在轻钢结构框架全部或部分安装完成后进行。

分件吊装法是将全部的钢柱吊装完毕后，再安装屋面梁、屋面(墙面)檩条和彩钢板。分件吊装法的缺点是行机路线较长。

2. 构件的吊装工艺

(1)钢柱的吊装。钢柱起吊前应搭好上柱顶的直爬梯；钢柱可采用单点绑扎吊装，扎点宜选择在距柱顶1/3柱长处，绑扎点处应设软垫，以免吊装时损伤钢柱表面。当柱长比较大时，也可采用双点绑扎吊装。

钢柱宜采用旋转法吊升，吊升时宜在柱脚底部拴好拉绳并垫以垫木，防止钢柱起吊时，柱脚拖地和碰坏地脚螺栓。

钢柱对位时，一定要使柱子中心线对准基础顶面安装中心线，并使地脚螺栓对孔，注意钢柱垂直度，在基本达到要求后，方可落下就位。经过初校，待垂直度偏差控制在20 mm以内，拧上四角地脚螺栓临时固定后，方可使起重机脱钩。钢柱标高及平面位置已在基面设垫板及柱吊装对位过程中完成，柱就位后主要是校正钢柱的垂直度。用两台经纬仪在两个方向对准钢柱两个面上的中心标记，同时检查钢柱的垂直度，如有偏差，可用千斤顶、斜顶杆等校正。

钢柱校正后，应将地脚螺栓紧固，并将垫板与预埋板及柱脚底板焊接固定。

(2)屋面梁的吊装。屋面梁在地面拼装并用高强度螺栓连接紧固。屋面梁宜采用两点对称绑扎吊装，绑扎点应设软垫，以免损伤构件表面。屋面梁吊装前设好安全绳，以方便施工人员高空操作；屋面梁吊升宜缓慢进行，吊升过柱顶后由操作工人扶正对位，用螺栓穿过连接板与钢柱临时固定，并进行校正。屋面梁的校正主要是垂直度检查，屋面梁跨中垂直度偏差不大于$H/250$(H为屋面梁高)，并不得大于20 mm。屋架校正后应及时进行高强度螺栓紧固，做好永久固定。

高强度螺栓紧固、检验应按《钢结构高强度螺栓连接技术规程》(JGJ 82—2011)进行。

（3）屋面檩条、墙面梁的安装。薄壁轻钢檩条，由于重量轻，安装时可用起重机或人力吊升。当安装完一个单元的钢柱、屋面梁后，即可进行屋面檩条和墙梁的安装。墙梁也可在整个钢框架安装完毕后进行。檩条和墙梁安装比较简单，直接用螺栓连接在檩条挡板或墙梁托板上。檩条的安装误差应在±5 mm以内，弯曲偏差为$L/750$（L为檩条跨度），且不得大于20 mm。墙梁安装后应用拉杆螺栓调整平直度，顺序应由上向下逐根进行。

（4）屋面和墙面彩钢板的安装。屋面檩条、墙梁安装完毕，就可进行屋面、墙面彩钢板的安装。一般是先安装墙面彩钢板，后安装屋面彩钢板，以便于檐口部位的连接。

彩钢板安装有隐藏式连接和自攻螺钉连接两种。隐藏式连接通过支架将彩钢板固定在檩条上，彩钢板横向之间用咬口机将相邻彩钢板搭接口咬接，或用防水胶粘剂粘结（这种做法仅适用于屋面）。自攻螺钉连接是将彩钢板直接通过自攻螺钉固定在屋面檩条或墙梁上，在螺钉处涂防水胶封口，这种方法可用于屋面或墙面彩钢板连接。

彩钢板在纵向需要接长时，其搭接长度不应小于100 mm，并用自攻螺钉连接，用防水胶封口。彩钢板安装中，应注意几个关键部位的构造做法：山墙檐口，用檐口包角板连接屋面和墙面彩钢板；屋脊处，盖上屋脊盖板，根据屋面的坡度大小，分屋面坡度≥10°和<10°两种不同的做法；门窗位置，依窗的宽度，在窗两侧设立窗边立柱，立柱与墙梁连接固定，在窗顶、窗台处设墙梁，安装彩钢板墙面时，在窗顶、窗台、窗侧分别用不同规格的连接板包角处理；墙面转角处，用包角板连接外墙转角处的接口彩钢板；天沟安装多采用不锈钢制品，用不锈钢支撑固定在檐口的边梁（檩条）上，支撑架的间距约为500 mm，用螺栓连接。

对于保温屋面，彩钢板应安装在保温棉上。施工时，在屋面檩条上拉通长钢丝网，钢丝网间格为250～400 mm方格。在钢丝网上保温棉顺着排水方向垂直铺向屋脊，在保温棉上安装彩钢板。铺保温板与安彩钢板依次交替进行，从房屋的一端向另一端施工。施工中应注意保温材料每幅宽度间的搭接，搭接的长度宜控制在50 mm左右。同时当天铺设的保温棉上，应立即安装好彩钢板，以防雨水淋湿。

轻钢结构安装完工后，需进行节点补漆和最后一遍涂装，涂装所用材料同基层上的涂层材料。

由于轻型钢结构构件比较单薄，安装时构件稳定性差，需采用必要的措施，防止吊装变形。

6.9　钢结构安装工程安全技术

6.9.1　一般规定

（1）吊装前应编制结构吊装施工组织设计或制订施工方案，明确起重吊装安全技术要点和保证安全技术措施。

（2）参加吊装人员应经体格检查合格。在开始吊装前应进行安全技术教育和安全技术交底。

（3）吊装工作开始前，应对起重运输和吊装设备，以及所用索具、卡环、夹具、卡具等的规格、技术性能进行细致检查或试验，发现有损坏或松动现象，应立即调换或修好。起重设备应进行试运转，发现转动不灵活、有磨损应立即修理；重要构件吊装前应进行试吊，经检查全部正常，才可进行正式吊装。

6.9.2　防高空坠落

（1）吊装人员应戴好安全帽，高空作业人员应系好安全带，穿防滑鞋，带工具袋。

（2）吊装工作区应有明显标志，并设专人警戒，与吊装无关人员严禁入内。起重机工作时，起重臂杆旋转半径范围内严禁站人。

(3)在进行吊装和运输构件时，严禁在被吊装、运输的构件上站人，放置材料、工具等其他物品。

(4)高空作业施工人员应站在操作平台或轻便梯子上工作。吊装屋架应在上弦设临时安全防护栏杆或采取其他安全措施。

(5)登高用梯子、吊篮和临时操作台应绑扎牢靠，梯子与地面夹角以 60°～70°为宜，操作台跳板应铺平绑扎，严禁出现挑头板。

6.9.3　防物体落下伤人

(1)高空往地面运输物件时，应用绳捆好吊下。吊装时，不得在构件上堆放或悬挂零星物件。零星材料和物件必须用吊笼或钢丝绳、保险绳捆扎牢固后才能吊运和传递，不得随意抛掷物件、工具，防止滑脱伤人或出现意外事故。

(2)构件绑扎必须绑牢固，起吊点应通过构件的重心位置，吊升时应平稳，避免振动或摆动。

(3)起吊构件时，速度不应太快，不得在高空停留过久，严禁猛升猛降，以防构件脱落。

(4)构件就位后临时固定前，不得松钩、解开吊装索具。构件固定后，应检查连接牢固和稳定情况，当连接确实安全可靠时，才可拆除临时固定工具和进行下步吊装。

(5)风雪天、霜雾天和雨期吊装，高空作业应采取必要的防滑措施，如在脚手板、走道、屋面铺麻袋或草垫，夜间作业应有充分照明。

6.9.4　防起重机倾翻

(1)起重机行驶的道路，必须平整、坚实、可靠，停放地点必须平坦。

(2)起重机不得停放在斜坡道上工作，不允许起重机两条履带停留部位一高一低，或土质一硬一软。

(3)起吊构件时，吊索要保持垂直，不得超出起重机回转半径斜向拖拉，以免超负荷和钢丝绳滑脱或拉断绳索，使起重机失稳。起吊重型构件，应设牵拉绳。

(4)起重机操作时，臂杆提升、下降、回转要平稳，不得在空中摇晃，同时要尽量避免紧急制动或冲击振动等现象发生。未采取可靠的技术措施，如在起重机尾部加平衡重、起重机后边拉缆风绳等。未经有关技术部门批准，起重机严禁进行超负荷吊装，以免加速机械零件的磨损和造成起重机倾翻。

(5)起重机应尽量避免满负荷吊装，在满负荷或接近满负荷时，严禁同时进行提升与回转(起升与水平移动或起升与行走)两种动作，以免因道路不平或惯性力等原因，引起起重机超负荷，而酿成翻车事故。如必须吊构件做短距离行驶，应将构件转至起重机的正前方，构件吊离地面高度不超过 50 cm，拉好溜绳，防止摆动，而且要慢速行驶。

(6)当两台吊装机械同时作业时，两机吊钩所悬吊构件之间应保持 5 m 以上的安全距离，避免发生碰撞事故。

(7)当双机抬吊构件时，要根据起重机的起重能力进行合理的负荷分配(每一台起重机的负荷量不宜超过其安全负荷量的 80%)。操作时，必须在统一指挥下，动作协调，同时升降和移动，并使两台起重机的吊钩、滑车组基本保持垂直状态。两台起重机的驾驶人员要相互密切配合，防止一台起重机失重，而使另一台起重机超载。

(8)吊装时，应有专人负责，统一指挥，指挥人员应位于操作人员视力能及的地点，并能清楚地看到吊装的全过程。起重机驾驶人员必须熟悉信号，按指挥人员的各种信号进行操作，不得擅自离开工作岗位，要遵守现场秩序，服从命令听指挥。指挥信号应事先统一规定，发出的信号要鲜明、准确。

（9）在风力等于或大于六级时，禁止在露天进行桅杆组立、拆除，起重机移动和吊装作业。

（10）起重机停止工作时，应刹住回转和行走机构，关闭和锁好司机室门。吊钩上不得悬挂构件，并升到高处，以免摆动伤人和造成吊车失稳。

6.9.5　防吊装结构失稳

（1）构件吊装应按规定的吊装工艺和程序进行，未经计算和无可靠的技术措施，不得随意改变或颠倒工艺程序安装结构构件。

（2）构件吊装就位，应经初校和临时固定或连接可靠后卸钩，固定后才可拆除临时固定工具，高宽比很大的单个构件，未经临时或最后固定组成一稳定单元体系前，应设溜绳或斜撑拉（撑）固。

（3）构件固定后不得随意撬动或移动位置，如需重校，必须回钩。

（4）多层结构吊装或分节柱吊装，应吊装完一层（或一节柱），将下层（下节）灌浆固定后，方可安装上层或上一节柱。

6.9.6　防触电

（1）吊装现场应有专人负责安装、维护和管理用电线路和设备。

（2）起重机在电线下进行作业时，工作安全条件应事先取得机电安装或有关部门同意。起重机吊杆最高点与电线之间应保持的垂直距离不小于表6-14的规定。起重机在电线近旁行驶时，起重机与电线之间应保持的水平距离不小于表6-15的规定。

（3）构件运输时，距高压线路不得小于2 m，距低压线路不得小于1 m，如超过规定，应采取停电或其他措施。

（4）使用塔式起重机或长吊杆的其他类型起重机及钢井架，应设有避雷防触电设施，各种用电机械必须有良好的接地或接零，接地电阻不应大于4 Ω，并定期进行接地电阻摇测试验。

表6-14　起重机吊杆最高点与电线之间应保持的垂直距离

线路电压/kV	距离小于/m	线路电压/kV	距离小于/m
1以下	1.0	20以上	2.5
20以下	1.5	—	—

表6-15　起重机与电线之间应保持的水平距离

线路电压/kV	距离小于/m	线路电压/kV	距离小于/m
1以下	1.5	154	5.0
2.0	2.0	220	6.0
25～110	4.0	—	—

 本章小结

钢结构安装常用机具设备有塔式起重机、履带式起重机、汽车式起重机、轮胎式起重机、独脚拔杆、桅杆式起重机、千斤顶、卷扬机、地锚、倒链、滑车、钢丝绳、吊钩、卡环、吊索、

横吊梁等。钢结构安装前应做好文件资料准备和吊装准备。钢柱安装内容包括吊点选择、起吊方法、钢柱校正等。钢吊车梁安装内容包括吊装测量准备、吊车梁绑扎、钢吊车梁吊装灯内容。钢屋架安装内容包括钢屋架吊装、钢屋架校正等。轻钢结构安装可采用综合吊装法或分件吊装法。钢结构安装应做好防高空坠落、防物体落下伤人、防起重机倾翻、防吊装结构失稳、防触电等安全措施。

思考与练习

1. 起重机械的种类有哪些？其特点和适用范围分别是什么？
2. 试述履带式起重机的起重高度、起重半径与起重量之间的关系。
3. 在什么情况下对履带式起重机进行稳定性验算？如何验算？
4. 滑车组有什么作用？
5. 吊装常用钢丝绳有哪两种？
6. 图纸会审的规定有哪些？
7. 基础准备包括哪些内容？
8. 试述道路临时设施准备的内容。
9. 钢柱吊装时，如何设置吊点？
10. 钢柱有哪几种安装方法？
11. 钢柱的校正包括哪些内容？怎样校正？
12. 钢柱安装应注意哪些问题？
13. 试述钢梁安装的步骤。
14. 钢梁校正包括哪些内容？如何校正？
15. 试述钢屋架、钢桁架安装工艺过程和要点。
16. 钢结构连接有哪些方法？高强度螺栓连接施工有哪些要求？
17. 钢结构工程安装方法有哪几种？各有什么优缺点？
18. 多层及高层钢结构安装如何进行多节钢柱的校正？

模块 7 钢结构防护

通过本模块的学习，了解钢结构的两类锈蚀原理，钢结构的表面处理方法，钢结构常用的涂装方法(刷涂法、浸涂法、滚涂法、无气喷涂法和空气喷涂法)，油漆、防腐涂料的要求与选用标准，构件耐火极限等级及常用防火涂料；掌握钢结构涂装防护需考虑的因素，防火涂装施工规定。

能进行钢结构涂装前构件的表面处理，能进行钢结构防腐、防火涂装的施工。

7.1 钢结构除锈

钢结构的涂装，要发挥涂料的防腐效果，必须在涂装之前进行钢结构的除锈。除锈不仅要除去钢材表面的污垢、油脂、铁锈、氧化皮、焊渣和已失效的旧漆膜，还包括除锈后在钢材表面形成合适的"粗糙度"。

7.1.1 钢结构的锈蚀原理

根据钢结构周围的环境、空气中的有害成分(如酸、盐等)及温度、湿度和通风情况的不同，钢结构的锈蚀可分为化学锈蚀和电化学锈蚀两类。

1. 化学锈蚀

钢结构表面与周围介质直接起化学反应而产生的锈蚀称为化学锈蚀。如钢在高温中与干燥的 O_2、NO_2、SO_2、H_2S 等气体以及非电解质的液体发生化学反应，在钢结构的表面生成钝化能力很弱的氧化保护薄膜 FeO、FeS 等，其腐蚀的程度随时间的增加和温度的升高而增加。

2. 电化学锈蚀

钢结构在存放和使用中与周围介质之间发生氧化还原反应而产生的腐蚀属于电化学锈蚀。在潮湿的空气中，钢结构表面由于显微组织不同、杂质分布不均以及受力变形、表面平整度差异等，局部相邻质点间产生电极电位差，构成许多"微电池"。在电极电位较低的阳极区(如易失去电子的铁素体)，铁失去电子后以 Fe^{2+} 进入电介质水膜中；阴极区(如不活泼的渗碳体)得到的电子与水膜中溶入的氧作用后，形成 OH^-，两者结合成 $Fe(OH)_2$，进一步被氧化成 $Fe(OH)_3$。这种由于形成微电池、产生电子流动而造成钢的腐蚀称为电化学腐蚀。若水膜中溶有酸，则阴极被还原的 H^+ 沉淀，阴极产生极化作用，而使腐蚀停止，但水中的溶氧与 H^+ 结合成水，除去沉积的 H^+，阴极极化作用消失，使腐蚀继续进行。因此，在潮湿(存在电解质水膜)和有充足空气(水中溶有氧)的条件下，钢结构会产生严重的腐蚀现象。

7.1.2 钢结构的表面处理

7.1.2.1 表面油污的清除

清除钢材表面的油污，通常采用即碱液清除法、有机溶剂清除法、乳化碱液清除法三种方法。

1. 碱液清除法

碱液清除法主要是借助碱的化学作用来清除钢材表面上的油脂，即碱液除油。该法具有使用简便、成本低的特点。在清洗过程中要经常搅拌清洗液或晃动被清洗的物件。碱液除油配方见表 7-1。

表 7-1　碱液除油配方

组　成	钢及铸造铁件/(g·L^{-1})		铝及其合金/(g·L^{-1})
	一般油脂	大量油脂	
氢氧化钠	20～30	40～50	10～20
碳酸钠	—	80～100	—
磷酸三钠	30～50	—	50～60
水玻璃	3～5	5～15	20～30

2. 有机溶剂清除法

有机溶剂清除法是借助有机溶剂对油脂的溶解作用来除去钢材表面上的油污。在有机溶剂中加入乳化剂，可提高清洗剂的清洗能力。有机溶剂清洗液可在常温条件下使用，若加热至 50 ℃使用，会提高清洗效率；也可以采用浸渍法或喷射法除油，一般喷射法除油效果较好，但比浸渍法复杂。有机溶剂除油配方见表 7-2。

表 7-2　有机溶剂除油配方

组　成	煤　油	松节油	月桂酸	三乙醇胺	丁基溶纤剂
质量比/%	67.0	22.5	5.4	3.6	1.5

3. 乳化碱液清除法

乳化碱液清除法是在碱液中加入乳化剂，使清洗液除具有碱的皂化作用外，还有分散、乳化等作用，增强了除油能力，其除油效率比用碱液高。乳化碱液除油配方见表 7-3。

表 7-3　乳化碱液除油配方

组　成	配方(质量比)/%		
	浸渍法	喷射法	电解法
氢氧化钠	20	20	55
碳酸钠	18	15	8.5
三聚磷酸钠	20	20	10
无水偏硅酸钠	30	32	25
树脂酸钠	5	—	—
烷基芳基磺酸钠	5	—	1
烷基芳基聚醚醇	2	—	—
非离子型乙烯氧化物	—	1	0.5

7.1.2.2 表面旧涂层的清除

在有些钢材表面常带有旧涂层，施工时必须将其清除，常用方法有碱液清除法和有机溶剂清除法。

1. 碱液清除法

碱液清除法是借助碱对涂层的作用，使涂层松软、膨胀，从而便于除掉。该法与有机溶剂法相比成本低，生产安全，没有溶剂污染，但需要一定的设备，如加热设备等。

碱液的组成及质量比应符合表 7-4 的规定。使用时，将表中所列混合物按 6%～15% 的比例加水配制成碱溶液，加热到 90 ℃ 左右时即可。

表 7-4　碱液的组成及质量比

组　　成	质量比/%	组　　成	质量比/%
氢氧化钠	77	山梨醇或甘露醇	5
碳酸钠	10	甲酚钠	5
OP-10	3	—	—

2. 有机溶剂清除法

有机溶剂清除法具有效率高、施工简单、不需加热等优点，但是有一定的毒性、易燃、成本高。

清除前应将物件表面上的灰尘、油污等附着物除掉，然后放入脱漆槽中浸泡，或将脱漆剂涂抹在物件表面上，使脱漆剂渗透到旧漆膜中，并保持"潮湿"状态。浸泡 1～2 h 或涂抹 10 min 左右，用刮刀等工具轻刮，直至旧漆膜被除净为止。

有机溶剂脱漆剂有两种配方，见表 7-5。

表 7-5　有机溶剂脱漆剂配方

配方（一）		配方（二）			
甲　苯	30 份	甲　苯	30 份	苯　酚	3 份
乙酸乙酯	15 份	乙酸乙酯	15 份	乙　醇	6 份
丙　酮	5 份	丙　酮	5 份	氨　水	4 份
石　蜡	4 份	石　蜡	4 份	—	—

7.1.2.3 表面锈蚀的清除

钢材表面除锈前，应清除较厚的锈层、油脂和污垢；除锈后应清除钢材表面上的浮灰和碎屑。

1. 手工和动力工具除锈

手工和动力工具除锈等级可分为两级，见表 7-6。

表 7-6　手工和动力工具除锈等级

除锈等级	除锈效果
St2——彻底的手工和动力工具除锈	钢材表面无可见的油脂和污垢，并且没有附着不牢的氧化皮、铁锈和油漆涂层等附着物
St3——非常彻底的手工和动力工具除锈	钢材表面无可见的油脂和污垢，并且没有附着不牢的氧化皮、铁锈和油漆涂层等附着物。除锈应比 St2 更为彻底，底材显露部分的表面应具有金属光泽

（1）手工工具除锈可以采用铲刀、手锤或动力钢丝刷、动力砂纸盘或砂轮等；动力工具除锈常用的工具有气动端型平面砂磨机、气动角向平面砂磨机、电动角向平面砂磨机、直柄砂轮机、风动钢丝刷、风动打锈锤、风动齿形旋转式除锈器、风动气铲等。

（2）手工除锈施工方便，但劳动强度大，除锈质量差，影响周围环境，一般只能除掉疏松的氧化皮、较厚的锈和鳞片状的旧涂层。在金属制造厂加工制造钢结构时不宜采用此法；一般在不能采用其他方法除锈时可采用此法。

（3）动力工具除锈是利用压缩空气或电能使除锈工具产生圆周式或往复式的运动，当与钢材表面接触时，利用其摩擦力和冲击力来清除铁锈和氧化皮等物。动力工具除锈比手工工具除锈效率高、质量好，是目前一般涂装工程除锈常用的方法。

（4）下雨、下雪、下雾或湿度大的天气，不宜在户外进行手工和动力工具除锈；钢材表面经手工和动力工具除锈后，应当满涂底漆，以防止返锈。如在涂底漆前已返锈，则需重新除锈和清理，并及时涂上底漆。

2. 喷射或抛射除锈

喷射或抛射除锈等级可分为四级，见表 7-7。

表 7-7　喷射或抛射除锈等级

除锈等级	除锈效果
Sa1——轻度的喷射或抛射除锈	钢材表面无可见的油脂或污垢，并且没有附着不牢的氧化皮、铁锈和油漆涂层等附着物。附着物是指焊渣、焊接飞溅物和可溶性盐等。附着不牢是指氧化皮、铁锈和油漆涂层等能以金属腻子刀从钢材表面剥离掉，即可视为附着不牢
Sa2——彻底的喷射或抛射除锈	钢材表面无可见的油脂和污垢，并且氧化皮、铁锈等附着物已基本清除，其残留物应是牢固附着的
Sa2½——非常彻底的喷射或抛射除锈	钢材表面无可见的油脂、污垢、氧化皮、铁锈和油漆涂层等附着物，任何残留的痕迹应仅是点状或条纹状的轻微色斑
Sa3——使钢材表观洁净的喷射或抛射除锈	钢材表面无可见的油脂、污垢、氧化皮、铁锈和油漆涂层等附着物，该表面应显示均匀的金属光泽

（1）抛射除锈。

1）抛射除锈是利用抛射机叶轮中心吸入磨料和叶尖抛射磨料的作用进行工作的。

2）抛射除锈常使用的磨料为钢丸和铁丸。磨料的粒径选用 0.5～2.0 mm 为宜，一般认为将 0.5 mm 和 1 mm 两种规格的磨料混合使用效果较好，可以得到适度的表面粗糙度，有利于漆膜的附着，而且不需增加额外的涂层厚度，并能减小钢材因抛射除锈而引起的变形。

3）磨料在叶轮内由于自重的作用，经漏斗进入分料轮，并同叶轮一起高速旋转。磨料分散后，从定向套口飞出，射向物件表面，以高速的冲击和摩擦除去钢材表面的铁锈和氧化皮等污物。

（2）喷射除锈。喷射除锈是利用经过油、水分离处理过的压缩空气将磨料带入并通过喷嘴高速喷向钢材表面，利用磨料的冲击和摩擦力将氧化皮、铁锈及污物等除掉，同时使钢材表面获得一定的粗糙度，以利于漆膜的附着。

喷射除锈分为干喷射、湿喷射和真空喷射三种。

1）干喷射除锈。喷射压力应根据选用不同的磨料来确定，一般控制压强为 4～6 个大气压，密度小的磨料采用的压强可低些，密度大的磨料采用的压强可高些；喷射距离一般以 100～300 mm 为宜；喷射角度以 35°～75°为宜。

喷射操作应按顺序逐段或逐块进行,以免漏喷和重复喷射,一般应遵循先下后上、先内后外以及先难后易的原则进行喷射。

2)湿喷射除锈。湿喷射除锈一般是以砂子作为磨料,其工作原理与干喷射法基本相同。它使水和砂子分别进入喷嘴,在出口处汇合,然后通过压缩空气,使水和砂子高速喷出,形成一道严密的包围砂流的环形水屏,从而减少了大量的灰尘飞扬,并达到除锈目的。

湿喷射除锈用的磨料,可选用洁净和干燥的河砂,其粒径和含泥量应符合磨料要求的规定。一般为了防止在除锈后涂底漆前返锈,可在喷射用的水中加入1.5%的防锈剂(磷酸三钠、亚硝酸钠、碳酸钠和乳化液),在喷射除锈的同时,使钢材表面钝化,以延长返锈时间。

湿喷射磨料罐的工作压力为0.5 MPa,水罐的工作压力为0.1~0.35 MPa。如果以直径为25.4 mm的橡胶管连接磨料罐和水罐,可用于输送砂子和水。一般喷射除锈能力为3.5~4 m^2/h,砂子耗用量为300~400 kg/h,水的用量为100~150 kg/h。

3)真空喷射除锈。真空喷射除锈在工作效率和质量上与干喷射法基本相同,但它可以避免灰尘污染环境,而且设备可以移动,施工方便。

真空喷射除锈是利用压缩空气将磨料从一个特殊的喷嘴喷射到物件表面上,同时又利用真空原理吸回喷出的磨料和粉尘,再经分离器和滤网把灰尘和杂质除去,剩下清洁的磨料又回到贮料槽,再从喷嘴喷出,如此循环,整个过程都是在密闭条件下进行,无粉尘污染。

3. 酸洗除锈

酸洗除锈也称为化学除锈,其原理是利用酸洗液中的酸与金属氧化物进行化学反应,使金属氧化物溶解,生成金属盐并溶于酸洗液中,以除去钢材表面上的氧化物。

酸洗除锈常用的方法有一般酸洗除锈和综合酸洗除锈两种。钢材经过酸洗后,很容易被空气氧化,因此,还必须对其进行钝化处理,以提高其防锈能力。

(1)一般酸洗。酸洗液的性能是影响酸洗质量的主要因素,它一般由酸、缓蚀剂和表面活性剂组成。

1)酸洗除锈所用的酸有无机酸和有机酸两大类。无机酸主要有硫酸、盐酸、硝酸和磷酸等;有机酸主要有醋酸和柠檬酸等。目前,国内对大型钢结构的酸洗,主要用硫酸和盐酸,也有用磷酸除锈的。

2)缓蚀剂是酸洗液中不可缺少的重要组成部分,大部分是有机物。在酸洗液中加入适量的缓蚀剂,可以防止或减少在酸洗过程中产生"过蚀"或"氢脆"现象,同时也可减少酸雾。

在不同的酸洗液中,不同缓蚀剂的缓蚀效率也不一样。因此,在选用缓蚀剂时,应根据使用的酸进行选择。

3)由于酸洗除锈技术的发展,在现代的酸洗液配方中,一般都要加入表面活性剂。表面活性剂是由亲油性基和亲水性基两个部分所组成的化合物,具有润湿、渗透、乳化、分散、增溶和去污等作用。

(2)综合酸洗。综合酸洗是对钢材进行除油、除锈、钝化及磷化等几种处理方法的综合。根据处理种类的多少,综合酸洗可分为以下三种:

1)"二合一"酸洗。"二合一"酸洗是同时进行除油和除锈的处理方法,去掉了一般酸洗方法的除油工序,提高了酸洗效率。

2)"三合一"酸洗。"三合一"酸洗是同时进行除油、除锈和钝化的处理方法,与一般酸洗方法相比去掉了除油和钝化两道工序,较大程度地提高了酸洗效率。

3)"四合一"酸洗。"四合一"酸洗是同时进行除油、除锈、钝化和磷化的综合方法,去掉了一般酸洗的除油、磷化和钝化三道工序,与使用磷酸一般酸洗方法相比,大大提高了酸洗效率。但与使用硫酸或盐酸一般酸洗方法相比,由于磷酸对铁锈、氧化皮等的反应速度较慢,因此,酸洗的总效率并没有提高,而费用却提高很多。

一般来说，"四合一"酸洗不宜用于钢结构除锈，主要适用于机械加工件的酸洗——除油、除锈、磷化和钝化。

（3）钝化处理。钢材酸洗除锈后，为了延长其返锈时间，常采用钝化处理法对其进行处理，以便在钢材表面形成一种保护膜，以提高其防锈能力。

根据具体施工条件，钝化可采用不同的处理方法。一般是在钢材酸洗后，立即用热水冲洗至中性，然后进行钝化处理；也可在钢材酸洗后，立即用水冲洗，然后用5％碳酸钠水溶液进行中和处理，再用水冲洗以洗净碱液，最后进行钝化处理。

4. 火焰除锈

钢材火焰除锈是指在火焰加热作业后，以动力钢丝刷清除加热后附着在钢材表面的产物。钢材表面除锈前，应先清除附在钢材表面较厚的锈层，然后在火焰上加热除锈。

经过火焰除锈后，钢材表面无氧化皮、铁锈和油漆涂层等附着物，任何残留的痕迹应仅为表面变色（不同颜色的暗影）。

7.2 钢结构涂装方法

钢结构常用的涂装方法有刷涂法、浸涂法、滚涂法、无气喷涂法和空气喷涂法等。施工时，应根据被涂物的材质、形状、尺寸、表面状态、涂料品种、施工机具及施工环境等因素进行选择。

7.2.1 刷涂法

刷涂法是用漆刷进行涂装施工的一种方法。刷涂时，应注意以下几点：

（1）使用漆刷时，一般采用直握法，用手将漆刷握紧，以腕力进行操作。

（2）涂漆时，漆刷应蘸少许漆料，浸入漆的部分应为毛长的1/3～1/2。蘸漆后，要将漆刷在漆桶内的边上轻抹一下，除去多余的漆料，以防流坠或滴落。

（3）对干燥较慢的漆料，应按涂敷、抹平和修饰三道工序进行操作。

1）涂敷：就是将漆料大致地涂布在被涂物的表面上，使涂料分开。

2）抹平：就是用漆刷将涂料纵、横反复地抹平至均匀。

3）修饰：就是用漆刷按一定方向轻轻地涂刷，消除刷痕及堆积现象。

（4）在进行涂敷和抹平时，应尽量使漆刷垂直，用漆刷的腹部刷涂；在进行修饰时，应将漆刷放平，用漆刷的前端轻轻涂刷。

（5）对干燥较快的涂料，应从被涂物的一边按一定顺序快速、连续地刷平和修饰，不宜反复刷涂。

（6）刷涂施工时，应遵循自上而下、从左到右、先里后外、先斜后直、先难后易的原则，最后用漆刷轻轻地抹里边缘和棱角，使漆膜均匀、致密、光亮和平滑。

（7）刷涂垂直表面时，最后一道应由上向下进行；刷涂水平表面时，最后一道应按光线照射的方向进行；刷涂木材表面时，最后一道应顺着木材的纹路进行。

7.2.2 浸涂法

浸涂法就是将被涂物放入漆槽中浸泡，经一定时间取出后吊起，让多余的涂料尽量滴净，并自然晾干或烘干。该法适用于形状复杂的、骨架状的被涂物，可使被涂物的里外同时得到涂装。

采用该法时，涂料在低黏度时，颜料应不沉淀；在浸涂槽中和物件吊起后的干燥过程中应不结皮；在槽中长期贮存和使用过程中，应不变质、性能稳定、不产生胶化。浸涂法施涂时，应注意以下几点：

（1）为防止溶剂在厂房内扩散和灰尘落入槽内，应把浸涂装备间隔起来。在作业以外的时间，小的浸涂槽应加盖，大槽浸涂应将涂料存放于地下漆库。

（2）浸涂槽敞口面应尽可能小些，以减少涂料挥发和方便加盖。

（3）在浸涂厂房内应装置排风设备，及时将挥发的溶剂排放出去，以保证人身健康和避免火灾。

（4）涂料的黏度对浸涂漆膜质量有很大的影响。在施工过程中，应保持涂料黏度的稳定性，每班应测定1或2次黏度，如果黏度增大，应及时加入稀释剂调整黏度。

（5）对被涂物的装挂，应预先通过试浸来设计挂具及装挂方式，确保工件在浸涂时处于最佳位置，使被涂物的最大面接近垂直，其他平面与水平面呈$10°\sim40°$，使余漆在被涂物面上能较流畅地流尽，避免产生堆漆或气泡现象。

（6）在浸涂过程中，由于溶剂的挥发，易发生火灾，因此，除及时排风外，在槽的四周和上方应设置有二氧化碳或蒸汽喷嘴的自动灭火装置，以备在发生火灾时使用。

7.2.3 滚涂法

滚涂法是用羊毛或合成纤维做成多孔吸附材料，贴附在空心的圆筒上制成滚子，进行涂料施工的一种方法。该法施工用具简单，操作方便，施工效率比刷涂法高$1\sim2$倍，主要用于水性漆、油性漆、酚醛漆和醇酸漆类的涂装。滚涂法施工应注意以下几点：

（1）涂料应倒入装有滚涂板的容器中，将滚子的一半浸入涂料，然后提起，在滚涂板上来回滚涂几次，使滚子全部均匀地浸透涂料，并把多余的涂料滚压掉。

（2）把滚子按W形轻轻地滚动，将涂料大致地涂布于被涂物表面上，接着把滚子做上、下密集滚动，将涂料均匀地分布开，最后使滚子按一定的方向滚动，滚平表面并修饰。

（3）在滚动时，初始用力要轻，以防流淌，随后逐渐用力，使涂层均匀。

（4）滚涂完毕，应尽量挤压掉滚子上残存的涂料，或用涂料的溶剂将滚子清洗干净，晾干后保管起来，或悬挂着将滚子部分全部浸泡在溶剂中，以备再次使用。

7.2.4 无气喷涂法

无气喷涂法是利用特殊形式的气动、电动或其他动力驱动液压泵，将涂料增至高压，当涂料经管路通过喷嘴喷出时，其速度非常高(约100 m/s)，随着冲击空气和高压的急速下降及涂料溶剂的急剧挥发，喷出涂料的体积骤然膨胀而雾化，高速地分散在被涂物表面上，形成漆膜。因为涂料的雾化和涂料的附着不是用压缩空气，所以称为无气喷涂；又因它是利用较高的液压，故又称为高压无气喷涂。

进行无气喷涂法施工应注意以下几点：

（1）喷涂装置使用前，应首先检查高压系统各固定螺母，以及管路接头是否拧紧，如有松动，则应拧紧。

（2）喷涂施工时，喷涂装置应满足下列要求：

1）喷距：指喷枪嘴与被喷物表面的距离，一般以$300\sim380$ mm为宜。

2）喷幅宽度：较大的物件以$300\sim500$ mm为宜，较小的物件以$100\sim300$ mm为宜，一般以300 mm左右为宜。

3）喷枪与物面的喷射角度为$30°\sim80°$。

4）喷幅的搭接应为幅宽的$1/6\sim1/4$，视喷幅的宽度而定。

5）喷枪运行速度为$60\sim100$ cm/s。

（3）涂料应经过滤后才能使用，否则容易堵塞喷嘴。

（4）在喷涂过程中不得将吸入管拿离涂料液面，以免吸空，造成漆膜流淌，而且涂料容器内的涂料不应太少，应经常注意加入涂料。

（5）发生喷嘴堵塞时，应关枪，将自锁挡片置于横向，取下喷嘴，先用刀片在喷嘴口切割数下（不得用刀尖凿），用刷子在溶剂中清洗，然后用压缩空气吹通或用木钎捅通，不可用金属丝或铁钉捅喷嘴，以防损伤内面。

（6）在喷涂过程中，如果停机时间不长，可不排出机内涂料，把枪头置于溶剂中即可，但对于双组分涂料（干燥较快的），应排出机内涂料，并应清洗整机。

（7）喷涂结束后，将吸入管从涂料桶中提起，使泵空载运行，将泵、过滤器、高压软管和喷枪内剩余涂料排出。然后用溶剂空载循环，将上述各器件清洗干净。清洗时应将进气阀门开小些。上述清洗工作，应在喷涂结束后及时进行，否则涂料（双组分涂料）变稠或固化后，再清洗就十分困难了。

（8）高压软管弯曲半径不得大于 50 mm，也不允许将重物压在上面，以防损坏。

（9）在施工过程中，高压喷枪绝对不许对准操作者或他人，停喷时应将自锁挡片横向放置。

（10）喷涂过程中，涂料会自然地产生静电，因此，要将机体和输漆管做好接地，防止发生意外事故。

7.2.5 空气喷涂法

空气喷涂法是利用压缩空气的气流将涂料带入喷枪，经喷嘴吹散成雾状，并喷涂到物体表面上的一种涂装方法。

该法的优点是：可以获得均匀、光滑、平整的漆膜；工效比刷涂法高 3～5 倍，一般每小时可喷涂 100～150 m²。该法主要适用于喷涂快干漆，也可用于一般合成树脂漆的喷涂。该法的缺点是：喷涂时漆料需加入大量的稀释剂，喷涂后形成的漆膜较薄；涂料损失较多，涂料利用率一般只有 50%～60%；飞散在空气中的漆雾对操作人员身体有害，同时污染了环境。

7.3 钢结构防腐涂装

除不锈钢等特殊钢材外，钢结构在使用过程中，由于受到环境介质的作用，易被腐蚀破坏。因此，钢结构都必须进行防腐处理，以防止氧化腐蚀和其他有害气体的侵蚀。钢结构高层建筑的防腐处理很重要，它可以延长结构的使用寿命和减少维修费用。

7.3.1 油漆、防腐涂料的要求与选用

1. 油漆、防腐涂料要求

钢结构的锈蚀不仅会造成自身的经济损失，还会直接影响生产和安全，损失的价值要比钢结构本身大得多。因此，做好钢结构的防锈工作具有重要意义。为了减轻或防止钢结构的锈蚀，目前基本采用油漆涂装方法进行防护。

油漆防护是利用油漆涂层使被涂物与环境隔离，从而达到防锈蚀的目的，延长被涂物的使用寿命。影响防锈效果的关键因素是油漆的质量。另外，还与涂装之前钢构件表面的除锈质量、漆膜厚度、涂装的施工工艺条件等因素有关。

因防腐涂料具有良好的绝缘性，能阻止铁离子的运动，所以不易产生腐蚀电流，从而起到保护钢材的作用。

钢结构防腐涂料是在耐油防腐蚀涂料的基础上研制成功的一种新型钢结构防腐蚀涂料。该

涂料分为底漆和面漆两种，除了具有防腐蚀涂料优异的防腐蚀性能外，其应用范围更广，并且可根据需要将涂料调成各种颜色。钢结构防腐涂料的基本属性见表 7-8。

表 7-8　钢结构防腐涂料的基本属性

序号	项　目	内　容　说　明
1	组成	由改性羟基丙烯酸树脂、缩二脲异氰酸酯、优质精制颜填料、添加剂、溶剂配制而成的双组分涂料
2	特性	较薄的涂层能适应薄壁板的防腐装饰要求，具有耐蚀、耐候、耐寒、耐湿热、耐盐、耐水、耐油等特性
3	物理、化学性能	附着力强，耐磨、硬度高，漆膜坚韧、光亮、丰满，保色性好，干燥快等

2. 油漆、防腐涂料选用

在施工前，应根据不同的品种合理地选择适当的涂料品种。如果涂料选用得当，其耐久性长，防护效果就好；反之，则防护时间短，效果差。另外，还应考虑结构所处环境，有无侵蚀性介质等因素，选用原则如下：

(1)不同的防腐涂料，其耐酸、耐碱、耐盐性能不同，如醇酸耐酸涂料，耐盐性和耐候性很好，耐酸、耐水性次之，而耐碱性很差。在选用时，应了解涂料的性能。

(2)防腐涂料分为底漆和面漆，面漆不仅应具有防腐的作用，还应起到装饰的作用，所以应具备一定的色泽，使建筑物更加美观。

(3)底漆附着力的好坏直接影响防腐涂料的使用质量。附着力差的底漆，涂膜容易发生锈蚀、起皮、脱落等现象。

(4)涂料要易于施工，主要表现在以下两个方面：

1)涂料的配置及其适应的施工方法，如涂刷、喷涂等。

2)涂料的干燥性。干燥性差的涂料影响施工进度。毒性高的涂料影响施工操作人员的健康，不应采用。

钢结构防腐涂料的种类较多，其性能也各不相同，各种涂料的性能比较见表 7-9，施工时可根据工程需要选择涂料。

表 7-9　各种涂料性能比较

涂料种类	优　点	缺　点
油脂漆	耐大气性较好；适用于室内外作打底罩面用；价廉；涂刷性能好，渗透性好	干燥较慢、膜软；力学性能差；水膨胀性大；不能打磨抛光；不耐碱
天然树脂漆	干燥比油脂漆快；短油度的漆膜坚硬好打磨，长油度的漆膜柔韧，耐大气性好	力学性能差；短油度的漆耐大气性差；长油度的漆不能打磨、抛光
酚醛树脂漆	漆膜坚硬；耐水性良好；纯酚醛的耐化学腐蚀性良好；有一定的绝缘强度；附着力好	漆膜较脆；颜色易变深；耐大气性比醇酸漆差，易粉化；不能制白色或浅色漆
沥青漆	耐潮、耐水好；价廉；耐化学腐蚀性较好；有一定的绝缘强度；黑度好	色黑；不能制白色及浅色漆；对日光不稳定；有渗色性；自干；干燥不爽滑

涂料种类	优 点	缺 点
醇酸漆	光泽较亮；耐候性优良；施工性能好，可刷、可喷、可烘；附着力较好	漆膜较软；耐水、耐碱性差；干燥较挥发性漆慢；不能打磨
氨基漆	漆膜坚硬，可打磨抛光；光泽亮，丰满度好；色浅，不易泛黄；附着力较好；有一定耐热性；耐候性好；耐水性好	需高温下烘烤才能固化；若烘烤过度，漆膜发脆
硝基漆	干燥迅速；耐油；漆膜坚韧，可打磨抛光	易燃；清漆不耐紫外光线；不能在 60 ℃以上温度下使用；固体成分少
纤维素漆	耐大气性、保色性好；可打磨抛光；个别品种有耐热、耐碱性，绝缘性好	附着力较差；耐潮性差；价格高
过氯乙烯漆	耐候性优良；耐化学腐蚀性优良；耐水、耐油、防延燃性好；三防性能较好	附着力较差；打磨抛光性能较差；不能在 70 ℃以上高温下使用；固体成分少
乙烯漆	有一定柔韧性；色泽浅淡；耐化学腐蚀性较好；耐水性好	耐溶剂性差；固体成分少；高温易碳化；清漆不耐紫外光线
丙烯酸漆	漆膜色浅，保色性良好；耐候性优良；有一定耐化学腐蚀性；耐热性较好	耐溶剂性差；固体成分少
聚酯漆	固体成分多；耐一定的温度；耐磨；能抛光；有较好的绝缘性	干性不易掌握；施工方法较复杂；对金属附着力差
环氧漆	附着力强；耐碱、耐溶剂；有较好的绝缘性能；漆膜坚韧	室外暴晒易粉化；保光性差；色泽较深；漆膜外观较差
聚氨酯漆	耐磨性强，附着力好；耐潮、耐水、耐溶剂性好；耐化学和石油腐蚀；具有良好的绝缘性	漆膜易转化、泛黄；对酸、碱、盐、醇、水等物很敏感，因此施工要求高；有一定毒性
有机硅漆	耐高温，耐候性极优；耐潮、耐水性好；具有良好的绝缘性	耐汽油性差；漆膜坚硬较脆；一般需要烘烤干燥；附着力较差
橡胶漆	耐化学腐蚀性强；耐水性好；耐磨	易变色；清漆不耐紫外光线；耐溶性差；个别品种施工复杂

7.3.2 钢结构涂装防护

1. 涂层厚度

涂层厚度的确定应考虑钢材表面原始状况、钢材除锈后的表面粗糙度、选用的涂料品种、钢结构使用环境对涂料的腐蚀程度、预想的维护周期和涂装维护的条件。

涂层厚度应根据需要来确定，过厚虽然可增强防腐力，但附着力和力学性能都要降低；过薄易产生肉眼看不到的针孔和其他缺陷，起不到隔离环境的作用。钢结构涂装涂层厚度可参考表 7-10 确定。

表 7-10　钢结构涂装涂层厚度　　　　　　　　　　　　μm

涂 料 种 类	基本涂层和防护涂层					附加涂层
	城镇大气	工业大气	化工大气	海洋大气	高温大气	
醇酸漆	100～150	125～175				25～50
沥青漆			150～210	180～240		30～60
环氧漆			150～200	175～225	150～200	25～50
过氯乙烯漆			160～200			20～40
丙烯酸漆		100～140	120～160	140～180		20～40
聚氨酯漆		100～140	120～160	140～180		20～40
氯化橡胶漆		120～160	140～180	160～200		20～40
氯磺化聚乙烯漆		120～160	140～180	160～200	120～160	20～40
有机硅漆					100～140	20～40

2. 涂料预处理

涂装施工前，应对涂料型号、名称和颜色进行校对，同时检查制造日期。如超过贮存期，应重新取样检验，质量合格后才能使用，否则禁止使用。

涂料选定后，通常要进行以下处理操作程序，然后才能施涂：

(1)开桶。开桶前应将桶外的灰尘、杂物除尽，以免其混入油漆桶内。同时对涂料的名称、型号和颜色进行检查，看其是否与设计规定或选用要求相符合，检查制造日期是否超过贮存期，凡不符合的应另行研究处理。若发现有结皮现象，应将漆皮全部取出，以免影响涂装质量。

(2)搅拌。将桶内的油漆和沉淀物全部搅拌均匀后才可使用。

(3)配合比。对于双组分的涂料，使用前必须严格按照说明书所规定的比例来混合。双组分涂料一旦配合比混合后，就必须在规定的时间内用完。

(4)熟化。双组分涂料混合搅拌均匀后，需要经过一定的熟化时间才能使用，对此应引起注意，以保证漆膜的性能。

(5)稀释。有的涂料因贮存条件、施工方法、作业环境、气温的高低等不同情况的影响，在使用时，有时需用稀释剂来调整黏度。

(6)过滤。过滤是将涂料中可能产生的或混入的固体颗粒、漆皮或其他杂物滤掉，以免这些杂物堵塞喷嘴及影响漆膜的性能及外观。通常可以使用 80～120 目的金属网或尼龙丝筛进行过滤，以达到质量控制的目的。

3. 涂刷防腐底漆

(1)涂底漆一般应在金属结构表面清理完毕后立即施工，否则金属表面又会重新氧化生锈。涂刷方法是用油刷上、下铺油(开油)，横竖交叉地将油刷匀，再把刷迹理平。

(2)可用设计要求的防锈漆在金属结构上满刷一遍。如原来已刷过防锈漆，应检查其有无损坏及有无锈斑。凡有损坏及锈斑处，应将原防锈漆层铲除，用钢丝刷和砂布彻底打磨干净后，再补刷防锈漆一遍。

(3)采用油基底漆或环氧底漆时，应均匀地涂或喷在金属表面上，施工时将底漆的黏度调到：喷涂为 18～22 St，刷涂为 30～50 St。

(4)底漆以自然干燥居多，使用环氧底漆时也可进行烘烤，质量要比自然干燥好。

4. 局部刮腻子

(1)待防锈底漆干透后，将金属面的砂眼、缺棱、凹坑等处用石膏腻子刮抹平整。石膏腻子配合比(质量比)为：石膏粉∶熟桐油∶油性腻子(或醇酸腻子)∶底漆∶水＝20∶5∶10∶7∶45。

(2)可采用油性腻子和快干腻子。用油性腻子一般在 12～24 h 才能全部干燥；而用快干腻子干燥较快，并能很好地黏附于所填嵌的表面，因此，在部分损坏或凹陷处使用快干腻子可以缩短施工周期。

另外，也可用铁红醇酸底漆 50％加光油 50％混合拌匀，并加适量石膏粉和水调成腻子打底。

(3)一般第一道腻子较厚，因此，在拌和时应酌量减少油分，增加石膏粉用量，可一次刮成，不必求得光滑。第二道腻子需要平滑光洁，因而在拌和时可增加油分，腻子调得薄些。

(4)刮涂腻子时，可先用橡皮刮或钢刮刀将局部凹陷处填平。待腻子干燥后应加以砂磨，并抹除表面灰尘，然后再涂刷一层底漆，接着再上一层腻子。刮腻子的层数应视金属结构的不同情况而定。金属结构表面一般可刮 2 或 3 道。

(5)每刮完一道腻子，待干后都要进行砂磨，头道腻子比较粗糙，可用粗铁砂布垫木块打磨；第二道腻子可用细铁砂布或 240 号水砂纸砂磨；最后两道腻子可用 400 号水砂纸仔细打磨光滑。

5. 涂刷

(1)涂刷必须按设计和规定的层数进行，必须保证涂刷层次及厚度。

(2)涂第一遍油漆时，应分别选用带色铅油或带色调和漆、磁漆涂刷，但此遍漆应适当掺入配套的稀释剂或稀料，以达到盖底、不流淌、不显刷迹的目的。涂刷时厚度应一致，不得漏刷。

冬期施工应适当加些催干剂(铅油用铅锰催干剂)，掺量为 2％～5％(质量比)；磁漆等可用钴催干剂，掺量一般小于 0.5％。

(3)复补腻子。如果设计要求有此工序，将前数遍腻子干缩裂缝或残缺不足处，用带色腻子局部补一次，复补腻子与第一遍漆色相同。

(4)磨光。如设计有此工序(属中、高级油漆)，宜用 1 号以下细砂布打磨，用力应轻而匀，注意不要磨穿漆膜。

(5)涂刷第二遍油漆时，如为普通油漆且为最后一层面漆，应用原装油漆(铅油或调和漆)涂刷，但不宜掺入催干剂。设计中要求磨光的，应予以磨光。

(6)涂刷完成后，应用湿布擦净。用干净湿布反复在已磨光的油漆面上揩擦干净。

6. 喷漆

(1)喷漆施工时，应先喷头道底漆，黏度控制在 20～30 St，气压控制在 0.4～0.5 MPa，喷枪距物面控制在 20～30 cm，喷嘴直径以 0.25～0.3 cm 为宜。先喷次要面，后喷主要面。

(2)喷漆施工时，应注意以下事项：

1)在喷漆施工时应注意通风、防潮、防火。工作环境及喷漆工具应保持清洁，气泵压力应控制在 0.6 MPa 以内，并应检查安全阀是否失灵。

2)在喷大型工件时可采用电动喷漆枪或采用静电喷漆。

3)使用氨基醇酸烘漆时要进行烘烤，物件在工作室内喷好后应先放在室温中流平 15～30 min，然后再放入烘箱。先用低温 60 ℃烘烤 0.5 h 后，再按烘漆预定的烘烤温度(一般在

120 ℃左右)进行恒温烘烤 1.5 h，最后降温、干燥出箱。

(3)凡用于喷漆的一切油漆，使用时必须掺加相应的稀释剂或相应的稀料，掺量以能顺利喷出成雾状为准(一般为漆质量的 1 倍左右)，并通过 0.125 mm 孔径筛清除杂质。一个工作物面层或一项工程上所用的喷漆量应一次配够。

(4)喷漆干后用快干腻子将缺陷及细眼找补填平；腻子干透后，用水砂纸将刮过腻子的部分和涂层全部打磨一遍。擦净灰迹待干后再喷面漆，黏度控制在 18～22 St。

(5)喷涂底漆和面漆的层数要根据产品的要求而定，面漆一般可喷 2 或 3 道；要求高的物件(如轿车)可喷 4 或 5 道。

(6)每次都用水砂纸打磨，越到面层，要求水砂纸越细，质量越高。如需增加面漆的亮度，可在漆料中加入硝基清漆(加入量不得超过 20%)，调到适当黏度(15 St)后喷 1 或 2 遍。

7. 二次涂装

二次涂装一般是指由于作业分工在两地或分两次进行施工的涂装。前道漆涂完后，超过1 个月再涂下一道漆，也应算作二次涂装。进行二次涂装时，应按相关规定进行表面处理和修补。

(1)表面处理。对于海运产生的盐分、陆运或存放过程中产生的灰尘都要清除干净，方可涂下道漆。如果涂漆间隔时间过长，前道漆膜可能因老化而粉化(特别是环氧树脂漆类)，要求进行"打毛"处理，使表面干净和增加粗糙度，从而提高附着力。

(2)修补。修补所用的涂料品种、涂层层次与厚度、涂层颜色应与原设计要求一致。表面处理可采用手工机械除锈方法，但要注意油脂及灰尘的污染。在修补部位与不修补部位的边缘处，宜有过渡段，以保证搭接处平整和附着牢固。对补涂部位的要求也应与上述相同。

7.3.3　防腐涂装施工与质量检查

7.3.3.1　防腐涂装施工

施工是涂装工程的重要组成部分，一定要精心组织，认真操作，确保质量。施工前，要做好各项准备工作，准备完整的设计资料，进行设计交底和了解设计意图，准备施工设备和工具，组织工人学习有关技术和安全规章制度。严格检查钢材表面除锈质量，如未达到规定的除锈等级标准，则应重新除锈，直至达到标准为止。若钢材表面有反锈现象，则需再除锈，经检查合格后，才能进行涂装施工。

1. 作业条件

(1)油漆工施工作业应有特殊工种作业操作证。

(2)防腐涂装工程前钢结构工程已检查验收，并符合设计要求。

(3)防腐涂装作业场地应有安全防护措施，有防火和通风措施，防止发生火灾和人员中毒事故。

(4)露天防腐施工作业应选择适当的天气，大风、遇雨、严寒等均不应作业。

(5)施工环境应通风良好、清洁、干燥，室内施工环境温度应在 0 ℃以上，室外施工环境温度应为 5 ℃～38 ℃，相对湿度应不大于 85%。对涂装施工环境温度只作一般规定，具体应按涂料产品说明书的规定执行。

2. 涂料防腐施工

(1)基面清理。建筑钢结构工程的油漆涂装应在钢结构安装验收合格后进行。油漆涂刷前，应将需涂装部位的铁锈、焊缝药皮、焊接飞溅物、油污、尘土等杂物清理干净。基面清理除锈质量的好坏，直接关系涂层质量的好坏。

（2）底漆涂装。涂刷防锈底漆，调和设计要求的防锈漆，控制漆的黏度、稠度、稀度，兑制时应充分搅拌，使油漆色泽、黏度均匀一致。

刷第一层底漆时涂刷方向应该一致，接槎整齐。刷漆时应采用勤蘸、短刷的原则，防止刷子带漆太多而流坠。待第一遍刷完后，应保持一定的时间间隔，防止第一遍未干就刷第二遍，避免使漆液流坠发皱，质量下降。待第一遍干燥后，再刷第二遍；第二遍涂刷方向应与第一遍涂刷方向垂直，使漆膜厚度均匀一致。底漆涂装后需 4～8 h 后才能达到表干，表干前不应涂装面漆。

（3）局部刮腻子。待防锈底漆干透后，将金属面的砂眼、缺棱、凹坑等处用石膏腻子刮抹平整并去除表面灰尘，然后涂刷一层底漆，接着上一层腻子。刮腻子的层数应视金属结构的不同情况而定。金属结构表面一般可刮 2 道或 3 道。

每刮完一道腻子待干后要进行砂磨，头道腻子比较粗糙，可用粗铁砂布垫木头块砂磨；第二道腻子可用细铁砂布或 240 号水砂纸砂磨；最后两道腻子可用 400 号水砂纸打磨光滑。

（4）面漆涂装。建筑钢结构涂装底漆与面漆一般中间间隔时间较长。钢构件涂装防锈底漆后送到工地去组装，组装结束后才统一涂装面漆。这样在涂装面漆前需对钢结构表面进行清理，清除安装焊缝焊药，对烧去或碰去漆的构件，还应事先补漆。

面漆的调制应选择颜色完全一致的面漆，兑制的稀料应合适，面漆使用前应充分搅拌，保持色泽均匀。其工作黏度、稠度应保证涂装时不流坠，不显刷纹。

面漆在使用过程中应不断搅和，涂刷的方法和方向与刷底漆的工艺相同。

涂装工艺采用喷涂施工时，应调整好喷嘴口径、喷涂压力，喷枪胶管能自由拉伸到作业区域，空气压缩机气压应为 0.4～0.7 N/mm^2。

喷涂时应保持好喷嘴与涂层的距离，一般喷枪与作业面距离以 200～300 mm 为宜，喷枪与钢结构基面角度应该保持垂直，或喷嘴略微上倾。先喷次要面，后喷主要面。

喷涂时喷嘴应该平行移动，移动时应平稳，速度一致，保持涂层均匀。但是采用喷涂时，一般涂层厚度较薄，故应多喷几遍，每层喷涂时应待上层漆膜已经干燥后进行。

7.3.3.2　防腐涂装工程质量检查与验收

1. 涂装前的检查

（1）涂装前钢材表面除锈应符合设计要求和国家现行有关标准的规定。处理后的钢材表面不应有焊渣、焊疤、灰尘、油污、水和毛刺等。当设计无要求时，钢材表面除锈等级应符合规定。检查数量按构件数抽查 10%，且同类构件不少于 3 件。检查方法为用铲刀检查和用现行《涂覆涂料前钢材表面处理 表面清洁度的目视评定 第 1 部分：未涂覆过的钢材表面和全面清除原有涂层后的钢材表面的锈蚀等级和处理等级》(GB/T 8923.1—2011)规定的图片对照观察检查。

（2）进厂的涂料应检查是否有产品合格证，并经复验合格，方可使用。

（3）涂装环境的检查，环境条件应符合前述规定的要求。

2. 涂装过程中的检查

（1）用湿膜厚度计测湿膜厚度，用以控制膜厚度和漆膜质量。

（2）每道漆都不允许有咬底、剥落、漏涂和起泡等缺陷。

3. 涂装后的检查

（1）漆膜外观应均匀、平整、饱满和有光泽；颜色应符合设计要求；不允许有咬底、剥落、针孔等缺陷。

（2）涂料、涂装遍数、涂层厚度均应符合设计要求。当设计对涂层厚度无要求时，涂层干漆膜总厚度，室外应为 150 μm，室内应为 125 μm。每遍涂层干漆膜厚度的合格质量偏差为 -5 μm。测定厚度的抽查数，桁架、梁等主要构件抽检 20%，最低不少于 5 件；次要构件抽检 10%，最低不少于 3 件；每件应测 3 处。板、梁及箱形梁等构件，每 10 m² 检测 3 处。

宽度在 15 cm 以下的梁或构件，每处取 3 点(垂直于边长的一条线上的 3 点)，点距为宽度的 1/4。宽度在 15 cm 以上的梁或构件，每处取 5 点，取点中心位置不限，但边点应距构件边缘 2 cm 以上，5 个测点分别为 10 cm 见方正方形的四个角和对角线交点。

检测处涂层总平均厚度应达到规定值的 90% 以上。其最低值不得低于规定值的 80%，一处测点厚度差不得超过平均值的 30%。计算时，超过规定厚度 20% 的测点值，按规定厚度 120% 计算，不得按实测值计算平均值。

7.4　钢结构防火涂装

钢结构防火涂料涂装工程应由经消防部门批准的专业施工队伍负责施工。防火涂料涂装工程施工前，钢结构工程已检查验收合格、防锈漆涂装已检查验收合格，并符合设计要求。

7.4.1　构件耐火极限等级

钢结构构件的耐火极限等级，是根据它在耐火试验中能继续承受荷载作用的最短时间来分级的。耐火时间大于或等于 30 min，则耐火极限等级为 F30，每一级都比前一级长 30 min，所以，耐火极限等级分为 F30、F60、F90、F120、F150、F180 等。

钢结构构件耐火极限等级的确定，依建筑物的耐火等级和构件种类而定；而建筑物的耐火等级又是根据火灾荷载确定的。火灾荷载是指建筑物内如结构部件、装饰构件、家具和其他物品等可燃材料燃烧时产生的热量。单位面积的火灾荷载为：

$$q = \frac{\sum Q_i}{A} \tag{7-1}$$

式中　Q_i——材料燃烧时产生的热量(MJ)；

　　　A——建筑面积(m^2)。

7.4.2　常用防火涂料

钢材是不会燃烧的建筑材料，其虽具有抗震、抗弯等性能，受到了各行业的青睐，但是钢材在防火方面存在一些难以避免的缺陷，其机械性能如屈服点、抗拉强度及弹性模量等均会因温度的升高而急剧下降。

要使钢结构材料在实际应用中克服防火方面的不足，必须进行防火处理，其目的就是将钢结构的耐火极限提高到设计规范规定的极限范围。防止钢结构在火灾中迅速升温发生形变塌落，其措施是多种多样的，关键是根据不同情况采取不同方法，采用绝热、耐火材料阻隔火焰直接灼烧钢结构就是一种不错的方法。

1. 防火涂料技术性能指标

(1)用于制造防火涂料的原料应预先检验，不得使用石棉材料和苯类溶剂。

(2)防火涂料可用喷涂、抹涂、滚涂、刮涂或刷涂等方法中的任何一种或多种方法，方便施工，并能在通常的自然环境条件下干燥固化。

(3)防火涂料应呈碱性或偏碱性。复层涂料应相互配套。底层涂料应能同普通的防锈漆配合使用。钢结构防火涂料技术性能应符合表 7-11 的规定。

(4)涂层实干后不应有刺激性气味。燃烧时一般不产生浓烟和损害人体健康的气体。

表 7-11 钢结构防火涂料技术性能指标

项　目		指　　标	
		B类(薄涂型)	H类(厚涂型)
在容器中的状态		经搅拌后呈均匀液态或稠厚流体，无结块	经搅拌后呈均匀稠厚流体，无结块
干燥时间(表干)/h		≤12	≤24
初期干燥抗裂性		一般不应出现裂纹。如有1～3条裂纹，其宽度应不大于0.5 mm	一般不应出现裂纹。如有1～3条裂纹，其宽度应不大于1 mm
外观与颜色		外观与颜色同样品相比，应无明显差别	
粘结强度/MPa		≥0.15	≥0.04
抗压强度/MPa			≥0.3
干密度/(kg·m⁻³)			≤500
热导率/[W·(m·K)⁻¹]			≤0.116
抗振性		挠曲L/200，涂层不起层、不脱落	
抗弯性		挠曲L/100，涂层不起层、不脱落	
耐水性/h		≥24	≥24
耐冻融循环性/次		≥15	≥15
耐火性能	涂层厚度/mm	3.0　5.5　7.0	15　20　30　40　50
	耐火极限(不低于)/h	0.5　1.0　1.5	1.0　1.5　2.0　2.5　3.0

2. 防火涂料选用

(1)钢结构防火涂料必须有国家检测机构的耐火性能检测报告和理化性能检测报告，有消防监督机关颁发的生产许可证，方可选用。选用的防火涂料质量应符合国家有关标准的规定，有生产厂方的合格证，并应附有涂料品名、技术性能、制造批号和使用说明等。

(2)民用建筑及大型公用建筑的承重钢结构宜采用防火涂料防火，一般应由建筑师与结构工程师按建筑物耐火等级及耐火极限，根据《钢结构防火涂料应用技术规范》(CECS 24—1990)选用涂料的类别(薄涂型或厚涂型)及构造做法。

(3)宜优先选用薄涂型防火涂料。选用厚涂型涂料时，其外需做装饰面层隔护。装饰要求较高的部位可选用超薄型防火涂料。

(4)室内裸露、轻型屋盖钢结构及有装饰要求的钢结构，当规定其耐火极限在1.5 h及以下时，宜选用薄涂型钢结构防火涂料。

(5)室内隐蔽钢结构、高层全钢结构及多层厂房钢结构，当规定其耐火极限在2.0 h及以上时，应选用厚涂型钢结构防火涂料。

(6)露天钢结构应选用符合室外钢结构防火涂料产品规定的厚涂或薄涂型钢结构防火涂料，如石油化工企业的油(汽)罐支承等钢结构。

(7)比较不同厂家的同类产品时，应查看近两年内产品的耐火性能和理化性能检测报告、产品定型鉴定意见、产品在工程中的应用情况和典型实例等。

7.4.3 防火涂装施工规定

1. 一般规定

(1)钢结构防火涂料是一类重要的消防安全材料，喷涂施工质量的好坏直接影响防火性能和使用要求，所以，应由经过培训合格的专业施工队施工，或者由研制该防火涂料的工程技术人员指导施工，以确保工程质量。

（2）通常情况下，在钢结构安装就位，与其相连的吊杆、马道、管架等相关联的构件安装完毕，并经验收合格之后，才能进行喷涂施工。如提前施工，则安装好后应对损坏的涂层及钢结构的接点进行补喷。

（3）喷涂前，应将钢结构表面的尘土、油污、杂物等清除干净。钢构件连接处 4～12 mm 宽的缝隙应采用防火涂料，如用硅酸铝纤维棉防火堵料等填补堵平。当钢构件表面已涂防锈面漆，涂层硬而光亮，会明显影响防火涂料粘结力时，应采用砂纸适当打磨再喷。

（4）对大多数防火涂料而言，施工过程中和涂层干燥固化前，环境温度宜保持在 5 ℃～38 ℃，相对湿度不宜大于 90%，空气应流动。当风速大于 5 m/s 或构件表面结晶时不宜作业。化学固化干燥的涂料，施工温度、湿度范围可放宽。

2. 涂层厚度确定

（1）按照有关规定对钢结构耐火极限的要求，并根据标准耐火试验数据设计规定相应的涂层厚度。薄涂型防火涂料的涂层厚度应符合有关耐火极限的设计要求。厚涂型防火涂料涂层的厚度，80% 及以上面积应符合有关耐火极限的设计要求，且最薄处厚度不应低于设计要求的 85%。

（2）根据标准耐火试验数据，即耐火极限与相应的保护层厚度，确定不同规格钢构件达到相同耐火极限所需的同种防火涂料的保护层厚度，按下式计算：

$$T_1 = \frac{W_m/D_m}{W_1/D_1} T_m K \tag{7-2}$$

式中　T_1——待喷防火涂层厚度（mm）；

T_m——标准试验时的涂层厚度（mm）；

W_1——待喷钢梁质量（kg/m）；

W_m——标准试验时的钢梁质量（kg/m）；

D_1——待喷钢梁防火涂层接触面周长（mm）；

D_m——标准试验时钢梁防火涂层接触面周长（mm）；

K——系数（对钢梁，$K=1$；对钢柱，$K=1.25$）。

式（7-2）限定条件：$W/D \geq 22$，$T \geq 9$ mm，耐火极限 $t \geq 1$ h。

（3）根据钢结构防火涂料进行 3 次以上耐火试验所取得的数据作曲线图，确定出试验数据范围内某一耐火极限的涂层厚度。测量方法应符合《钢结构防火涂料应用技术规范》（CECS 24—1990）的规定及下列规定：

1）测针选定。测针（厚度测量仪）由针杆和可滑动的圆盘组成，圆盘始终保持与针杆垂直，并在其上装有固定装置，圆盘直径不大于 30 mm，以保证完全接触被测试件的表面。如果厚度测量仪不易插入被插材料中，也可使用其他适宜的方法测试。

测试时，将测厚探针垂直插入防火涂层直至钢基材表面上（图 7-1），记录标尺读数。

2）测点选定。

①楼板和防火墙的防火涂层厚度测定，可选两相邻纵、横轴线相交中的面积为一个单元，在其对角线上，按每米长度选一点进行测试。

②全钢框架结构的梁和柱的防火涂层厚度测定，在构件长度内每隔 3 m 取一截面，按图 7-2 中的位置测试。

③桁架结构，上弦和下弦按第②款的规定每隔 3 m 取一截面检测，其他腹杆每根取一截面检测。

测量结果：对于楼板和墙面，在所选择的面积中，至少测出 5 个点；对于梁和柱，在所选择的位置中，分别测出 6 个和 8 个点。分别计算出它们的平均值，精确到 0.5 mm。

（4）直接选择工程中有代表性的型钢喷涂防火涂料做耐火试验，根据实测耐火极限确定待喷涂涂层厚度。

(5)设计防火涂层时，对保护层厚度的确定应以安全第一为原则，耐火极限留有余地，涂层适当厚一些。某种薄涂型钢结构防火涂料标准耐火试验时，涂层厚度为5.5 mm，刚好达到1.5 h的耐火极限，采用该涂料喷涂保护耐火等级为一级的建筑，钢屋架宜规定喷涂涂层厚度不低于6 mm。

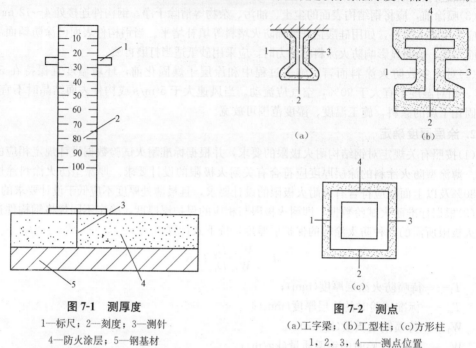

图 7-1　测厚度
1—标尺；2—刻度；3—测针
4—防火涂层；5—钢基材

图 7-2　测点
(a)工字梁；(b)工型柱；(c)方形柱
1，2，3，4——测点位置

7.4.4　薄涂型防火涂料施工

1. 施工工具及方法

(1)喷涂底层(包括主涂层，下同)时，涂料宜采用重力(或喷斗)式喷枪，配备能够自动调压的0.6~0.9 m³/min的空压机。喷嘴直径为4~6 mm，空气压力为0.4~0.6 MPa。

(2)面层装饰涂料可以刷涂、喷涂或滚涂，一般采用喷涂施工。将喷底层涂料的喷枪喷嘴直径换为1~2 mm，空气压力调为0.4 MPa左右，即可用于喷面层装饰涂料。

(3)局部修补或小面积施工，或者机器设备已安装好的厂房，不具备喷涂条件时，可用抹灰刀等工具进行手工抹涂。

2. 涂料搅拌与调配

(1)应采用便携式电动搅拌器适当搅拌运送到施工现场的防火涂料，使之均匀一致后方可用于喷涂。

(2)双组分包装的涂料，应按说明书规定的配合比进行现场调配，边配边用。

(3)搅拌和调配好的涂料，应稠度适宜，以确保喷涂后不发生流淌和下坠现象。

3. 底层施工操作要点

(1)底涂层一般应喷2或3遍，每遍间隔4~24 h，待基本干燥后再喷后一遍。头遍喷涂以盖住基底面70%即可，二、三遍喷涂每遍厚度以不超过2.5 mm为宜。每喷1 mm厚的涂层，耗湿涂料1.2~1.5 kg/m²。

(2)喷涂时手要握稳喷枪，喷嘴与钢基材面垂直或呈70°，喷嘴到喷面距离40~60 cm。要求回旋转喷涂，注意搭接处颜色一致，厚薄均匀，防止漏涂、流淌。确保涂层完全闭合，轮廓清晰。

(3)喷涂过程中，操作人员要携带测厚计随时检测涂层厚度，确保各部位涂层达到设计规定的厚度要求后方可停止喷涂。

(4)喷涂形成的涂层是粒状表面，当设计要求涂层表面要平整光滑时，待喷完最后一遍，应采用抹灰刀或其他适用的工具作抹平处理，使外表面均匀平整。

4. 面层施工操作要点

(1)当底层厚度符合设计规定并基本干燥后，方可在施工面层喷涂涂料。

(2)面层涂料一般涂1或2遍。如果头遍是从左至右喷，二遍则应从右至左喷，以确保全部覆盖住底涂层。面涂用料为 0.5～1.0 kg/m²。

(3)对于露天钢结构的防火保护，喷好防火的底涂层后，也可选用适合建筑外墙用的面层涂料作为防水装饰层，用量为 1.0 kg/m² 即可。

(4)面层施工应确保各部分颜色均匀一致，接槎平整。

7.4.5　厚涂型防火涂料施工

1. 施工工具及方法

厚涂防火涂料一般是采用喷涂施工，机具可为压送式喷涂机或挤压泵，配备能自动调压的 0.6～0.9 m³/min 的空压机，喷枪口径为 6～10 mm，空气压力为 0.4～0.6 MPa。局部修补可采用抹灰刀等工具手工抹涂。

2. 涂料的搅拌与调整

(1)现场应采用便携式搅拌器将工厂制造好的单组分湿涂料搅拌均匀。

(2)由工厂提供的干粉料，现场加水或其他稀释剂调配，应按涂料说明书规定的配合比混合搅拌，边配边用。

(3)由工厂提供的双组分涂料，应按配制涂料说明书规定的配合比混合搅拌，边配边用。特别是化学固化干燥的涂料，配制的涂料必须在规定的时间内用完。

(4)搅拌和调配涂料使稠度适宜，喷涂后不会出现流淌和下坠现象。

3. 施工操作要点

(1)喷涂应分若干次完成，第一次喷涂基本盖住钢基材面即可，以后每次喷涂厚度为5～10 mm，一般以 7 mm 左右为宜。必须在前一遍喷层基本干燥或固化后再喷后一遍，通常情况下，每天喷一遍即可。

(2)喷涂保护方式、喷涂次数与涂层厚度应根据防火设计要求确定。

(3)喷涂时，持枪手紧握喷枪，注意移动速度，不能在同一位置久留，以免涂料堆积流淌；输送涂料的管道长而笨重，应配一助手帮助移动和托起管道；配料及往挤压泵加料均要连续进行，不得停顿。

(4)当防火涂层出现下列情况之一时，应重新喷涂：

1)涂层干燥固化不好、粘结不牢或粉化、空鼓、脱落时。

2)钢结构的接头、转角处的涂层有明显凹陷时。

3)涂层表面有浮浆或裂缝宽度大于 1.0 mm 时。

4)涂层厚度小于设计规定厚度的 85% 时，或涂层厚度虽大于设计规定厚度的 85%，但未达到规定厚度涂层连续面的长度超过 1 m 时。

(5)施工过程中，操作者应采用测厚计检测涂层厚度，直到符合设计规定的厚度，方可停止喷涂。

(6)喷涂后的涂层要适当维修，采用抹灰刀等工具剔除明显的乳突，以确保涂层表面均匀。

7.4.6　防火涂装质量控制

(1)薄涂型钢结构防火涂层应符合下列要求：

1)涂层厚度符合设计要求。

2)无漏涂、脱粉、明显裂缝等。如有个别裂缝，其宽度应不大于 0.5 mm。

3)涂层与钢基材之间和各涂层之间应粘结牢固，无脱层、空鼓等情况。

4)颜色与外观符合设计规定，轮廓清晰，接槎平整。

(2)厚涂型钢结构防火涂层应符合下列要求：

1)涂层厚度符合设计要求。如厚度低于原定标准，但必须大于原定标准的 85%，且厚度不足部位连续面积的长度不大于 1 m，并在 5 m 范围内不再出现类似情况。

2)涂层应完全闭合，不应露底、漏涂。

3)涂层不宜出现裂缝。如有个别裂缝，其宽度应不大于 1 mm。

4)涂层与钢基材之间和各涂层之间，应粘结牢固，无空鼓、脱层和松散等情况。

5)涂层表面应无乳突。有外观要求的部位，母线不直度和失圆度允许偏差不应大于 8 mm。

(3)薄涂型防火涂料的涂层厚度应符合有关耐火极限的设计要求。厚涂型防火涂料涂层的厚度，80% 及以上面积应符合有关耐火极限的设计要求，且最薄处厚度不应低于设计要求的 85%。

(4)涂层检测的总平均厚度应达到规定厚度的 90%。计算平均值时，超过规定厚度 20% 的测点，按规定厚度的 120% 计算。

(5)对于重大工程，应进行防火涂料的抽样检验。每使用 100 t 薄型钢结构防火涂料，应抽样检测一次粘结强度；每使用 500 t 厚涂型防火涂料，应抽样检测一次粘结强度和抗压强度。其抽样检测方法应按照《钢结构防火涂料》(GB 14907—2002)执行。

本章小结

钢结构的锈蚀根据钢结构周围的环境、空气中的有害成分及温度、湿度和通风情况的不同，分为化学锈蚀和电化学锈蚀。钢材表面的油污，通常采用碱液清除法、有机溶剂清除法、乳化碱液清除法进行清除。钢结构表面旧涂层清除常用的方法有碱液清除法和有机溶剂清除法。钢结构常用的涂装方法有刷涂法、浸涂法、滚涂法、无气喷涂法和空气喷涂法等。钢结构必须进行防腐处理，以防止氧化腐蚀和其他有害气体的侵蚀。钢结构构件的耐火极限等级，是根据它在耐火试验中能继续承受荷载作用的最短时间来分级的。钢结构的防火涂装应根据防火涂料技术性能指标、防火涂料选用以及防火涂装施工的规定等方面综合考虑。

思考与练习

1. 怎样进行钢材表面油污的清除？

2. 钢材表面锈蚀的清除方法有哪些？

3. 喷射或抛射除锈可分为哪几个等级？

4. 钢结构涂装的方法有哪些？

5. 钢结构刷涂施工应遵循怎样的原则？

6. 钢结构滚涂法施工应注意哪几个方面？

7. 防火涂料选用的基本原则是什么？

8. 钢结构进行二次涂装时应如何进行表面处理？

9. 怎样计算钢结构防火涂装厚度？

10. 薄涂型防火涂料底层施工操作应注意哪几点？

模块 8　钢结构识图与绘图

学习目标

通过本模块的学习，了解建筑施工图的分类与产生阶段；熟悉钢结构施工图的基本组成部分；掌握施工详图的内容、节点要求及绘制方法。

能力目标

具备一定的钢结构施工图识读和绘图能力。

8.1　钢结构工程施工图的基本概念

8.1.1　建筑工程施工图的分类

建筑工程施工图一般可分为建筑施工图、结构施工图和设备施工图三部分。

(1)建筑施工图，简称建施。建筑施工图主要表示房屋的建筑设计内容，由总平面图、建筑平面图、建筑立面图、建筑剖面图以及建筑详图等内容组成。其是房屋工程施工图中具有全局性地位的图纸，反映房屋的平面形状、功能布局、外观特征、各项尺寸和构造做法等，是房屋施工放线、砌筑、安装门窗、室内外装修和编制施工概算及施工组织计划的主要依据。它通常编排在整套图纸的最前位置。

(2)结构施工图，简称结施。结构施工图主要表示房屋的结构设计内容，主要包括结构设计说明、基础平面图及详图、结构平面图、构件与节点详图。

(3)设备施工图，简称设施。设备施工图分为给水排水施工图(简称水施)、采暖通风施工图(简称暖施)、电气施工图(简称电施)。设备施工图主要表示给水排水、采暖通风、电气照明等设备的设计内容，包括设备平面布置图、系统图及详图等。

每个专业的图纸应该按图纸内容的主次关系、逻辑关系有序排列。一般顺序为：主要的在前，次要的在后；基本图在前，详图在后；先施工的在前，后施工的在后；总体图在前，局部图在后；布置图在前，构件图在后等。

8.1.2　建筑工程施工图的产生阶段

一般建设项目要按两个阶段进行设计，即初步设计阶段和施工图设计阶段。对于技术要求复杂的项目，可在两设计阶段之间，增加技术设计阶段，用来深入解决各工种之间的协调等技术问题。

1. 初步设计阶段

设计人员接受任务书后，首先要根据业主的建造要求和有关政策性文件、地质条件等进行初步设计，画出比较简单的初步设计图，简称方案图纸。它包括简略的平面、立面、剖面等图样，文字说明及工程概算。有时还要向业主提供建筑效果图、建筑模型及电子计算机动画效果图，以便于直观地反映建筑的真实情况。方案图应报业主征求意见，并报规划、消防、卫生、交通、人防等部门审批。

2. 施工图设计阶段

此阶段设计人员在已经批准的方案图纸的基础上，综合建筑、结构、设备等之间的相互配合、协调和调整，从施工要求的角度对设计方案予以具体化，为施工企业提供完整的、正确的施工图和必要的有关计算的技术资料。

8.1.3 钢结构施工图

在建筑钢结构中，钢结构施工图一般可分为钢结构设计图和钢结构施工详图两种。

1. 钢结构设计图

钢结构设计图应根据钢结构施工工艺、建筑要求进行初步设计，然后制订施工设计方案并进行计算，根据计算结果编制而成。其内容与深度均应为钢结构施工详图的编制提供依据。

钢结构设计图一般较简明，使用的图纸量也比较少，其内容一般包括设计总说明、布置图、构件图、节点图及钢材订货表等。

2. 钢结构施工详图

钢结构施工详图是直接供制造、加工及安装使用的施工用图，是直接根据结构设计图编制的工厂施工及安装详图，有时也含有少量连接、构造等计算。它只对深化设计负责，一般多由钢结构制造厂或施工单位进行编制。

施工详图通常较为详细，使用的图纸量也比较多，其内容主要包括构件安装布置图及构件详图等。

8.2 钢结构施工图的表示方法

8.2.1 图纸的幅面和比例

1. 图纸的尺寸

图纸幅面及图框尺寸应符合表 8-1 的规定及图 8-1～图 8-4 的格式。

表 8-1 幅面及图框尺寸 mm

幅面代号 尺寸代号	A0	A1	A2	A3	A4
$b×l$	841×1 189	594×841	420×594	297×420	210×297
c	10			5	
a	25				

注：表中 b 为幅面短边尺寸，l 为幅面长边尺寸，c 为图框线与幅面线间宽度，a 为图框线与装订边间宽度。

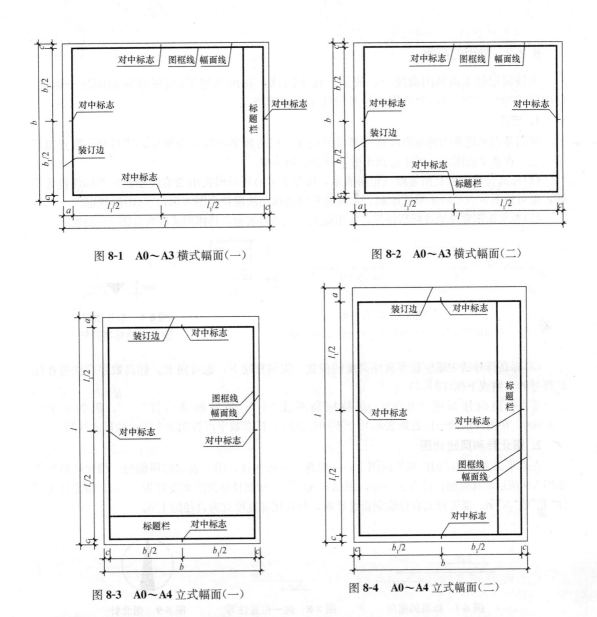

图 8-1　A0～A3 横式幅面(一)　　　　　图 8-2　A0～A3 横式幅面(二)

图 8-3　A0～A4 立式幅面(一)　　　　　图 8-4　A0～A4 立式幅面(二)

2. 图样的比例

图样的比例，应为图形与实物相对应的线性尺寸之比。比例的符号应为"："，比例应以阿拉伯数字表示。绘图所用的比例应根据图样的用途与被绘对象的复杂程度，从表 8-2 中选用，并应优先采用表中常用比例。

表 8-2　绘图所用的比例

常用比例	1∶1、1∶2、1∶5、1∶10、1∶20、1∶30、1∶50、1∶100、1∶150、1∶200、1∶500、1∶1 000、1∶2 000
可用比例	1∶3、1∶4、1∶6、1∶15、1∶25、1∶40、1∶60、1∶80、1∶250、1∶300、1∶400、1∶600、1∶5 000、1∶10 000、1∶20 000、1∶50 000、1∶100 000、1∶200 000

一般情况下，一幅图样应选用一种比例。根据专业制图需要，同一图样可选用两种比例。特殊情况下也可自选比例，这时除应注出绘图比例外，还应在适当位置绘制出相应的比例尺。

8.2.2 常用的符号

为使房屋施工图的图面统一、简洁，便于阅读，我国制定了《房屋建筑制图统一标准》（GB/T 50001—2017），为常用的符号做出了明确的规定。

1. 标高

标高是表示建筑物的地面或某一部位的高度。标高数字应以米为单位，注写到小数点以后第三位。在总平面图中，可注写到小数字点以后第二位。

（1）标高符号应以直角等腰三角形表示，按图 8-5（a）所示形式用细实线绘制，当标注位置不够，也可按图 8-5（b）所示形式绘制。标高符号的具体画法应符合图 8-5（c）、（d）的规定。

（2）总平面图室外地坪标高符号，宜用涂黑的三角形表示，具体画法应符合图 8-6 的规定。

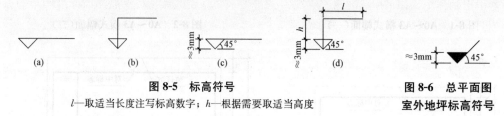

图 8-5 标高符号

图 8-6 总平面图室外地坪标高符号

l—取适当长度注写标高数字；*h*—根据需要取适当高度

（3）标高符号的尖端应指至被注高度的位置。尖端宜向下，也可向上。标高数字应注写在标高符号的上侧或下侧（图 8-7）。

零点标高应注写成 ±0.000，正数标高不注"+"，负数标高应注"—"，例如 3.000、—0.600。在图样的同一位置须表示几个不同标高时，标高数字可按图 8-8 所示的形式注写。

2. 指北针和风玫瑰图

在总平面图及首层的建筑平面图上，一般都绘有指北针，用于表示房屋朝向。指北针的形状如图 8-9 所示，其圆的直径为 24 mm，用细实线绘制；指北针尾部的宽度宜为 3 mm，指北针头部注"北"或"N"字。需要较大直径绘制指北针时，指针尾部宽度宜为直径的 1/8。

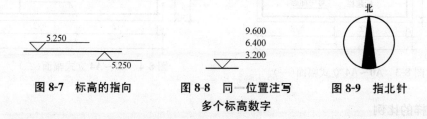

图 8-7 标高的指向　　图 8-8 同一位置注写多个标高数字　　图 8-9 指北针

看总平面图中的指北针，以明确建筑物及构筑物的朝向；有时还要画上风向频率玫瑰图，来表示该地区的常年风向频率。风向频率玫瑰图（简称风玫瑰图）的画法如图 8-10 所示。风玫瑰图用于反映建筑场地范围内常年的主导风向和 6、7、8 三个月的主导风向（用虚线表示），共有 16 个方向。风向是指从外侧刮向中心。刮风次数多的风，在图上离中心远，称为主导风。

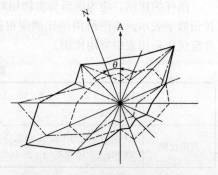

图 8-10 风向频率玫瑰图的画法

3. 符号

（1）剖切符号。剖视的剖切符号应由剖切位置线及剖视方向线组成，均应以粗实线绘制；断面的剖切符号应只用剖切位置线表示，并应以粗实线绘制，长度宜为 6～10 mm；剖面图或断面图，当与被剖切图样不在同一张图内时，应在剖切位置线的另一侧注明其所在图纸的编号，也可以在图上集中说明。

(2)索引符号。图样中的某一局部或构件，如需另见详图，应以索引符号索引[图 8-11(a)]。索引符号是由直径为 8~10 mm 的圆和水平直径组成，圆及水平直径应以细实线绘制。索引符号应按下列规定编写：

1)索引出的详图，如与被索引的详图同在一张图纸内，应在索引符号的上半圆中用阿拉伯数字注明该详图的编号，并在下半圆中间画一段水平细实线[图 8-11(b)]。

2)索引出的详图，如与被索引的详图不在同一张图纸内，应在索引符号的上半圆中用阿拉伯数字注明该详图的编号，在索引符号的下半圆用阿拉伯数字注明该详图所在图纸的编号[图 8-11(c)]。数字较多时，可加文字标注。

3)索引出的详图，如采用标准图，应在索引符号水平直径的延长线上加注该标准图集的编号[图 8-11(d)]。需要标注比例时，文字在索引符号右侧或延长线下方，与符号下对齐。

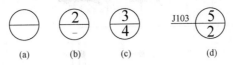

(a)   (b)   (c)   (d)

图 8-11 索引符号

索引符号当用于索引剖视详图时，应在被剖切的部位绘制剖切位置线，并以引出线引出索引符号，引出线所在的一侧应为剖视方向(图 8-12)。

(3)对称符号。对称符号由对称线和两端的两对平行线组成。对称线用细单点长画线绘制；平行线用细实线绘制，其长度宜为 6~10 mm，每对的间距宜为 2~3 mm；对称线垂直平分于两对平行线，两端超出平行线宜为 2~3 mm，如图 8-13 所示。

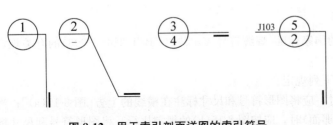

图 8-12 用于索引剖面详图的索引符号

图 8-13 对称符号

(4)连接符号。连接符号应以折断线表示需连接的部位。两部位相距过远时，折断线两端靠图样一侧应标注大写拉丁字母表示连接编号。两个被连接的图样应用相同的字母编号(图 8-14)。

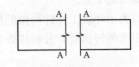

图 8-14 连接符号
A—连接编号

8.3 焊缝与螺栓的表示方法

8.3.1 螺栓、孔、电焊铆钉的表示方法

螺栓、孔、电焊铆钉的表示方法应符合表 8-3 中的规定。

表 8-3　螺栓、孔、电焊铆钉的表示方法

序号	名　称	图　例	说　明
1	永久螺栓		
2	高强度螺栓		
3	安装螺栓		1. 细"+"线表示定位线； 2. M 表示螺栓型号； 3. ϕ 表示螺栓孔直径； 4. d 表示膨胀螺栓、电焊铆钉直径； 5. 采用引出线标注螺栓时，横线上标注螺栓规格，横线下标注螺栓孔直径
4	膨胀螺栓		
5	圆形螺栓孔		
6	长圆形螺栓孔		
7	电焊铆钉		

8.3.2　常用焊缝的表示方法

焊接钢构件的焊缝除应按现行的国家标准《焊缝符号表示法》(GB/T 324—2008)的有关规定执行外，还应符合下列各项规定：

(1)单面焊缝的标注方法应符合下列规定：

1)当箭头指向焊缝所在的一面时，应将图形符号和尺寸标注在横线的上方[图 8-15(a)]；当箭头指向焊缝所在另一面(相对应的那面)时，应按图 8-15(b)的规定执行，将图形符号和尺寸标注在横线的下方。

2)表示环绕工作件周围的焊缝时，应按图 8-15(c)的规定执行，其围焊焊缝符号为圆圈，绘在引出线的转折处，并标注焊角尺寸 K。

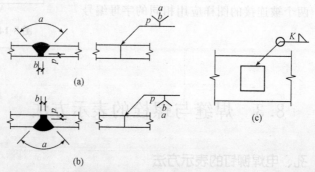

图 8-15　单面焊缝的标注方法

（2）双面焊缝的标注，应在横线的上、下都标注符号和尺寸。上方表示箭头一面的符号和尺寸，下方表示另一面的符号和尺寸[图 8-16(a)]；当两面的焊缝尺寸相同时，只须在横线上方标注焊缝的符号和尺寸[图 8-16(b)、(c)、(d)]。

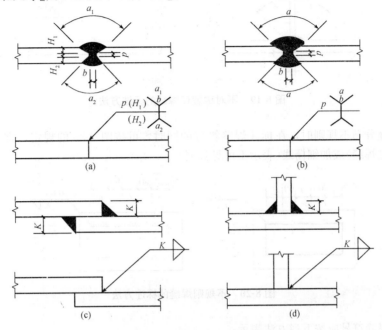

图 8-16　双面焊缝的标注方法

（3）三个和三个以上的焊件相互焊接的焊缝，不得作为双面焊缝标注。其焊缝符号和尺寸应分别标注(图 8-17)。

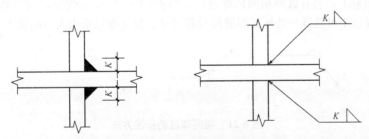

图 8-17　三个及以上焊件的焊缝标注方法

（4）在相互焊接的两个焊件中，当只有一个焊件带坡口时(如单面 V 形)，引出线箭头必须指向带坡口的焊件(图 8-18)。

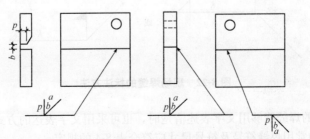

图 8-18　一个焊件带坡口的焊缝标注方法

(5)相互焊接的两个焊件，当为单面带双边不对称坡口焊缝时，应按图 8-19 的规定，引出线箭头应指向较大坡口的焊件。

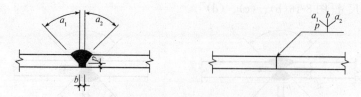

图 8-19　不对称坡口焊缝的标注方法

(6)当焊缝分布不规则时，在标注焊缝符号的同时，可按图 8-20 的规定，宜在焊缝处加中实线(表示可见焊缝)或加细栅线(表示不可见焊缝)。

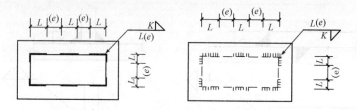

图 8-20　不规则焊缝的标注方法

(7)相同焊缝符号应按下列方法表示：

1)在同一图形上，当焊缝形式、断面尺寸和辅助要求均相同时，应按图 8-21(a)的规定，可只选择一处标注焊缝的符号和尺寸，并加注"相同焊缝符号"，相同焊缝符号为 3/4 圆弧，绘在引出线的转折处。

2)在同一图形上，当有数种相同的焊缝时，宜按图 8-21(b)的规定，可将焊缝分类编号标注。在同一类焊缝中可选择一处标注焊缝符号和尺寸。分类编号采用大写的拉丁字母 A、B、C。

图 8-21　相同焊缝的标注方法

(8)需要在施工现场进行焊接的焊件焊缝，应按图 8-22 的规定标注"现场焊缝"符号。现场焊缝符号为涂黑的三角形旗号，绘在引出线的转折处。

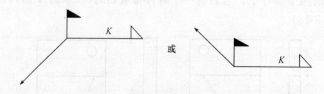

图 8-22　现场焊缝的标注方法

(9)当需要标注的焊缝能够用文字表述清楚时，也可采用文字表达的方式。

(10)建筑钢结构常用焊缝符号及符号尺寸应符合表 8-4 的规定。

表 8-4　建筑钢结构常用焊缝符号及符号尺寸

序号	焊缝名称	形　式	标注法	符号尺寸/mm
1	I 形焊缝			
2	单边 V 形焊缝		注：箭头指向剖口	
3	带钝边 单边 V 形焊缝			
4	带垫板 带钝边 单边 V 形焊缝		注：箭头指向剖口	
5	带垫板 V 形焊缝			
6	Y 形焊缝			
7	带垫板 Y 形焊缝			—
8	双单边 V 形焊缝			—

序号	焊缝名称	形 式	标注法	符号尺寸/mm
9	双V形焊缝			—
10	带钝边U形焊缝			
11	带钝边双U形焊缝			—
12	带钝边J形焊缝			
13	带钝边双J形焊缝			—
14	角焊缝			
15	双面角焊缝			—
16	剖口角焊缝			
17	喇叭形焊缝			

序号	焊缝名称	形 式	标注法	符号尺寸/mm
18	双面半喇叭形焊缝			
19	塞焊缝			

8.3.3 尺寸标注

(1)两个构件的两条很近的重心线，应按图8-23的规定在交汇处将其各自向外错开。

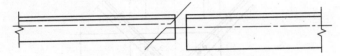

图 8-23 两构件重心不重合的表示方法

(2)弯曲构件的尺寸应按图8-24的规定沿其弧度的曲线标注弧的轴线长度。

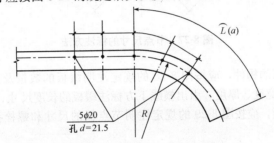

图 8-24 弯曲构件尺寸的标注方法

(3)切割的板材，应按图8-25的规定标注各线段的长度及位置。

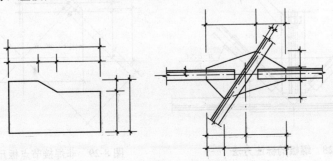

图 8-25 切割板材尺寸的标注方法

(4)不等边角钢的构件，应按图 8-26 的规定标注出角钢一肢的尺寸。

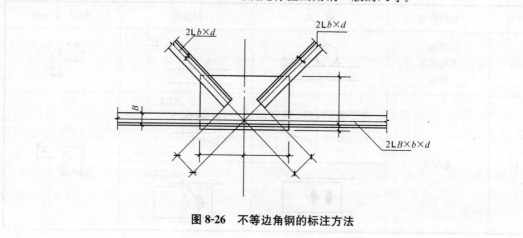

图 8-26　不等边角钢的标注方法

(5)节点尺寸，应按图 8-27 的规定，注明节点板的尺寸和各杆件螺栓孔中心或中心距，以及杆件端部至几何中心线交点的距离。

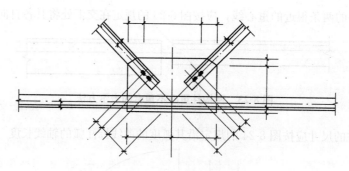

图 8-27　节点尺寸的标注方法

(6)双型钢组合截面的构件，应按图 8-28 的规定注明缀板的数量及尺寸。引出横线上方标注缀板的数量及缀板的宽度、厚度，引出横线下方标注缀板的长度尺寸。

(7)非焊接的节点板，应按图 8-29 的规定注明节点板的尺寸和螺栓孔中心与几何中心线交点的距离。

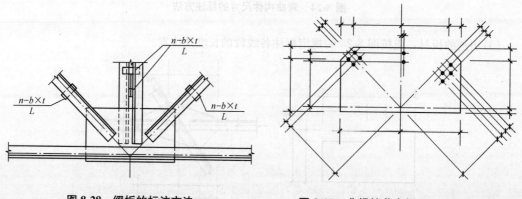

图 8-28　缀板的标注方法　　　　**图 8-29　非焊接节点板尺寸的标注方法**

8.4 钢结构节点设计详图的识读

8.4.1 节点设计的要求

在钢结构中，节点起着连接汇交杆件、传递荷载的作用，所以，节点的设计是钢结构设计中的重要环节之一。合理的节点设计对钢结构的安全度、制作安装、工程进度、用钢量指标以及工程造价都有直接的影响。节点的设计应满足下列几点要求：

(1)受力合理、传力明确，务必使节点构造与所采用的计算假定尽量符合，使节点安全可靠；

(2)保证汇交杆件交于一点，不产生附加弯矩；

(3)构造简单，制作简便，安装方便；

(4)耗钢量少，造价低廉，造型美观。

8.4.2 节点设计详图

连接节点的设计是钢结构设计中重要的内容之一。在结构分析前，就应该对节点的形式有充分思考与确定。常常出现的一种情况是，最终设计的节点与结构分析模型中使用的形式不完全一致，必须避免这种情况的出现。

1. 梁柱节点连接详图

梁柱连接按转动刚度不同分为刚性、半刚性和铰接三类。图 8-30 为梁柱连接的节点详图。在此连接详图中，梁柱连接采用螺栓和焊缝的混合连接，梁翼缘与柱翼缘为坡口对接焊缝，为保证焊透，施焊时梁翼缘下面须设小衬板，衬板反面与柱翼缘相接处宜用角焊缝补焊。梁腹板与柱翼缘用螺栓与剪切板相连接，剪切板与柱翼缘采用双面角焊缝，此连接节点为刚性连接。

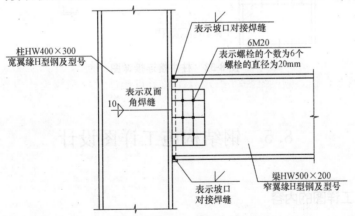

图 8-30 梁柱刚性连接节点详图

2. 梁拼接详图

图 8-31 为梁拼接连接详图。从图中可以看出，两段梁拼接采用螺栓和焊缝混合连接，梁翼缘为坡口对接焊缝连接，腹板采用两侧双盖板高强度螺栓连接，此连接为刚性连接。

3. 柱拼接详图

图 8-32 为柱拼接连接详图。在此详图中，可知此钢柱为等截面拼接，拼接板均采用双盖板

连接，螺栓为高强度螺栓。作为柱构件，在节点处要求能够传递弯矩、剪力和轴力，柱连接必须为刚性连接。

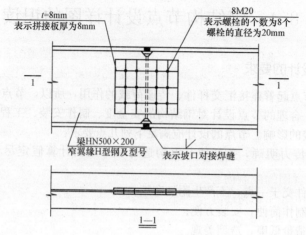

图 8-31 梁拼接连接详图

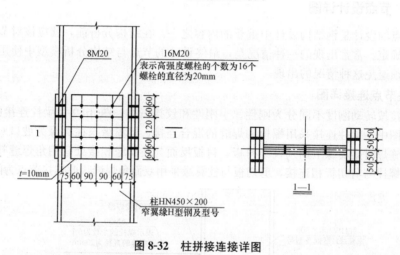

图 8-32 柱拼接连接详图

8.5 钢结构施工详图设计

8.5.1 施工详图的内容

8.5.1.1 施工详图的设计内容

施工详图设计包括详图设计构造计算与图纸绘制两部分。

1. 详图设计构造计算

由于钢结构设计图一般只绘出构件布置、构件截面与内力及主要节点构造，故在详图设计中还需补充部分构造设计与连接计算。详图设计构造计算一般包括以下内容：

（1）构造设计：桁架、支撑等节点设计与放样，桁架或大跨实腹梁起拱构造与设计，梁支座加肋或纵横加劲肋构造设计，构件运送单元横隔设计，组合截面构件缀板、填板布置、构造，板件、构件变截面构造设计，螺栓群或焊缝群的布置与构造，拼接、焊接坡口及构造切槽构造，张紧可调圆钢支撑构造，隔撑、弹簧板、椭圆孔、板铰、滚轴支座、橡胶支座、抗剪键、托座、连接板、刨边及人孔、手孔等细部构造，施工施拧最小空间构造，现场组装的定位、夹具耳板等设计。

（2）连接计算：一般连接节点的焊缝长度与螺栓数量计算；小型拼接计算；材料或构件焊接变形调整余量及加工余量计算；起拱拱度、高强度螺栓连接长度、材料量及几何尺寸与相贯线等计算。

2. 图纸绘制

钢结构施工详图一般应按构件系统（如屋盖结构、刚架结构、起重机梁、工作平台等）分别绘制各系统的布置图（含必要的节点详图）、施工设计总说明、构件详图（一般含材料表）。

8.5.1.2　施工详图的编制内容

施工详图的编制内容主要包括以下几项：

（1）图纸目录。视工程规模的大小，可以按子项工程或以结构系统为单位编制。

（2）钢结构设计总说明。应根据设计图总说明编写，内容一般应有设计依据、设计荷载、工程概况和对钢材的钢号、性能要求、焊条型号和焊接方法、质量要求等；图中未注明的焊缝和螺栓孔尺寸要求、高强度螺栓摩擦面抗滑移系数、预应力、构件加工、预装、除锈与涂装等的施工要求及注意事项以及图中未能表达清楚的一些内容，都应在总说明中加以说明。

（3）结构布置图。以钢结构设计图为依据，分别以同一类构件系统（如屋盖系统、刚架系统、吊车梁系统、平台等）为绘制对象，绘制本系统的平面布置和剖面布置（一般有横向剖面和纵向剖面），并对所有的构件编号；布置图尺寸应注明各构件的定位尺寸、轴线关系、标高等，布置图中一般附有构件表、设计总说明等。结构布置图主要供现场安装用。

（4）构件详图。依据设计图及布置图中的构件编号编制，主要供构件加工厂加工并组装构件用，也是构件出厂运输的构件单元图，绘制时应按主要表示面绘制每一构件的图形零配件及组装关系，并对每一构件中的零件编号，编制各构件的材料表和本图构件的加工说明等。绘制桁架式构件时，应放大图样确定杆件端部尺寸和节点板尺寸。

（5）安装节点详图。施工详图中一般不再绘制安装节点详图，仅当构件详图无法清楚表示构件相互连接处的构造关系时，可绘制相关的节点图。

8.5.2　钢结构施工详图的绘制方法

结构施工详图是工程师的语言，体现了设计者的设计意图，施工详图的绘制要求图面清楚整洁，标注齐全，构造合理，符合国家制图标准及行业规范，能很好地表达设计意图，并与设计计算书一致。

钢结构施工详图图面、图形所用的图线、字体、比例、符号、定位轴线、图样画法、尺寸标注及常用建筑材料图例等均按照现行国家标准《房屋建筑制图统一标准》（GB/T 50001—2017）、《建筑结构制图标准》（GB/T 50105—2010）、《焊缝符号表示法》（GB/T 324—2008）和《技术制图　焊缝符号的尺寸、比例及简化表示法》（GB/T 12212—2012）等的有关规定采用。

钢结构施工详图的绘制应遵守以上的基本规定，并参照以下基本方法进行。

8.5.2.1　布置图的绘制方法

绘制结构的平面、立面布置图，构件以粗单线或简单外形图表示，并在其旁侧注明标号，对规律布置的较多同号构件，也可以指引线统一注明标号。

1. 平面布置图绘制规定

（1）梁柱在平面布置图中应按不同的结构层（标准层），采用适当比例绘制。

（2）平面布置图中应有一个基准标高，该标高为结构层标高减去楼板厚度，即大多数钢梁的梁顶标高。如有个别升板或降板的情况，应在相关的钢梁处注明与基准标高的差值。具体注写见图8-33。

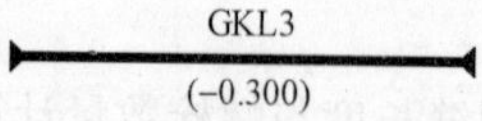

GKL3
(−0.300)

图 8-33 降标高的钢梁注写

注：括号内的数字表示的是钢梁与基准标高的差值，正值表示高于基准标高的数值；负值表示低于基准标高的数值。

假定钢梁所在层的基准标高为 **6.500 m**，则该钢梁标高为 **6.500−0.300＝6.200（m）**

（3）未作定位标注的钢梁、钢柱，均为轴线居中布置。

（4）平面布置图中，梁可以采用单线条表示，也可以根据实际需要采用钢梁的俯视图表示。

（5）在平面布置图中，节点的注写要能充分反映钢柱与各方向钢梁连接的情况。

（6）平面布置图中的构件编号宜按从左到右、从下到上的顺序编写序号。

2. 立面布置图绘制规定

（1）当结构中布置有支撑或平面布置不足以清楚表达特殊构件布置时，应在平面布置图的基础上，增加立面布置图。立面图应包含柱、梁、支撑和节点等内容。

（2）立面图可挑选布置有支撑或有特殊结构布置的轴网进行投影，并采用适当比例绘制。

（3）立面图中应标明各梁的梁顶标高，可以标注柱变截面处或拼接处的标高。

（4）未作定位标注的梁、柱和支撑均轴线居中布置，其中未作说明的支撑强轴在框架平面内。

（5）立面图中各构件可以采用单线条表示，当单线条表示不清时，也可以采用双线条表示。

（6）当立面图主要是为了表示支撑位置时，应给此立面图编号，如"GKC3"等，并在平面图中注写出来。

（7）钢柱宜采用柱图或柱表的方式，清楚表达柱子变截面或接长处的位置。

8.5.2.2 构件图的绘制方法

（1）构件图以粗实线绘制。构件详图应按布置图上的构件编号按类别依次绘制而成，不应前后颠倒，随意画。绘制内容应包括：构件本身的定位尺寸、几何尺寸；标注所有组成构件的零件间的相互定位尺寸、连接关系；标注所有零件间的连接焊缝符号及零件上的孔、洞及其相互关系尺寸；标注零件的切口、切槽、裁切的大样尺寸；构件上零件编号及材料表；有关本图构件制作的说明（如相关布置图号、制孔要求、焊缝要求等）。所绘构件主要投影面的位置应与布置图相一致，水平构件，水平绘制；垂直构件，垂直绘制；斜向构件，倾斜绘制。

（2）构件图形一般应选用合适的比例绘制，常采用的比例有1∶20、1∶15、1∶50等（构件的几何图形采用1∶20～1∶25，构件截面和零件采用1∶10～1∶15，零件详图采用1∶5）。对于较长、较高的构件，其长度、高度与截面尺寸可以用不同的比例表示。

（3）构件中每一零件均应编零件号，编号应尽量先编主要零件（如弦材、翼缘板、腹板等）再编次要、较小构件，相反零件可用相同编号，但在材料表内的正反栏内注明。材料表中应注明零件规格、数量、重量及制作要求等，对焊接构件宜在材料表中附加构件重量1.5％的焊缝重量。

（4）一般尺寸注法宜分别标注构件控制尺寸、各零件相关尺寸，对斜尺寸应注明其斜度；当构件为多弧形构件时，应分别标明每一弧形尺寸的相对应的曲率半径。

（5）构件详图中，对较复杂的零件，在各个投影面上均不能表示其细部尺寸时，应绘制该零件的大样图，或绘制展开图来标明细部的加工尺寸及符号。

(6)构件间以节点板相连时，应在节点板连接孔中心线上注明斜度及相连的构件号。

(7)一般情况下，一个构件应单独画在一张图纸上，只在特殊情况下才允许画在两张或两张以上的图纸上，此时每张图纸应在所绘该构件一段的两端，画出相互联系尺寸的移植线，并在其侧注明相接的图号。

➤ 本章小结

建筑施工图是由总平面图、建筑平面图、建筑立面图、建筑剖面图以及建筑详图等内容组成的，是房屋工程施工图中具有全局性地位的图纸，反映房屋的平面形状、功能布局、外观特征、各项尺寸和构造做法等。在建筑钢结构中，钢结构施工图一般可分为钢结构设计图和钢结构施工详图两种。

➤ 思考与练习

1. 建筑工程施工图可分为哪几个部分？
2. 钢结构施工图有哪些内容？
3. 索引出的详图，如与被索引的详图同在一张图纸内，应如何编号？
4. 钢结构节点设计有何要求？
5. 钢结构施工详图包括哪些内容？
6. 钢结构平面布置图绘制有何要求？

附　录

附录 A　常用建筑结构体系

A.1　单层钢结构

A.1.1　单层钢结构可采用框架、支撑结构。厂房主要由横向、纵向抗侧力体系组成，其中横向抗侧力体系可采用框（排）架结构，纵向抗侧力体系宜采用中心支撑体系，也可采用框架结构。

A.1.2　同一结构单元中，宜采用同一种结构形式。当不同结构形式混合采用时，应充分考虑荷载、位移和强度的不均衡对结构的影响。

A.1.3　在每个结构单元中，应设置能独立构成空间稳定结构的支撑体系。

A.1.4　柱间支撑的间距应根据建筑的纵向柱距、受力情况和安装条件确定。当房屋高度相对于柱间距较大时，柱间支撑宜分层设置。

A.1.5　采用混凝土有檩屋盖、混凝土无檩屋盖或轻型屋盖时，屋面板、檩条和屋盖承重结构之间应有可靠连接，并应设置完整的屋面支撑系统。

A.2 多高层钢结构

A.2.1 按抗侧力结构的特点，多、高层钢结构常用的结构体系见表 A.2.1。

表 A.2.1　多、高层钢结构常用体系

结构体系		支撑、墙体和筒形式	抗侧力体系类别
框架			单一
支撑结构	中心支撑	普通钢支撑，防屈曲支撑	单一
框架-支撑	中心支撑	普通钢支撑，防屈曲支撑	单一或双重
	偏心支撑	普通钢支撑	单一或双重
框架-前力墙板		钢板墙，延性墙板	单一或双重
筒体结构	筒体	普通桁架筒	单一
	框架-筒体	密柱深梁筒	单一或双重
	筒中筒	斜交网格筒	双重
	束筒	剪力墙板筒	双重
巨型结构	巨型框架		单一
	巨型框架-支撑		单一或双重
	巨型支撑		单一或双重

注：1. 单一抗侧力体系是指结构体系仅有一道抗侧力防线，或有两道抗侧力防线但其中第二道防线的水平承载力低于总水平剪力的 25%；双重抗侧力体系是指结构体系有两道抗侧力防线，其中第二道防线的水平承载力不低于总水平剪力的 25%。

2. 因刚度需要，高层建筑钢结构可设置外伸臂桁架和周边桁架，外伸臂桁架设置处宜同时有周边桁架，外伸臂桁架应贯穿整个楼层，伸臂桁架的尺度要与相连构件尺度相协调。

A.2.2　结构布置应符合下列原则：

1　建筑平面宜简单、规则，结构平面布置宜对称，水平荷载的合力作用线宜接近抗侧力结构的刚度中心；高层钢结构两个主轴方向动力特性宜相近。

2　结构竖向体形宜规则、均匀，结构竖向布置宜使侧向刚度和受剪承载力沿竖向宜均匀变化。

3　采用框架结构体系时，高层建筑不应采用单跨结构，多层建筑不宜采用单跨结构。

4　高层钢结构宜选用风压较小的平面形状和横风向振动效应较小的建筑体型，并应考虑相邻高层建筑对风荷载的影响。

5　支撑布置平面上宜均匀、分散，沿竖向宜连续布置，不连续时应适当增加错开支撑及错开支撑之间的上、下楼层水平刚度；设置地下室时，支撑应延伸至基础。

A.2.3　高层钢结构的舒适度，按十年重现期风荷载下的顺风向和横风向建筑物顶点的最大加速度计算值限值为：

公寓、住宅　　　0.20 m/s²

旅馆、办公楼　　0.28 m/s²

A.3　大跨度钢结构

A.3.1　大跨度钢结构是指跨度等于或大于 60 m 的屋盖结构，大跨度钢结构体系可按表 A.3.1 分类。

表 A.3.1　大跨度钢结构体系分类

体系分类	常见形式
以整体受弯为主的结构	平面桁架、立体桁架、空腹桁架、空腹桁架、网架、组合网架以及与钢索组合形成的各种预应力钢结构
以整体受压为主的结构	实腹钢拱、平面或立体桁架形式的拱形结构、网壳、组合网壳以及与钢索组合形成的各种预应力钢结构
以整体受拉为主的结构	悬索结构、索桁架结构、索穹顶等

A.3.2　大跨度钢结构的设计原则应符合下列要求：

1　大跨度钢结构的设计应结合工程的平面形状、体型、跨度、支承情况、荷载大小、建筑功能综合分析确定，结构布置和支承形式应保证结构具有合理的传力途径和整体稳定性。平面结构应设置平面外的支撑体系。

2　大跨度空间钢结构在各种荷载工况下应满足承载力和刚度要求。预应力大跨度钢结构应进行结构张拉形态分析，确定索或拉杆的预应力分布，并保证在各种工况下索力大于零。

3　对以受压为主的拱形结构、单层网壳以及跨度较大的双层网壳应进行非线性稳定分析。

4　地震区的大跨度钢结构，应按抗震规范考虑水平及竖向地震作用效应。对于大跨度钢结构楼盖，应按使用功能满足相应的舒适度要求。

5　应对施工过程复杂的大跨度钢结构或复杂的预应力大跨钢结构进行施工过程分析。

6　杆件截面的最小尺寸应根据结构的重要性、跨度、网格大小按计算确定，普通型钢不宜小于∟50×3，钢管不宜小于φ48×3。对大、中跨度的结构，钢管不宜小于φ60×3.5。

附录 B　结构或构件的变形允许值

B.1　受弯构件的挠度容许值

B.1.1　吊车梁、楼盖梁、屋盖梁、工作平台梁以及墙架构件的挠度不宜超过表 B.1.1 所列的容许值。

表 B.1.1 受弯构件的挠度容许值

项次	构件类别	挠度容许值	
		$[v_T]$	$[v_Q]$
1	吊车梁和吊车桁架(按自重和起重量最大的一台吊车计算挠度)		—
	手动起重机和单梁起重机(含悬挂起重机)	$l/500$	
	轻级工作制桥式起重机	$l/800$	
	中级工作制桥式起重机	$l/1\ 000$	
	重级工作制桥式起重机	$l/1\ 200$	
2	手动或电动葫芦的轨道梁	$l/400$	—
3	有重轨(重量等于或大于 38 kg/m)轨道的工作平台梁	$l/600$	—
	有轻轨(重量等于或小于 24 kg/m)轨道的工作平台梁	$l/400$	
4	楼(屋)盖梁或桁架、工作平台梁(第3项除外)和平台板		
	主梁或桁架(包括没有悬挂起重设备的梁和桁架)	$l/400$	$l/500$
	仅支承压型金属板屋面和冷弯型钢檩条	$l/180$	
	除支承压型金属板屋面和冷弯型檩条外,尚有吊顶	$l/240$	
	抹灰顶棚的次梁	$l/250$	$l/350$
	除(1)、(2)款外的其他梁(包括楼梯梁)	$l/250$	$l/300$
	屋盖檩条		
	支承压型金属板、无积灰的瓦楞铁和石棉瓦屋面者	$l/150$	—
	支承有积灰的瓦楞铁和石棉瓦等屋面者	$l/200$	—
	支承其他屋面材料者	$l/200$	—
		$l/240$	
	平台板	$l/150$	
5	墙架构件(风荷载不考虑阵风系数)		
	支柱	—	$l/400$
	抗风桁架(作为连续支柱的支承时)	—	$l/1\ 000$
	砌体墙的横梁(水平方向)	—	$l/300$
	支承压型金属板的横梁(水平方向)	—	$l/100$
	支承瓦楞铁和石棉瓦墙面的横梁(水平方向)	—	$l/200$
	带有玻璃窗的横梁(竖直和水平方向)	$l/200$	$l/200$

注：1. l 为受弯构件的跨度(对悬臂梁和伸臂梁为悬臂长度的 2 倍)。
　　2. $[v_T]$ 为永久和可变荷载标准值产生的挠度(如有起拱应减去拱度)的容许值；$[v_Q]$ 为可变荷载标准值产生的挠度的容许值。
　　3. 当吊车梁或吊车桁架跨度大于 12 m 时,其挠度容许值 $[v_T]$ 应乘以 0.9 的系数。

B.1.2　冶金厂房或类似车间中设有工作级别为 A7、A8 级起重机的车间,其跨间每侧吊车梁或吊车桁架的制动结构,由一台最大起重机横向水平荷载(按荷载规范取值)所产生的挠度不宜超过制动结构跨度的 1/2 200。

B.2　结构的位移容许值

B.2.1　单层钢结构柱顶水平位移限值

1. 在风荷载标准值作用下，单层钢结构柱顶水平位移不宜超过表 B.2.1-1 的数值。

表 B.2.1-1　风荷载标准值作用下柱顶水平位移(计算值)容许值

结构体系	吊车情况		柱顶水平位移
排架、框架	无桥式吊车		H/150
	有桥式吊车		H/400
门式刚架	无吊车	当采用轻型钢墙板时	H/60
		当采用砌体墙时	H/100
	有桥式吊车	当吊车有驾驶室时	H/400
		当吊车由地面操作时	H/180

注：1. H 为柱高度。
　　2. 轻型框架结构的柱顶水平位移可适当放宽。

2. 在冶金厂房或类似车间中设有 A7、A8 级吊车的厂房柱和设有中级和重级工作制吊车的露天栈桥柱，在吊车梁或吊车桁架的顶面标高处，由一台最大吊车水平荷载(按荷载规范取值)所产生的计算变形值，不宜超过表 B.2.1-2 所列的容许值。

表 B.2.1-2　吊车水平荷载作用下柱顶水平位移(计算值)容许值

项次	位移的种类	按平面结构图形计算	按空间结构图形计算
1	厂房柱的横向位移	$H_c/1\,250$	$H_c/2\,000$
2	露天栈桥柱的横向位移	$H_c/2\,500$	
3	厂房和露天栈桥柱的纵向位移	$H_c/4\,000$	

注：1. H_c 为基础顶面至吊车梁或吊车桁架的顶面的高度。
　　2. 计算厂房或露天栈桥柱的纵向位移时，可假定吊车的纵向水平制动力分配在温度区段内所有的柱间支撑或纵向框架上。
　　3. 在设有 A8 级吊车的厂房中，厂房柱的水平位移(计算值)容许值宜减小 10%。
　　4. 在设有 A6 级吊车的厂房柱的纵向位移宜符合表中的要求。

B.2.2　多层钢结构层间位移角限值

在风荷载标准值作用下，多层钢结构的层间位移角不宜超过表 B.2.2 的数值。

表 B.2.2　层间位移角容许值

结构体系			层间位移角
框架、框架-支撑			1/250
框-排架	侧向框-排架		1/250
	竖向框-排架	排架	1/150
		框架	1/250

注：1. 有桥式吊车时，层间位移角不宜超过 1/400。
　　2. 对室内装修要求较高的建筑，层间位移角宜适当减小；无墙壁的建筑，层间位移角可适当放宽。
　　3. 轻型钢结构的层间位移角可适当放宽。

B.2.3 高层钢结构层间位移角限值

高层建筑钢结构在风荷载和多遇地震作用下，首层的质心处弹性层间位移角不宜超过1/1 000，其他层的弹性层间位移角不宜超过表 B.2.3 的数值：

表 B.2.3 层间位移角容许值

脆性非结构构件与主体结构刚性连接时	延性非结构构件与主体结构刚性连接时	当延性非结构构件与主体结构柔性连接时
1/300	1/250	1/200

B.2.4 大跨度钢结构位移限值

在永久荷载与可变荷载的标准组合下，结构的最大挠度值不宜超过表 B.2.4-1 中的容许挠度值。

在重力荷载代表值与多遇竖向地震作用标准值下的组合最大挠度值不宜超过表 B.2.4-2 的限值。

表 B.2.4-1 非抗震组合时大跨度钢结构容许挠度值

结构类型		跨中区域	悬挑结构
受弯为主的结构	桁架、网架、斜拉结构、张弦结构等	$L/250$（屋盖） $L/300$（楼盖）	$L/125$（屋盖） $L/150$（楼盖）
受压为主的结构	双层网壳	$L/250$	$L/125$
	拱架、单层网壳	$L/400$	—
受拉为主的结构	单屋单索屋盖	$L/200$	
	单层索网、双层索系以及横向加劲索系的屋盖、索穹顶屋盖	$L/250$	

注：1. 表中 L 为短向跨度或者悬挑跨度。

2. 网架与桁架可预先起拱，起拱值可取不大于短向跨度的 1/300。当仅为改善外观条件时，结构挠度可取永久荷载与可变荷载标准值作用下的挠度计算值减去起拱值，但结构在可变荷载下的挠度不宜大于结构跨度的 1/400。

3. 对于设有悬挂起重设备的屋盖结构，其最大挠度值不宜大于结构跨度的 1/400，在可变荷载下的挠度不宜大于结构跨度的 1/500。（在现行规范中，设有悬挂起重设备的常规屋盖结构挠度控制值同此，对大跨度屋盖结构，其最大挠度值不宜大于结构跨度的 1/500，在可变荷载下的挠度不宜大于结构跨度的 1/600。）

4. 索网结构的挠度为预应力之后的挠度。

表 B.2.4-2 地震作用组合时大跨度钢结构容许挠度值

结构类型		跨中区域	悬挑结构
受弯为主的结构	桁架、网架、斜拉结构、张弦结构等	$L/250$（屋盖） $L/300$（楼盖）	$L/125$（屋盖） $L/150$（楼盖）
受压为主的结构	双层网壳、弦支穹顶 拱架、单层网壳	$L/300$ $L/400$	$L/150$ —

注：表中 L 为短向跨度或者悬挑跨度。

B.3 稳定系数

表 B.3.1　a 类截面轴心受压构件的稳定系数 φ

$\lambda\sqrt{\dfrac{f_y}{235}}$	0	1	2	3	4	5	6	7	8	9
0	1.000	1.000	1.000	1.000	0.999	0.999	0.998	0.998	0.997	0.996
10	0.995	0.994	0.993	0.992	0.991	0.989	0.988	0.986	0.985	0.983
20	0.981	0.979	0.977	0.976	0.974	0.972	0.970	0.968	0.966	0.964
30	0.963	0.961	0.959	0.957	0.955	0.952	0.950	0.948	0.946	0.944
40	0.941	0.939	0.937	0.934	0.932	0.929	0.927	0.924	0.921	0.919
50	0.916	0.913	0.910	0.907	0.904	0.900	0.897	0.894	0.890	0.886
60	0.883	0.879	0.875	0.871	0.867	0.863	0.858	0.854	0.849	0.844
70	0.839	0.834	0.829	0.824	0.818	0.813	0.807	0.801	0.795	0.789
80	0.783	0.776	0.770	0.763	0.757	0.750	0.743	0.736	0.728	0.721
90	0.714	0.706	0.699	0.691	0.684	0.676	0.668	0.661	0.653	0.645
100	0.638	0.630	0.622	0.615	0.607	0.600	0.592	0.585	0.577	0.570
110	0.563	0.555	0.548	0.541	0.534	0.527	0.520	0.514	0.507	0.500
120	0.494	0.488	0.481	0.475	0.469	0.463	0.457	0.451	0.445	0.440
130	0.434	0.429	0.423	0.418	0.412	0.407	0.402	0.397	0.392	0.387
140	0.383	0.378	0.373	0.369	0.364	0.360	0.356	0.351	0.347	0.343
150	0.339	0.335	0.331	0.327	0.323	0.320	0.316	0.312	0.309	0.305
160	0.302	0.298	0.295	0.292	0.289	0.285	0.282	0.279	0.276	0.273
170	0.270	0.267	0.264	0.262	0.259	0.256	0.253	0.251	0.248	0.246
180	0.243	0.241	0.238	0.236	0.233	0.231	0.229	0.226	0.224	0.222
190	0.220	0.218	0.215	0.213	0.211	0.209	0.207	0.205	0.203	0.201
200	0.199	0.198	0.196	0.194	0.192	0.190	0.189	0.187	0.185	0.183
210	0.182	0.180	0.179	0.177	0.175	0.174	0.172	0.171	0.169	0.168
220	0.166	0.165	0.164	0.162	0.161	0.159	0.158	0.157	0.155	0.154
230	0.153	0.152	0.150	0.149	0.148	0.147	0.146	0.144	0.143	0.142
240	0.141	0.140	0.139	0.138	0.136	0.135	0.134	0.133	0.132	0.131
250	0.130	—	—	—	—	—	—	—	—	—

注：见表 B.3.4 注。

表 B.3.2　b 类截面轴心受压构件的稳定系数 φ

$\lambda\sqrt{\dfrac{f_y}{235}}$	0	1	2	3	4	5	6	7	8	9
0	1.000	1.000	1.000	0.999	0.999	0.998	0.997	0.996	0.995	0.994
10	0.992	0.991	0.989	0.987	0.985	0.983	0.981	0.978	0.976	0.973
20	0.970	0.967	0.963	0.960	0.957	0.953	0.950	0.946	0.943	0.939
30	0.936	0.932	0.929	0.925	0.922	0.918	0.914	0.910	0.906	0.903
40	0.899	0.895	0.891	0.887	0.882	0.878	0.874	0.870	0.865	0.861
50	0.856	0.852	0.847	0.842	0.838	0.833	0.828	0.823	0.818	0.813
60	0.807	0.802	0.797	0.791	0.786	0.780	0.774	0.769	0.763	0.757
70	0.751	0.745	0.739	0.732	0.726	0.720	0.714	0.707	0.701	0.694
80	0.688	0.681	0.675	0.668	0.661	0.655	0.648	0.641	0.635	0.628
90	0.621	0.614	0.608	0.601	0.594	0.588	0.581	0.575	0.568	0.561
100	0.555	0.549	0.542	0.536	0.529	0.523	0.517	0.511	0.505	0.499

$\lambda\sqrt{\dfrac{f_y}{235}}$	0	1	2	3	4	5	6	7	8	9
110	0.493	0.487	0.481	0.475	0.470	0.464	0.458	0.453	0.447	0.442
120	0.437	0.432	0.426	0.421	0.416	0.411	0.406	0.402	0.397	0.392
130	0.387	0.383	0.378	0.374	0.370	0.365	0.361	0.357	0.353	0.349
140	0.345	0.341	0.337	0.333	0.329	0.326	0.322	0.318	0.315	0.311
150	0.308	0.304	0.301	0.298	0.295	0.291	0.288	0.285	0.282	0.279
160	0.276	0.273	0.270	0.267	0.265	0.262	0.259	0.256	0.254	0.251
170	0.249	0.246	0.244	0.241	0.239	0.236	0.234	0.232	0.229	0.227
180	0.225	0.223	0.220	0.218	0.216	0.214	0.212	0.210	0.208	0.206
190	0.204	0.202	0.200	0.198	0.197	0.195	0.193	0.191	0.190	0.188
200	0.186	0.184	0.183	0.181	0.180	0.178	0.176	0.175	0.173	0.172
210	0.170	0.169	0.167	0.166	0.165	0.163	0.162	0.160	0.159	0.158
220	0.156	0.155	0.154	0.153	0.151	0.150	0.149	0.148	0.146	0.145
230	0.144	0.143	0.142	0.141	0.140	0.138	0.137	0.136	0.135	0.134
240	0.133	0.132	0.131	0.130	0.129	0.128	0.127	0.126	0.125	0.124
250	0.123	—	—	—	—	—	—	—	—	—

注：见表 B.3.4 注。

表 B.3.3　c 类截面轴心受压构件的稳定系数 φ

$\lambda\sqrt{\dfrac{f_y}{235}}$	0	1	2	3	4	5	6	7	8	9
0	1.000	1.000	1.000	0.999	0.999	0.998	0.997	0.996	0.995	0.993
10	0.992	0.990	0.988	0.986	0.983	0.981	0.978	0.976	0.973	0.970
20	0.966	0.959	0.953	0.947	0.940	0.934	0.928	0.921	0.915	0.909
30	0.902	0.896	0.890	0.884	0.877	0.871	0.865	0.858	0.852	0.846
40	0.839	0.833	0.826	0.820	0.814	0.807	0.801	0.794	0.788	0.781
50	0.775	0.768	0.762	0.755	0.748	0.742	0.735	0.729	0.722	0.715
60	0.709	0.702	0.695	0.689	0.682	0.676	0.669	0.662	0.656	0.649
70	0.643	0.636	0.629	0.623	0.616	0.610	0.604	0.597	0.591	0.584
80	0.578	0.572	0.566	0.559	0.553	0.547	0.541	0.535	0.529	0.523
90	0.517	0.511	0.505	0.500	0.494	0.488	0.483	0.477	0.472	0.467
100	0.463	0.458	0.454	0.449	0.445	0.441	0.436	0.432	0.428	0.423
110	0.419	0.415	0.411	0.407	0.403	0.399	0.395	0.391	0.387	0.383
120	0.379	0.375	0.371	0.367	0.364	0.360	0.356	0.353	0.349	0.346
130	0.342	0.339	0.335	0.332	0.328	0.325	0.322	0.319	0.315	0.312
140	0.309	0.306	0.303	0.300	0.297	0.249	0.291	0.288	0.285	0.282
150	0.280	0.277	0.274	0.271	0.269	0.266	0.264	0.261	0.258	0.256
160	0.254	0.251	0.249	0.246	0.244	0.242	0.239	0.237	0.235	0.233
170	0.230	0.228	0.226	0.224	0.222	0.220	0.218	0.216	0.214	0.212
180	0.210	0.208	0.206	0.205	0.203	0.201	0.199	0.197	0.196	0.194
190	0.192	0.190	0.189	0.187	0.186	0.184	0.182	0.181	0.179	0.178
200	0.176	0.175	0.173	0.172	0.170	0.169	0.168	0.166	0.165	0.163
210	0.162	0.161	0.159	0.158	0.157	0.156	0.154	0.153	0.152	0.151
220	0.150	0.148	0.147	0.146	0.145	0.144	0.143	0.142	0.140	0.139
230	0.138	0.137	0.136	0.135	0.134	0.133	0.132	0.131	0.130	0.129
240	0.128	0.127	0.126	0.125	0.124	0.124	0.123	0.122	0.121	0.120
250	0.119	—	—	—	—	—	—	—	—	—

注：见表 B.3.4 注。

表 B.3.4　d 类截面轴心受压构件的稳定系数 φ

$\lambda\sqrt{\dfrac{f_y}{235}}$	0	1	2	3	4	5	6	7	8	9
0	1.000	1.000	0.999	0.999	0.998	0.996	0.994	0.992	0.990	0.987
10	0.984	0.981	0.978	0.974	0.969	0.965	0.960	0.955	0.949	0.944
20	0.937	0.927	0.918	0.909	0.900	0.891	0.883	0.874	0.865	0.857
30	0.848	0.840	0.831	0.823	0.815	0.807	0.799	0.790	0.782	0.774
40	0.766	0.759	0.751	0.743	0.735	0.728	0.720	0.712	0.705	0.697
50	0.690	0.683	0.675	0.668	0.661	0.654	0.646	0.639	0.632	0.625
60	0.618	0.612	0.605	0.598	0.591	0.585	0.578	0.572	0.565	0.559
70	0.552	0.546	0.540	0.534	0.528	0.522	0.516	0.510	0.504	0.498
80	0.493	0.487	0.481	0.476	0.470	0.465	0.460	0.454	0.449	0.444
90	0.439	0.434	0.429	0.424	0.419	0.414	0.410	0.405	0.401	0.397
100	0.394	0.390	0.387	0.383	0.380	0.376	0.373	0.370	0.366	0.363
110	0.359	0.356	0.353	0.350	0.346	0.343	0.340	0.337	0.334	0.331
120	0.328	0.325	0.322	0.319	0.316	0.313	0.310	0.307	0.304	0.301
130	0.299	0.296	0.293	0.290	0.288	0.285	0.282	0.280	0.277	0.275
140	0.272	0.270	0.267	0.265	0.262	0.260	0.258	0.255	0.253	0.251
150	0.248	0.246	0.244	0.242	0.240	0.237	0.235	0.233	0.231	0.229
160	0.227	0.225	0.223	0.221	0.219	0.217	0.215	0.213	0.212	0.210
170	0.208	0.206	0.204	0.203	0.201	0.199	0.197	0.196	0.194	0.192
180	0.191	0.189	0.188	0.186	0.184	0.183	0.181	0.180	0.178	0.177
190	0.176	0.174	0.173	0.171	0.170	0.168	0.167	0.166	0.164	0.163
200	0.162	—	—	—	—	—	—	—	—	—

注：1. 表 B.3.1 至表 B.3.4 中的 φ 值按下列公式算得：

当 $\lambda_n=\dfrac{\lambda}{\pi}\sqrt{f_y/E}\leqslant 0.215$ 时：

$$\varphi=1-\alpha_1\lambda_n^2$$

当 $\lambda_n>0.215$ 时：

$$\varphi=\frac{1}{2\lambda_n^2}\left[(\alpha_2+\alpha_3\lambda_n+\lambda_n^2)-\sqrt{(\alpha_2+\alpha_3\lambda_n+\lambda_n^2)^2-4\lambda_n^2}\right]$$

式中，α_1、α_2、α_3 为系数，根据表 3-6 和表 3-7 的截面分类，按表 B.3.5 采用。

2. 当构件的 $\lambda/\sqrt{\dfrac{f_y}{235}}$ 值超出表 B.3.1 至表 B.3.4 的范围时，则 φ 值按注 1 所列的公式计算。

表 B.3.5　系数 α_1、α_2、α_3

截面类别		α_1	α_2	α_3
a 类		0.41	0.986	0.152
b 类		0.65	0.965	0.300
c 类	$\lambda_n\leqslant 1.05$	0.73	0.906	0.595
	$\lambda_n>1.05$		1.216	0.302
d 类	$\lambda_n\leqslant 1.05$	1.35	0.868	0.915
	$\lambda_n>1.05$		1.375	0.432

参 考 文 献

[1] 杜绍堂 . 钢结构工程施工[M].3 版 . 北京：高等教育出版社，2014.

[2] 邱耀，秦纪平 . 钢结构基本理论与施工技术[M]. 北京：中国水利水电出版社，2011.

[3] 中华人民共和国建设部，中华人民共和国国家质量监督检验检疫总局 . GB 50017—2003 钢结构设计规范[S]. 北京：中国计划出版社，2003.

[4] 中华人民共和国建设部，中华人民共和国国家质量监督检验检疫总局 . GB 50205—2001 钢结构施工质量验收规范[S]. 北京：中国计划出版社，2002.

[5] 陈志华 . 建筑钢结构设计[M]. 天津：天津大学出版社，2004.

[6] 陈禄如 . 建筑钢结构施工手册[M]. 北京：中国计划出版社，2002.

[7] 尹显奇 . 钢结构制作安装工艺手册[M]. 北京：中国计划出版社，2006.